高 等 学 校 教 材

食 品 感 官 检 验

Sensory Evaluation of Food

马永强　韩春然　刘静波　编

化学工业出版社
教材出版中心
·北京·

图书在版编目(CIP)数据

食品感官检验/马永强　韩春然　刘静波　编．—北京：化学工业出版社，2005.7（2022.11重印）

高等学校教材

ISBN 978-7-5025-7448-2

Ⅰ.食…　Ⅱ.①马…　②韩…　③刘…　Ⅲ.食品检验-高等学校-教材　Ⅳ.TS207

中国版本图书馆 CIP 数据核字（2005）第 076605 号

责任编辑：赵玉清　　　　　　　　　　文字编辑：温建斌　伊守亮
责任校对：蒋　宇　　　　　　　　　　装帧设计：潘　峰

出版发行：化学工业出版社　教材出版中心
　　　　　（北京市东城区青年湖南街 13 号　邮政编码 100011）
印　　装：北京印刷集团有限责任公司
787mm×1092mm　1/16　印张 15¾　字数 386 千字　2022 年 11 月北京第 1 版第 14 次印刷

购书咨询：010-64518888　　　　　　　　售后服务：010-64518899
网　　址：http://www.cip.com.cn
凡购买本书，如有缺损质量问题，本社销售中心负责调换。

定　　价：49.00 元　　　　　　　　　　　　　　　　版权所有　违者必究

前　言

感官检验从起源到蓬勃发展，虽然只有短短 60 年左右的时间，却由于市场的需要，发展得相当迅速，已经形成了自己完善的理论和实践体系。目前，感官检验已经成为食品科学的一个重要研究领域，并成为食品企业进行新产品开发、产品改进、成分替换、市场预测、质量控制等的重要手段之一。在我国，感官检验的概念虽然由来已久，却一直没有完整的体系，长期以来，感官检验只是被视为理化检验和微生物检验的一个补充或辅助检验手段，检验方法不够规范、数据分析不够科学，感官检验本身具有的强大功能一直没有得到充分认识和发挥。

本书是依据食品科学与工程以及相关专业的教学基本要求、参考了大量国内外相关资料编写而成的。全书分为 14 章，前 4 章及第 7 章、第 10 章主要介绍了感官检验方面的基础知识，包括人的感官及其反应、感官检验的基本条件、感官反应的测量、品评人员的筛选和培训及影响感官判断的因素；第 5 章、第 6 章、第 8 章、第 9 章重点介绍了主要的三大类感官检验方法（差别检验、描述分析、情感试验）的原理和具体试验方法；第 11 章、第 12 章介绍了感官检验中涉及到的基本和高级统计学知识；第 13 章介绍了感官检验方法的选择原则和感官检验报告的撰写方式；第 14 章简单讲述了感官检验在质量控制中的应用。本书编者力图通过以上讲解，使读者对各种感官检验方法的基本原理和一般过程有所了解，能够独立执行一般的感官检验任务，并对数据做出合理分析、对结果做出合理解释。上述检验方法不仅可以应用于食品，还可以应用到化妆品、洗涤用品、个人用品及其他种类的日化产品当中，也可以应用于各种服务行业，对于产品研发和市场运作都具有重要的实用价值。

在本书的编写过程中，编者结合相关专业的特点，在内容上对理论知识的介绍尽可能做到叙述严谨、条理清晰、简要得当；在具体应用部分通过对大量典型实例的分析来介绍具体的检验方法，做到循序渐进、由浅入深，培养学生应用所学知识解决具体问题的能力。教师在使用本书时可以根据学时和教学要求的不同选讲有关内容。

本书可以作为食品科学与工程、保健品开发、日化工程（工艺）等专业本科生、研究生的教材或教学参考书，亦可供食品及日化产品企业市场开发、品控、新产品开发人员参考。

在本书编写过程中，得到研究生孙兆远大力协助，在此表示感谢。

由于编者水平所限，书中存在不当之处，敬请读者指正。

编　者

2005 年 5 月于哈尔滨商业大学

目　　录

1 绪 论

1.1 感官检验的起源、发展与定义

1.1.1 感官检验的起源和发展

自从人类学会了对衣食住行所用的消费品进行好与坏的评价以来，可以说就有了感官检验，然而真正意义上的感官检验的出现还只是在近几十年。最早的感官检验可以追溯到 20 世纪 30 年代左右，而它的蓬勃发展还是由于 20 世纪 60 年代中期到 70 年代开始的全世界对食品和农业的关注、能源的紧张、食品加工的精细化、降低生产成本的需要以及产品竞争的日益激烈和全球化。

在传统的食品行业和其他消费品生产行业中，一般都有一名"专家"级人物，比如香水专家、风味专家、酿酒专家、焙烤专家、咖啡和茶叶的品尝专家等，他们在本行业工作多年，对生产非常熟悉，积累了丰富的经验，一般与生产环节有关的标准都由他们来制定。比如购买的原料、产品的生产、质量的控制、甚至市场的运作，可以说，这些专家对生产企业来讲，意义非常。后来随着经济的发展和贸易的兴起，在专家的基础上，又出现了专职的工业品评员，比如在罐头企业就有专门从事品尝工作的品评人员每天对生产出的产品进行品尝，并将本企业的产品和同行业的其他产品进行比较，有的企业至今仍沿用这种方法。某些行业还使用由专家制定的用来评价产品的各种评分卡和统一词汇，比如有奶油的 100 分评分卡，葡萄酒的 20 分评分卡和油脂的 10 分评分卡。随着经济的发展、竞争的激烈和生产规模的扩大，生产企业的"专家"开始面临一些实际问题，比如他不可能熟悉、了解所有的产品知识，更谈不上了解这些产品的加工技术对产品的影响，而且还有关键的一点，那就是由于生产规模的扩大，市场也随之变大，消费者的要求不断变化，专家开始变得力不从心，他们的作用不再像以往那样强大。随着一些新的测评技术的出现和它们在感官检验中的使用，人们开始清醒地意识到，单纯依靠少数几个专家来为生产和市场做出决策是存在很多问题的，同时风险也是很大的。因此，越来越多的生产企业开始转向使用感官评价。从实质来讲，感官检验的出现并不是市场创造了机会，生产企业也没有直接接受感官评价，它出现的直接原因是"专家"的失效，作为补救方法，生产企业才将目光投向它。

在 20 世纪 40～50 年代中叶，感官评价又由于美国军队的需要而得到一次长足的发展，当时政府大力提倡社会为军队提供更多的可接受的食物，因为他们发现无论是精确科学的膳食标准，还是精美的食谱都不能保证这些食品的可接受性，而且，人们发现，对于某些食品来说，其气味和其可接受性有着很重要的关系。也就是说，要确定食品的可接受性，感官评价是必不可少的。20 世纪 60～70 年代，美国联邦政府推行了两项旨在解决饥饿和营养不良的计划："向饥饿宣战"和"从海洋中获取食物"。但这两项计划的结果并不理想，其中主要

1

原因之一就是忽视了感官评价，一批又一批的食物被拒之门外。食品工业从政府的这些与感官评价有关的一系列活动当中得到了启示，他们开始意识到感官评价的重要性，并开始为这项新兴的学科提供大力支持。

在 20 世纪 40 年代末到 50 年代初期，首先由美国的 Boggs，Hansen，Giradot 和 Peryam 等人建立起并完善了"区别检验法"，同时，一些测量技术也开始出现。打分的程序最早出现于 20 世纪 40 年代初期，50 年代中后期出现了"排序法"和"喜好打分法"。1957年，由 Arthur D. Little 公司创立了"风味剖析法"，这个方法是一种定性的描述方法，它的创立对正式描述分析方法的形成和专家从感官检验当中的分离起到了推动作用，因为人们发现挑选并培训一组感官评价人员对产品进行描述，是可以代替原来的专家的。虽然在当时这个方法引来很多争议，但是它却为感官评价开启了新的视点，为以后很多方法的建立奠定了基础。

虽然感官检验已经得到了发展和逐步完善，在这个领域还有许多工作需要去做，新产品和新概念的不断出现，为感官评价创造了市场，反过来，对新产品评价方法的研究也会促进感官评价本身的发展。比如，对甜味剂替代物的研究促进了甜度的测量方法，反过来，对感官领域测量方法的完善也起到了推动作用。

尽管许多企业已经认识到了感官检验在产品的设计、生产和评价中的重要性，它在企业当中的独特作用只是最近十几年才被广泛承认。目前各生产企业都设有感官检验部门，但具体如何操作则根据实际需要，由各公司自行决定，并没有统一规定。

以上所说感官检验主要是美国的情况，在中国，虽然早就有感官检验这个概念，但我们的认识更多的还是停留在上面提到的"专家"的阶段，强调更多的是经验，或者仅将它作为和理化检验并列的产品质量检验的一部分，只是感官检验包含的内容和它的实际功能要广阔得多。感官检验可以为产品提供直接、可靠、便利的信息，可以更好地把握市场方向、指导生产，它的作用是独特的、不可替代的。感官检验的发展和经济的发展密不可分，随着我国经济的发展和全球化程度的提高，感官检验的作用会越来越突显出来。

在国际范围内，最新的感官评价的方法与理论的研究文章一般发表在 Chemical Senses，Journal of Sensory Studies，Journal of Texture Studies，Food Quality and Preference 以及 IFT (Institute of Food and Technologists) 出版的 Journal of Food Science 和 Food Technology 两本期刊上。

1.1.2 感官评价的定义

目前被广泛接受和认可的定义源于 1975 年美国食品科学技术专家学会感官评价分会 (Sensory Evaluation Division of the Institute of Food Technologists) 的说法：感官评价 (sensory evalnation) 是用于唤起 (evoke)、测量 (measure)、分析 (analyze) 和解释 (interpret) 通过视觉 (sight)、嗅觉 (smell)、味觉 (taste) 和听觉 (hearing) 而感知到的食品及其他物质的特征或者性质的一种科学方法。

这个定义将感官检验限定在食品范围内，到 1993 年，美国的 Stone 和 Sidel 将这个定义稍做了一些改动，将食品扩到了产品，从我们的理解，这个产品可以是洗涤用品、化妆用品以及其他生活用品。当然，在这本书中，我们还是侧重食品的感官检验。从这个定义中我们可以看到以下两点：第一，感官评价是包括所有感官的活动，这是很重要也是经常被忽视的一点，在很多情况下，人们感官检验的理解单纯限定在"品尝"一个感官上，似乎感官评价就是品尝。实际上，对某个产品的感官反应是多种感官反应结果的综合，比如，让你去评价一个苹果的颜色，但不用考虑它的气味，但实际的结果是，你对苹果颜色的反应一定会受到其气味的影响。第二，感官检验是建立在几种理论综合的基础之上的，这些理论包括实验的、社会的、心理学、生理学和统计学，对于食品来讲，还有食品科学和技术的知识。

感官评价包括以下四种活动。

① 唤起。在感官评价中，准备样品和呈送样品都要在一定的控制条件下进行，以最大限度地降低外界因素的干扰。例如，感官检验者通常应在单独的品尝室（booth）中进行品尝或检验，这样他们得出的结论就是他们自己真实的结论，而不会受周围其他人的影响。被检测的样品也要进行随机编号，这样才能保证检验人员得出的结论是来自于他们自身的体验，而不受编号的影响。另外要做到使样品以不同的顺序提供给受试者，以平衡或抵消由于一个接一个检验样品而产生的连续效应。因此，在感官检验中要建立标准的操作程序，包括样品的温度、体积和样品呈送的时间间隔等，这样才能降低误差，提高测试的精确度。

② 测量。感官评价是一门定量的科学，通过采集数据，在产品性质和人的感知之间建立起合理的、特定的联系。感官方法主要来自于行为研究的方法，这种方法观察人的反应并对其进行量化。例如，通过观察受试者的反应，可以估计出某种产品的微小变化能够被分辨出来的概率，或者推测出一组受试者中喜爱某种产品的人数比例。

③ 分析。合理的数据分析是感官检验的重要部分，感官评价当中人被作为测量的工具，而通过这些人得到的数据通常具有很大的不一致性，造成人对同一事物的反映不同的原因有很多，比如参与者的情绪和动机、对感官刺激的先天的生理敏感性、他们过去的经历以及他们对类似产品的熟悉程度。虽然一些对参评者的筛选程序可以控制这些因素，但也只能是部分控制，很难做到完全控制。打个比方，参评的人从其性质上来讲，就好像是一些用来测定产品的某项性质而又完全不同的一组仪器。为了评价在产品性质和和感官反应之间建立起来的联系是否真实，我们用统计学来对数据进行分析。一个好的实验设计必须要有合适的统计分析方法，只有这样才能在各种影响因素都被考虑到的情况下得到合理的结论。

④ 对结果的解释。感官评价实际上是一种实验，一项实验当中的数据和由其所得到的统计信息只有在其能够对该实验的假设、所涉及的背景知识以及结论能够进行解释的时候才对实验有所作用，相反，如果这些数据和由其所得到的统计信息不能对实验的假设和结果进行合理的解释，那么它们就是毫无意义的。感官评定专家的任务应该不仅是得到一些数据，他们还要具有对这些数据进行合理解释的能力，并能够根据数据对实验提出一些相应的合理措施。如果从事实验的人自己负责感官分析，他们可能会比较容易地解释其中的变化，如果委托专门的感官分析人员来进行实验，一定要同他们很好地合作，共同解释其中的变化和趋势，这样才有助于实验的顺利进行。感官评价专家应该最清楚如何对结果进行合理的解释，以及所得到的结果对于某种产品来说意味着什么。同时，感官评价者也应该清楚该评价过程存在哪些局限性。这些，都将有助于对实验结果的解释。

1.1.3 三类感官评价方法

目前公认的感官检验方法有三大类（表 1.1）。每一类方法中又包含许多具体方法，我们将在后面的章节中详细讨论。

表 1.1　感官评价方法分类

方　法　名　称	核　心　问　题
区别检验法	产品之间是否存在差别
描述分析法	产品的某项感官特性如何
情感试验	喜爱哪种产品或对产品的喜爱程度如何

1.2　用人作为仪器

如前面所说，感官评价也是一种实验，只不过在这种实验当中所用来测量的仪器变成了人。用人来进行测量、分析，从而得出数据，这和用真正的仪器是有着本质的区别的，因此，在实验当中对人和进行实验的过程也有着它自身特殊的要求。

1.2.1　人作为仪器的特点

首先我们来看，作为测量的人有着什么样的特点。

① 不稳定性。不同的个体之间存在不一致性，比如有的人感觉器官比较灵敏，而有的人就迟钝一些；同一个人在一天的不同情况下也会不一样，比如有的人早上感觉灵敏，而有的人下午灵敏，当然感觉是否灵敏和一个人一天当中的心情也有关，人不是机器，他时时刻刻都在变化。

② 人容易受到干扰。这种干扰第一来自于周围的环境，比如所有的测试人都坐在一起，如果大部分人都说该产品有酸味，那么即便有几个人并没有真正尝出有酸味，他们也会同意大多数人的观点，认为该产品有酸味，在这种情况下，他们就丧失了独立判断的能立；第二，他过去的经历以及他对所测试项目的熟悉程度，比如让一组人来描述某种产品所含有的所有气味，如果其中含有某种热带水果香味儿，对于来自南方的评价者来说，他会很容易识别出，而对于从未接触过该水果的来自北方的评价者来说，可能很难识别。

针对以上特点，在感官检验当中，感官评价人员，需要做的有以下几点：

第一，实验要重复几次进行，这一点和使用一般的仪器的实验是一样的，这样才能降低误差，使实验结果接近真实值；

第二，每次实验使用多个品评者，通常参评者的数量要在 20～50 之间，不同的实验方法对实验人数有不同的要求；

第三，要对参评人员进行筛选，并不是任何一个人都可以参加产品的评定的，要尽可能吸收那些符合要求的人，比如，要对草莓进行品尝，最好就是找那些平时喜欢吃草莓的人，另外，感觉器官特别迟钝的人也不宜做评价人员；

第四，对感官评价人员要进行培训，针对要进行品尝的样品进行有目的的培训，让参评人员理解所要评定的每一个项目，比如什么是酸、什么是甜，根据需要，培训有繁有简。

1.2.2　人类的感知途径

通常，人们认为实验者获得某种物理刺激而出现反应的过程是一下子完成的，而实际上，这个过程的完成至少需要三个步骤，如下所示：

刺激 $\xrightarrow{\text{感觉器官}}$ 感觉 $\xrightarrow{\text{大脑}}$ 接受 $\xrightarrow{\text{大脑}}$ 反应

1.3 感官检验的基础和一般任务

概括来讲，以下 11 个因素构成了有效感官检验的基础：

① 明确目标和任务；

② 确定项目计划；

③ 具有专业人士参与；

④ 具有必要的实验设备；

⑤ 具有运用所有实验方法的能力；

⑥ 合格的品评人员；

⑦ 标准、统一的品评人员筛选程序；

⑧ 标准、统一的品评人员指导程序；

⑨ 标准、统一的实验要求和报告程序；

⑩ 数据处理分析的能力；

⑪ 正式操作程序/步骤。

而要执行一项感官检验，需要完成的任务有以下 7 个。

（1）项目目标的确定 一般感官检验通常是受某个课题/项目组的委托，因此一定要确定该课题委托人要达到的目的。比如，是想对产品进行改进、降低成本/替换成分、还是要和某种同类产品进行竞争；是希望样品同另外一个样品相似或不同、还是确定产品的喜好；是确定一种品质还是对多个品质进行评价。

（2）实验目标的确定 一旦项目目标确定了，就可以确定实验目标了，也就是进行哪一种实验，比如，总体差别实验、单项差别实验、相对喜好程度实验、接受性实验等。

（3）样品的筛选 在确定了项目目标和具体的实验方法之后，感官分析人员要对样品进行查看，这样可以使分析人员在制定实验方法和设计问卷时做到心中有数，比如样品的食用程序、需要检测的指标以及可能产生误差的原因。

（4）实验设计 包括具体实验方法、品评人员的筛选和培训、问卷的设计、样品准备和呈送的方法以及数据分析要使用的方法。

（5）实验的实施 即实验的具体执行，一般都有专门实验人员负责。

（6）分析数据 要有合适的统计方法和相应软件对数据进行分析，要分析实验主要目标，也要分析实验误差。

（7）解释结果 对实验目的、方法和结果进行报告、总结并提出相应建议。

感官评价的任务就是为产品研究开发人员，市场人员提供有效、可靠的信息，以做出正确的产品和市场决策。

2　人类的感官及反应

2.1　感官因素

食品的感官因素，按照获取它们的顺序，有以下几个：
- 外观；
- 气味/香气/香味；
- 均匀性和质地；
- 风味。

但是，在获取过程中，这些因素的大多数或全部都有重叠，也就是说，我们得到的是瞬间产生的许多感官因素的综合体，如果没有接受过训练的话，受试人是不会做到对每一种因素都能进行单独评价的。在本章当中，我们将就感官因素获取的类型和获取过程中与之有关的因素进行具体分析。

2.2.1　外观

正如每一个消费者都知道的一样，外观可以成为决定我们是否购买某件商品的惟一因素，虽然事实证明这样做并不一定总是正确，但我们却很习惯这样做，在感官检验上，也会发生同样的事情。所以，感官检验的工作人员通常对样品的外观非常注意，必要的时候，为了减少干扰，他们会用带有颜色的灯光或者不透明的容器来屏蔽掉外观的影响。

通常所指的外观包括以下几项。

（1）颜色　是一种既涉及物理及心理因素的现象，是通过视觉系统在下列波长获取的印象，400～500nm（蓝色），500～600nm（绿色和黄色），600～800nm（红色），在 Munsell 颜色系统中，它们分别被称作色度/色彩（比如黄色）、明亮度（比如黄色的亮与暗）、饱和度/纯度（比如纯黄与土黄）。对于外观来说，颜色的均匀性也是很重要的，与之相对应的是不均匀，比如成块、成团、有的地方深、有的地方浅等。食品的败坏通常都伴有颜色的变化。

（2）大小和形状　是指食品的长度、厚度、宽度、颗粒大小、几何形状（方的，圆的）等。大小和形状从一定意义上也可以说明产品质量的优劣。

（3）表面质地　指表面的特性，比如：是有光泽还是暗淡，粗糙还是平滑，干燥还是湿润，软还是硬，酥脆还是发艮等。

（4）透明度　指透明液体或固体的混浊度或透明度以及肉眼可见的颗粒存在情况。

（5）充气（CO_2）情况　指充气饮料/酒类倾倒时产气的情况，可以通过专门的仪器（Zahm-Nagel 测试仪）测试，测量的结果举例如表 2.1 所示。

表 2.1　测量结果举例

充气的体积倍数①	充气的质量百分比①	产气程度	实　例
<1.5	<0.27	没有	静止饮料
1.5～2.0	0.27～0.36	轻度	果味饮料
2.0～3.0	0.36～0.54	中等	啤酒，果汁
3.0～4.0	0.54～0.72	高度	香槟

① 分别指与原来的体积和质量相比。

2.1.2　气味/香气/香味

当一种产品的挥发性成分进入鼻腔并被嗅觉系统捕获时，我们就感觉到了气味，气味的感知是需要用鼻子来嗅的。在感官检验当中，我们涉及到的有食物的气味，通常叫做香气，还有化妆品和香水，可以叫做香味。食物的香气是通过口中的嗅觉系统感知到的。

从食品当中逸出的挥发性成分受温度和食物本身的影响，物质的大气压力按下列公式随温度呈指数增加：

$$\lg p = -0.05223a/T + b$$

式中，p 是大气压力；T 是绝对温度；a 和 b 为物质常数。挥发性还受表面情况影响：在一定温度下，从柔软、多孔、湿度大的表面逸出的挥发性成分要比从坚硬、平滑、干燥表面逸出的多。

许多气味只有在食物被切割并发生酶促反应时才会产生，比如洋葱。气味分子必须通过气体的运输，可以是空气、水蒸气或工业气体，被感知的气味的强度由进入接受者嗅觉接受体系中的该气体的比例来决定。

许多感官科学工作者都试图将气味进行分类，但一直没有完成，这个领域所涉及的范围实在是太广了。据 Harper 于 1972 年报道，已知的气味就有 17000 种，一个优秀的香味工作人员可以分辨出 150～200 种气味。许多词汇可以被归为一类成分，比如植物的，生青的，橡胶的，这些气味都与一种叫做"百里酚"的成分有关，因此，它们都可以被归为"百里酚"这一词汇；而一个词汇又可能同许多成分有关，比如，柠檬的味道包括的具体成分有：α-松萜，β-松萜，α-萜二烯，β-罗落烯，柠檬醛，香茅醛等。

2.1.3　均匀性和质地

第三类感官因素要用嘴来获得，但不是味觉和化学体验，它们包括：黏稠性（同质的牛顿流体）；均匀性（非牛顿流体或非同质的液体和半固体）；质地（固体或半固体）。

黏度是指液体在某种力的作用下流动的速度，比如重力，可以被准确地测定。不同物质的黏度差异很大，比如水或啤酒，只有 1 个 cP（厘泊，$1cP = 10^{-3} Pa \cdot s$），而一些胶状物质黏度可达到几千厘泊。均匀性指果汁、调味酱、糖浆、化妆品等的混合状况。从原则上来讲，黏度一定要由感官评价才能测定，但在实际当中，也可以通过仪器测定。质地就更加复杂一些，对它的定义也有多种，这里，我们列举两个。一是对压力的反应，可以被当作机械性能，通过手、指、舌、上腭或唇上的肌肉的动感感应来测定，比如硬度、黏着性、聚合性、弹性、黏性等。食品、护肤品和纤维制品常见的机械、几何和水分性能及常用的描述词汇介绍如下。

（1）硬度　使物质变形的力。

食品	护肤品	纤维制品
坚实性（通过压迫获得）	挤压所需的力	挤压所需的力
硬度（通过咬获得）	涂抹所需的力	拉伸所需的力

（2）聚合性/黏着性　样品变形的程度（但不断裂）。

食品	护肤品	纤维制品
黏	黏	强韧性
咀嚼性	稀	
脆性		
黏稠度	黏稠度	

（3）黏附性　从某表面上移开所需要的力。

食品	护肤品	纤维制品
黏（牙齿或上腭）	黏	纤维之间的摩擦
粘牙	稠	手掌与纤维间的摩擦

（4）紧密性　切面的紧密程度。

食品	护肤品	纤维制品
密/重	密/重	有质感/飘轻
薄/轻	薄/轻	

（5）弹性　变形之后回复到原始状态的速度。

食品	护肤品	纤维制品
弹性	弹性	弹力

（6）几何性能　通过接触感受到的颗粒（大小、形状、分布）情况。

平滑性：没有颗粒。

沙砾感：小的、硬的颗粒。

颗粒感：小的颗粒。

粉末感：细小均匀的颗粒。

纤维状的：长的、多筋的颗粒。

多块的：大的、平整的片段或突起。

（7）水分性能　通过接触感受到的水、油、脂肪等的情况。

湿润程度：当不清楚是水还是油时，感受到的含水或含油情况。

水分溢出：水/油被挤出的量。

食品	护肤品	纤维制品
多汁的	不爱干	易出水

多油的：液体脂肪的量。

多脂的：固体脂肪的量。

2.1.4　风味

作为食品、饮料、调味料的一项性质，风味的定义也有多种。其中比较简单明了的定义是：对口腔中的产品通过化学感应而获得的印象。风味包括以下组成部分。

香气：由口腔中的产品逸出的挥发性成分引起的通过鼻腔获得的嗅觉感受。

味道：由口中腔中溶解的物质引起的通过咀嚼获得的感受。

化学感觉因素：它们刺激口腔和鼻腔黏膜内的神经末端（涩、辣、凉、金属味道等）。

2.1.5 声音

咀嚼食物或抚摩纤维制品产生的声音虽然不是主要的，但却是不可忽视的一项感官特性。某些食品断裂发出的声音可以为我们鉴定产品提供信息，因为这些声音可以和硬度、紧密性、脆性相联系。如果大家注意就会发现，油炸薯片或猪排发出的清脆声音是该类食品的主要广告手段，在美国，牛奶倒在麦片上发出的劈啪声长期以来也一直是美国经销商的一个重要销售策略。声音持续的时间也和产品的特性有关，比如强度、新鲜度、韧性、黏性等。声音特性是指感受到的声音，包括音调、音量和持续性。食品、化妆品、纤维制品常见的声音特性包括以下几个。

（1）音调　声音的频率。

食品	护肤品	纤维制品
清脆的	（挤出时的）嗞嗞声	清脆
嘎吱嘎吱声		劈啪声

（2）音量　声音的强度。

（3）持续性　声音随时间的持续程度。

2.2 人的感觉因素

我们都知道人有 5 种感觉，在这里我们将就这些感觉中与感官检验有关的方面着重讨论。

2.2.1 视觉

光进入眼睛（图 2.1）的晶状体，集中到视网膜上，在那里它又被转换成神经冲动，通

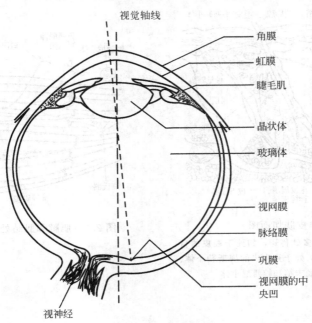

图 2.1　眼睛的解剖图

过视神经传达到大脑。在感官检验中，需要考虑的与颜色有关的一些方面是：

①受试者通常可以对样品的颜色做出前后一致的判断，尽管有时候使用滤纸将颜色遮挡住，这也许是因为滤纸只是将色彩遮住了，但并没有遮住亮度和饱和度；

②受试者会受临近和背景的颜色以及对照颜色面积相对大小的影响，还会受团块状外观的影响；

③物体表面的光泽和质地对颜色也有影响；

④不同的受试者对颜色的感应是不同的，存在不同程度的色盲现象，比如不能分辨红色和橘红色或者蓝色和绿色；同时也存在对颜色的特殊敏感性，这些人能够看到别人看不出来的颜色的差别。

通过以上我们想说明的是，有时将颜色和外观上的差别进行屏蔽的做法并不一定总是能够成功，如果这种屏蔽的目的没有达到，而试验分析人员又没有意识到，就会导致他们错误地认为在风味和质地上存在着差异。

2.2.2 触觉

通常被描述为触觉的一组感受可以被分成"触感"（触摸的感觉和皮肤上的感觉）和"动感"（深层压力的感觉）。这两种感觉在物理压力上有所不同。图2.2表示的是一些位于皮肤表面、表皮、真皮和皮下组织的神经末梢，这些神经末梢负责触感，即我们所说的触摸、压力、冷、热和痒。深层的压力是通过肌肉、腱和关节中的神经纤维感受到的，这些神经纤维的主要作用就是感受肌肉的拉伸和放松。图2.3表示这些神经纤维是如何被包埋在肌腱当中的。和肌肉的机械运动有关的"动感"（重、硬、黏等）是通过施加在手、下颚、舌头上的肌肉的重力产生的，或者是由于对样品的处理、咀嚼等而产生的拉力（压迫、剪切、破裂）造成的。嘴唇、舌头、面部和手的敏感性要比身体其他部位更强，因此通过手和咀嚼经常能够感受到比较细微的颗粒大小、冷热和化学感应的差别。

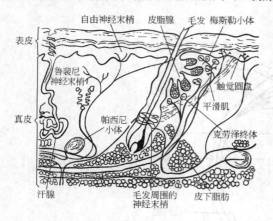
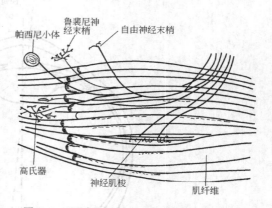

图 2.2　皮肤切面图

图中表示触觉感受通过多处传送，如处于表皮的自由神经末梢和触觉圆盘，处于真皮内的梅斯勒小体、克劳泽终体、鲁裴尼神经末梢和帕西尼小体

图 2.3　肌腱和肌结处的"动感"感受器

2.2.3 味觉

味觉是一种化学感觉，它涉及到味蕾对溶解在水、油或唾液中的刺激的辨别。味觉是由

10

味蕾感受到的，味蕾主要分布在舌头表面、上腭的黏液中和喉咙周围，由大约30～50个细胞成簇聚集而成，味觉感受器就分布在这些细胞的细胞膜上。这些细胞分化成上皮细胞，大约能存活1周左右。新细胞从周围的上皮细胞中分裂出来，进入味蕾并与感觉神经相联系。味蕾的顶端有一个小孔与口腔中的液体相接触，一般认为呈味物质分子与这一开口或其附近的微丝相结合（图2.4）。味觉细胞通过一个突触间隙与初级感觉神经相连，神经递质分子的信息被释放进入这一间隙以刺激初级味觉神经，并将味觉信号传递到大脑较高级的处理中心。

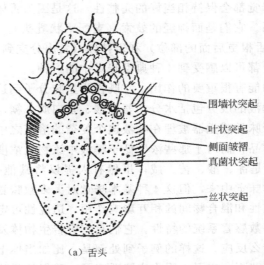

围墙状突起

叶状突起

侧面皱褶

真菌状突起

丝状突起

(a) 舌头

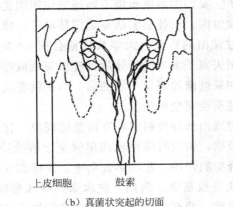

上皮细胞　　　鼓索

（b）真菌状突起的切面

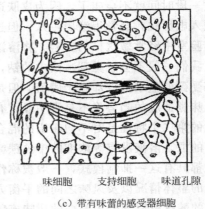

味细胞　　支持细胞　　味道孔隙

（c）带有味蕾的感受器细胞

图 2.4　味觉解剖图

通过味道孔隙进入的化学敏感物质由味细胞捕捉，后传到鼓索内的味觉纤维。周围的上皮细胞
最后分化成味觉感受器，这些感受器每周更新一次

味蕾被包含在舌头上面由凸起和凹槽构成的特殊结构内，通过偶然的观察，我们也能发现舌头并不是一个光滑的表面，舌头的表面覆盖着细小的圆锥形线状乳头，它们具有触觉功能，但不包含味蕾。散布在线状乳头处，特别是舌尖和舌侧处的，是稍大一些的蘑菇形的蕈状乳头，颜色稍红一些，味蕾就在这些结构内，通常每个结构含有2～4个味蕾。在普通成年人的舌头前部，每一侧都有100个以上蕈状乳头，所以平均有几百个味蕾。沿着舌体两侧，从舌尖到大约舌根的2/3处，是几条平行的凹槽，是叶状乳头，它们很难被发现，因为

11

舌头伸出时，它们往往会变平。每一个凹槽内含有几百个味蕾。第三个特殊结构是以倒 V 字形排列在舌头后部的一些比较大的纽扣状的突起，这些是轮廓乳头，在它们周围的外部凹槽或沟状缝隙内也含有几百个味蕾。

软腭上的味蕾主要分布在上颚根部多骨部分的后面，这是一个很重要、但经常被忽略的区域。舌根部和咽喉上部对味觉也很敏感，味蕾的数量统计表明，味觉灵敏度较高的人通常含有较多的味蕾。

味觉具有相当的强健度，外伤、疾病和老化等过程都难以使得所有味觉区域受到破坏，一直到生命末期味觉都会保持相当好的完整性，这是因为舌体通过 4 条不同的神经与以上这些味觉结构相联系。它们是面神经的鼓索（支配蕈状乳头），舌咽神经（发出分支到舌的背面），迷走神经（舌根更后面的部位）和岩神经（发出分支到上腭的味觉区域）。因此，在舌头的任何区域中，都可以感受到 4 种典型味觉中的一种。

唾液对味觉功能有很重要的作用，它既作为呈味分子到达受体的载体，也含有可调节味觉反应的物质。唾液的成分包括水分、氨基酸、蛋白质、糖、有机酸、盐等，而且它们由血液供给养分。由于味觉感觉器被埋在唾液这个复杂的溶液之中，因此，我们只能品尝出那些具有一定浓度的样品，而对于那些浓度低于唾液中该物质浓度的样品，我们就无法分辨了。

4 种基本味觉是甜、酸、苦、咸，虽然有人提议将其他一些味觉（金属味、涩味和鲜味）加到这一基本味觉中来，但这 4 种基本味觉对大多数味觉体验的表达已经足够了。

味觉具有适应性和混合物间的相互影响作用。适应性可定义为在持续刺激的条件下反应的降低。这是大多数感官系统的特性，它们具有警告生物体发生了某种变化的功能，但对于目前的状况却没什么反应。这样的例子到处都是，比如当你把脚刚一放入热水中时可能会尖叫，但过一段时间就不会叫了，因为皮肤适应了。我们的眼睛也能不断地适应周围光线的变化，刚进入电影院，会觉得漆黑一片，但过一段时间，就能够看清楚周围环境了。味觉也是一样，实验室中经常做这样的实验，将溶液流过伸出的舌头，大多数味觉会在 $1 \sim 2$ min 之内消失。我们一般不会感觉到唾液中的钠，但用去离子水冲洗舌体后再提供与唾液等浓度的盐水，感受到的盐水浓度却高于阈值。但是，如果刺激控制得不好的话，如在就餐或波动的条件下，味觉适应的趋势将不是很明显，有时甚至会完全消失。

味觉的第二个特性是对不同味道的混合物表现出部分抑制或相互掩盖的现象。比如，蔗糖与奎宁的混合溶液没有等浓度的单独蔗糖溶液甜，也没有等浓度的单独奎宁溶液苦。4 种基本味觉都具有这一抑制模式，一般被称作混合抑制作用。在许多食品中，这些相互作用在决定风味的整体情况以及风味之间的平衡方面显得很重要。例如，在水果饮料和葡萄酒中，酚类物质的酸味可以部分地被糖的甜味掩盖，因此，糖有两个作用，即自身的愉快口味，同时降低酸味的强度。其他的抑制作用有甜味对苦味的抑制和盐对苦味的抑制。

但是当增强效应或相乘效应发生时，以上的抑制模式会表现出一些例外。这一效应是指化合物在混合物中的味觉强度比只是作为成分添加时所达到的味觉强度要高。但这一添加方式如何实施、如何模拟及混合物结果的预测，至今仍没有统一的认识。最著名的相乘效应是谷氨酸钠和核苷的相互作用，在混合物中即便是低于阈值的添加量也会产生很强的味觉。第二类增强效应表现为，当低浓度的盐加到糖中后，盐具有甜味，这是因为 NaCl 具有固有的甜味，但通常被高水平的咸味所掩盖。因此，添加 NaCl 后，甜味的少量增加是由于稀释的 NaCl 所固有的甜味所引起的，这可以解释为什么少量的盐会改善苦瓜的口味。

有人可能会问，当混合物的相互影响与味觉适应相结合时，会发生什么现象呢？这就是抑制解除作用。有人用蔗糖与奎宁的混合物和等浓度的蔗糖及奎宁的单独溶液做实验时发现，对蔗糖适应后，奎宁-蔗糖混合物的苦味上升到等浓度的单独奎宁溶液的水平，同样，当奎宁适应，苦味降低后，甜味也会恢复。这些相互影响在日常饮食中也相当普遍，比如，吃过很甜的甜点后，再饮葡萄酒（味道是甜/酸）很酸，而吃过醋拌的凉菜再饮葡萄酒，就会觉得葡萄酒很甜，这就是葡萄酒中的甜味和酸味的适应效应，从而增强了另外一种味道。

除了味觉刺激物的浓度以外，口腔中影响味觉感受的其他因素还有温度、黏度、流速、持续时间、刺激物接触的面积、唾液的化学状态、被测溶液中是否含有其他味道等。然而，味觉敏感性的变化，尤其是各种苦味物质的变化，还是非常常见的。

味觉的灵敏度是存在着广泛的差异的，有人用 17 种物质对 47 人做过阈值范围试验。结果表明，最低阈值（蔗糖）和最高阈值（毒毛旋花苷）浓度差异范围仅为 10^4，这要比嗅觉物质之间 10^{12} 的差异低得多。而且，最高和最低阈值的浓度差异通常是 10^2 的倍数。苯硫脲是呈双峰分布的，一个峰的阈值是 0.16g/100mL，另一个峰的阈值是 0.0003g/100mL。香草也有两个峰，但呈双峰分布的分子总数比较少，它们在食品的嗜好或在气味、味道的敏感性上的作用还不清楚。

同嗅觉相比，溶液和舌头以及口腔壁上的味觉上皮细胞接触时更加规则，表现在每一个接受器至少被浸没几秒钟。接触时间短没有什么危险，怕的是浸泡过度，因为能引起强烈苦味的分子可能会与接受器上的蛋白质分子绑定，有的会一直绑定达几小时甚至几天（嗅觉和味觉上皮细胞平均每 6～8d 脱落更新一次）。

训练有素的品评者通常做的是小口吸吮样品几次，每次都在口中保留仅仅几秒钟，依据样品的强度，等待 15～60s，然后再品尝下一个样品。第一次和第二次吸吮是最敏感的，品评人员应该训练自己在第一次吸吮时就完成所有的对比和判断，当然有时也很难做到，比如问卷很长、问题多达 8～10 个或者受试人员没有接受过培训等，这时，试验人员就要有个心理准备，不要对试验结果期望过高。

2.2.4 嗅觉

嗅觉感受器位于鼻腔上方，这样一个位置可能具有一定的保护作用，但同时也意味着只有很小一部分可以借助空气传播的物质才可以到达嗅觉上皮细胞。而另一特性可以弥补这一不足，鼻子每侧都有数百万的上面长满纤毛的受体，这些纤毛可以极大的增加受体暴露于刺激物的面积。空气当中的气味就是由位于鼻腔上方的嗅觉细胞感受到的（图 2.5），具体地说，气味分子是由覆盖在嗅觉上皮细胞之上的上千万个微小的、像头发一样的纤毛通过一种至今仍不清楚的机制感来感受的。不像味觉感受器是一些分化的上皮细胞，嗅觉感受器是真正的神经细胞，但它们不是通常的感觉神经细胞，其存活期有限，在 1 个月内就会死亡，并且被新的神经细胞代替。

嗅觉的功能特性包括敏感性、强度辨别能力、性质辨别能力、适应能力和混合物抑制等。敏感性是指人类具有觉察许多极低浓度气味的能力，甚至超过化学分析中仪器方法测定的灵敏度。我们可以检测到许多重要的、10 亿分之几水平范围内的风味物质，例如含硫化合物乙硫醇。嗅觉接受器对不同化学物质的敏感度的差别在 10^{12} 甚至更高，典型的阈值（表2.2）在 $1.3×10^{19}$ 个分子/mL 空气（乙烷）到 $6×10^7$ 个分子/mL 空气（烯丙基硫醇）之间。当然，一定还有些物质，它们的阈值不在这个范围之内，只是目前还没有发现。表 2.2 中没

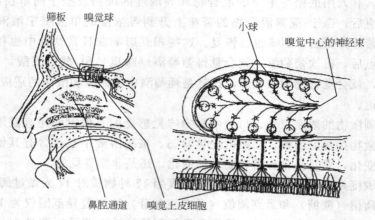

图 2.5　鼻腔解剖图

由感觉细胞形成的 1000 多种信号通过筛板进入嗅觉小球，在这里还要经过
筛选、分类，然后才能进入到高一级的神经中心

有水和空气，因为它们是用来作溶剂的，因此是感受不出来的。从表 2.2 中我们可以发现，某种化学标准品是非常容易由于杂质的存在而被污染的，比如，将浓度为 1.5×10^{17} 个分子/mL 空气，纯度为 99.99999％的甲醇混入 0.00001％的紫罗酮，一般的品评人员感受到的将是下面的情况，10 倍阈值的甲醇，100 倍阈值的紫罗酮。可以用蒸馏和活性炭使紫罗酮的污染程度降低 10 倍，但它的气味仍保持在 10 倍阈值左右，或者和甲醇的味道强度一样。

表 2.2　物质在空气中的典型的阈值

化学物质	阈值/（个分子/mL 空气）	化学物质	阈值/（个分子/mL 空气）
烯丙基硫醇	6×10^7	酚　类	7.7×10^{12}
紫罗酮	1.6×10^8		2.6×10^{13}
香　草	2×10^9		1×10^{13}
正丁硫醇	2×10^8		1.3×10^{15}
丁　酸	1.4×10^{11}	甲　醇	1.1×10^{16}
	6.9×10^9		1.9×10^{16}
乙　醛	9.6×10^{12}	乙　醇	2.4×10^{15}
樟　脑	5×10^{12}		2.3×10^{15}
	6.4×10^{12}		1.6×10^{17}
	4×10^{14}	苯乙醇	1.7×10^{17}
三甲氨	2.2×10^{13}	乙　烷	1.3×10^{19}

　　最灵敏的气相色谱方法能够检测到的气体浓度大约为 10^9 个分子/mL 空气，这意味着对自然界中的许多气体，人类鼻子的敏感程度要比气相色谱灵敏 10～100 倍，但在更多气体的鉴别上面，我们的鼻子的能力还是远远不及气相色谱的。

　　为了达到最好的嗅觉效果，是用鼻子闻 1～2s，用力中等。2s 之后，接受器开始习惯新的刺激，等 5～20s 或者更长的时间来使感受器进一步熟悉这些刺激，然后再去闻另外一种气味。如果气味占据了整个鼻腔，就会使得受试者辨别特殊气味或类似气味之间差别的能力降低。一般不会发生对所有的气味都不能识别的现象，但可能对某种特殊气味没有辨别能力，这种情况称为特定嗅觉缺失症，对这种现象的定义是：个体的嗅觉阈值高于样本平均水平两个标准偏差以上。通常的嗅觉缺失症是指对食品中具有潜在重要性的物质不敏感。因此，在试验之前，应该对参试人员进行筛选，使用的样品应该是正式试验要用的产品。人类对不同气味的敏感程度可以通过双流动嗅觉检测器来测定，使用的标准品是 n-丁醇。根据试验，与受体对气味的敏感程度有关的因素包括饥饿、饱足、心情、气体浓度、呼吸系统疾病以及妇女的月经和怀孕。

嗅觉的强度水平的区分能力相当差，听觉和视觉都可以适应相差 $10^4 \sim 10^5$ 倍的刺激并能对它们进行区别，而嗅觉在分辨与阈值相差 10^2 倍的刺激上就显得有困难。对未经过培训的个体进行识别气味种类的试验证明，人类只能可靠地分辨大约 3 种水平的气味强度。

嗅觉对强度判断能力虽然有限，它的性质辨别的能力却相当强，即人们能够识别的比较熟悉的气味数量是相当大的，而且似乎没有上限。耳朵和眼睛只能感受一种类型的信号，即空气压力引起的振动和 $400 \sim 800nm$ 之间的电磁波，而同它们相比，鼻子的分辨能力却强得多，一个受过训练的香味品评人员可以分辨出 $150 \sim 200$ 种不同的气味。

然而，识别气味本身这一过程并不容易，经常有这样的情况，我们知道某种气味的存在，但却说不出具体是什么气味，这也是为什么许多嗅觉临床检验采用多重选择形式的原因。我们的嗅觉在从复杂的混合物中分析、识别许多单一成分时，也是能力有限，因为我们是将气味作为一个整体而不是作为单个特性来感受的。这就使得气味的分布和风味的描述对于感官评价人员来说是一项困难的工作。

尽管一般的教科书都说对于主要气味没有统一的分类方法，但在风味和香味专业人员中，却对嗅觉有着基本一致的分类，表 2.3 是两个风味体系举例，第一个体系是由品评小组组长在培训过程根据经验和直觉形成的用于描述消费产品的香气的描述体系，具有非交叉、适用性和完整性的特点，第二个体系是对烟草风味的描述，是通过对 ASTM（American Society for Testing and Materials）中的 146 个气味描述指标进行分级分析得到的。在特定工业中，如酿酒业，有专门的香气风味术语系统，比如将葡萄酒的风味以风味轮的形式按层次排列，最内层是最普通、最笼统的风味类别，然后逐层细划，最外层给出了专门的风味标准物作为风味原形或参照。这个系统对于训练评酒员是非常有用的。类似的方法业还可以应用于其他产品，比如奶制品和油脂类产品。油脂氧化味道是一种很普通的气味类别，在氧化味道中包含了纸味、纸板味、油漆味、动物油脂味和鱼腥味，这种情况下，氧化味就可以作为内层术语。目前应用较广的还有啤酒的风味轮（图 2.6），该风味轮是由 Morten Meilgaard 于 20 世纪 70 年代发展而成，这些术语已经成为美国及欧洲啤酒酿造行业的统一专用品评术语。

表 2.3　气味分类系统举例

体　系 1	体　系 2	体　系 1	体　系 2
辛辣的	辛辣的	薄荷味	清凉的，薄荷味
甜的（香草，麦芽酚）	焦糖味（香草，糖蜜）	草药味	香菜味，茴香味
果香（非柑橘）	果香（非柑橘）	樟脑味	动物味
柑橘香	柑橘香	其他	溶剂味
木的，坚果的	木的，坚果的		焦煳味
生青的	生青的		硫味
花香	花香		橡胶味

嗅觉的另外一个特性是对在一定时间和空间内稳定存在的刺激容易适应，从而变得没有反应。这在日常生活中有很多例子，比如，刚进入朋友家中，往往会注意到房子里特有的气味，因为每个家庭都有每个家庭的特殊气味，而几分钟后，来访者对这些气味就变得没有感

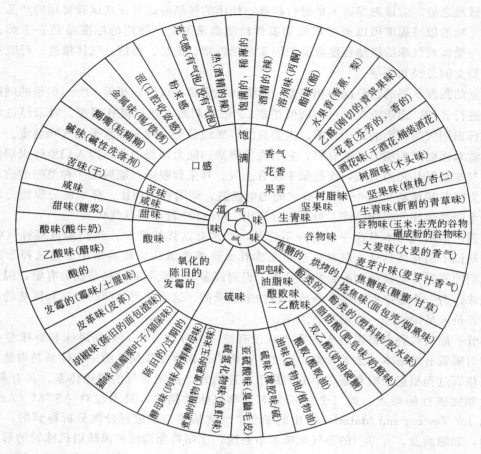

图 2.6　啤酒的风味轮

觉了，也就是说，嗅觉适应了。

　　嗅觉的最后一个特点是混合物具有相互掩盖和抑制的现象。大多数空气清新剂就是通过强烈抑制或掩盖其他气味的方式工作的。气味性质相互影响的方式还不清楚，但气味混合物在性质上与单一化合物的性质会有很多相似之处，例如，对一个二元混合物的气味剖析得到的结果同单一成分的气味剖析结果非常相似，虽然风味感觉的强度有所不同，但如果混合物种类很多，就可以产生一种全新的风味，比如合成的番茄味是由多种化合物混合而成的，咖啡香气由几百种物质构成，其中许多物质单独存在时是没有任何咖啡味的，用气相色谱法分析酪乳香味时也发现，某些关键物质在单独存在时没有任何酪乳香气，但在混合物中就会产生酪乳香气。

　　嗅觉中还存在混合抑制消除的现象，即在几种不会合成新的成分的混合物中，鼻子对一种物质适应后，会使得另外的物质变得非常突出，这也是一些香料商的分析策略之一，当他们试图分析竞争对手的一种香味产品时，他们发现，有些物质可以很容易地被从混合物中区别出来，而另外一些物质则不太明确，如果鼻子对已知物质疲劳了，另外一些物质可能就会显现出来，使得未知物质更容易被确认。嗅觉的抑制和消除现象是感官检验需要考虑的重要问题，这也是为什么感官检验应该在无气味的环境中进行的理由。如果检验环境中有气味，经过短时间后，嗅觉系统对环境中的任何气息都会变得麻木，如果该气味出现在所检产品中，检验人员就会对他们没有反应，而对于其他风味或香味则会由于抑制效应的消除而有过于强烈的反应。

如果考虑到人类感受器的复杂性和气体的阈值范围的广泛性，我们就可以理解为什么对于同一气味，不同的人会有不同的感受，因此，如果要进行气味的感官检验，尤其是某种不熟悉的气味，除了必要的培训之外，参加试验的人数也要尽可能得多，这样，试验结果才能可靠、有效。

2.2.5　三叉神经的风味功能因素（化学因素）

除了味觉和嗅觉系统具有化学感觉外，鼻腔和口腔中以及整个身体还有更为普遍的化学敏感性。一些黏膜、角膜等对化学刺激也很敏感。如切洋葱容易使人流泪，鼻腔和口腔中这种普通的化学反应是由三叉神经调节的。现在人们更多的是用"化学感觉"来描述三叉神经调节控制的感觉。比如苏打水中二氧化碳气泡破裂、辣椒、黑胡椒、生姜、孜然、芥末、辣根、大葱、大蒜等刺激的都是三叉神经末梢（图 2.7），引起眼睛、鼻子和口腔产生麻辣感、灼烧感、辛辣感、刺鼻感以及刺痛感等。

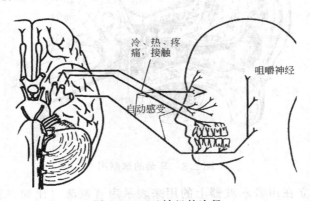

图 2.7　三叉神经的途径

三叉神经的重要性可以从解剖学上得到证明，一项研究发现老鼠的蕈状乳头中的三叉神经纤维数是支配味蕾的面神经纤维的 3 倍。三叉神经围绕味蕾上升，形成一个杯状结构，三叉神经可能利用味蕾的特殊结构使它们进入外部环境的效果得到增强，这一推测可以通过下面的实验得到证实：蕈状乳头丰富的舌尖区域对胡椒粉的刺激反应非常强烈。

这些化学感觉对食品是很重要的，因为它们会提高消费者对产品的接受程度。有人这样说，在食品工业中，三叉神经风味带来的经济效益正在不断增长，如果将二氧化碳破裂的效果看作是一种三叉神经风味的话，全世界碳酸饮料、啤酒、发泡酒的销售额总计可达到数十亿美元，胡椒粉每年的销售额也有好几亿美元，其他调味料的情况也是如此，这样看来，三叉神经的风味作用确实值得深入研究。

对大多数物质来说，三叉神经反应要求刺激物的浓度要比嗅觉或味觉刺激物的浓度高好几个数量级。有人通过研究得出，番椒油的阈值是 1×10^{-6}，辣椒类物质最明显的感官特性是持续时间长，番椒油、胡椒碱、生姜汁浓度高于阈值时刺激可持续 10min 甚至更长。这些刺激物对口腔除了具有麻木和致敏作用外，还会引起身体强烈的防御反射，包括出汗、流泪及唾液分泌。有人对 12 种刺激物溶液的强度感受标度同唾液分泌的平均值进行了比较，结果发现，这两个值之间具有很高的相关性，这表明可以用强度评分来表示生理反应。

目前在化学刺激领域中还缺乏描述这些化学刺激所产生的生理体验的专业术语和参照标准，因此，我们还不明确化学刺激和感官特性被引发的程度之间的关系。

2.2.6 听觉

图2.8是人类耳朵的剖面图，介质的振动（通常是空气）会引起耳鼓的振动，这种振动通过中耳中的小骨头的传递引起内耳中液体的运动，耳蜗是一个上面覆盖着许多绒毛细胞的螺旋型的通道，当受到振动时，就会将神经冲动传递给大脑。进行脆性试验的学生应该对强度（以分贝来测量）、音调（由声波的频率来测量）等有所了解。在进行声音试验时，有可能产生一种偏差，这种偏差发生在头盖骨里面，是来自耳朵之外的声音，比如，由于下颌或牙齿的运动以及通过骨骼结构传递产生的声音。

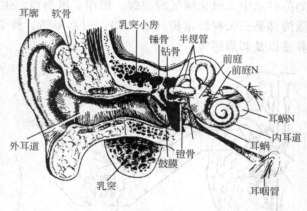

图2.8 耳朵的解剖图

精神听觉学是建立在声音示波器上的用来表示声音刺激（比如，音调、大小、尖锐程度、粗糙程度等）的振动模型。这些模型只能用来进行简单的声音分析，而不能进行复杂的声音分析。它们能够回答的问题是，哪种声音，多大。

近年来，研究产品声音特性的科学工作者和工程技术人员都认识到应该建立一组用来描述复杂声音特性的词汇，因为生产商对其产品产生的声音和消费者对这些声音的反应都很关心，这样的一些词汇有嘶嘶声、尖叫声、隆隆声、嗡嗡声等。

2.2.7 阈值及阈值以上的感受

阈值是指受试者能够感受到的刺激的最低量。我们应该明确的是某种物质的阈值并不是一个常数，而是不断变化着的，阈值随我们的心情，也随时间、饥饿程度的变化而变化。具有相同阈值的物质其强度随浓度而增加的速率会非常不同，因此，对阈值的使用要谨慎，在研究能够散发大量风味物质的产品时，阈值具有实际意义，只要所测物质的风味范围距离阈值不是太远，即从0.5倍到3倍，都可以使用阈值测定方法（阈值测定方法本书从略），如果超过这个范围，气味或味道的强度就应该使用标度方法来测定。

2.2.8 感官的相互作用

风味感觉长期存在的一个难题就是味觉与嗅觉如何相互影响这一问题。厨师们知道风味

18

是味觉与嗅觉的结合，并受质地、温度和外观的影响，但是，在一项心理物理学实验中，将蔗糖（口味物质）和柠檬醛（气味/风味物质）简单混合后，表现出的是几乎完全相加的效应，对单一物质（蔗糖，柠檬醛）的强度评分也没有或者只有很少的影响。这使得烹饪专家的一般认识与心理物理学文献在味觉和嗅觉如何相互影响这一问题上存在着明显的差异，而食品专业人员和消费者普遍认为味觉和嗅觉是以某种方式相关联的，下面我们从 5 个方面讨论这一问题。

第一，通过心理物理学的研究，我们知道感官强度是叠加的。Murphy 等人在 1977 年测量了糖精钠与挥发性风味物质丁酸乙酯混合物的气味感知强度、味觉感知强度和总体感知强度，几年之后，他又对蔗糖-柠檬醛和 NaCl-柠檬醛混合物进行了同样的评估，这两项研究结果是一致的，强度评分显示叠加程度大约在 90%，也就是说，当嗅觉和味觉被看作是简单累积时，这两种感觉方式之间没有相互影响作用。

第二，人们有时会误将一些挥发性气味认为是"味觉"。正如前面提到过的一样，后鼻嗅觉很难定位，经常被作为口腔味觉而被感知，因此会有以上错觉，丁酸乙酯和柠檬醛虽然都是气味物质，但它们与"味觉"的判断都有关。为了消除气味物质对味觉的影响，可以在品尝时将鼻孔捏紧，这样就关闭了挥发性物质的后鼻通道，有效地消除了挥发性气味的影响。除了这一错误认识之外，另外一个常见的错误认识就是嗅觉与味觉是相互影响的，而心理物理学的研究表明味觉和嗅觉相互独立的程度要大于相互影响的程度。

第三，令人不愉快的气味通常会抑制挥发性气味，而令人愉快的气味则对挥发性气味有增强作用。这个理论似乎和上面刚刚提到的有所矛盾，但在现实生活中，这样的例子却是真实地存在的，有人对加入了不同量蔗糖的果汁的口味和气味进行了评分比较，结果表明，随着蔗糖浓度的提高，令人愉快的气味的分值得分也有所增加，而令人不愉快的气味的分值则有所下降，而实际上，测定的结果表明挥发性气体的浓度没有任何变化。他们认为，这是一种心理作用的结果，而不是嗅觉和味觉的物理上真正相互作用的结果，是"注意力分散"机制作用的结果。我们知道，蔗糖的甜味能够掩盖一些不良口味，如苦味、涩味、酸味，在蔗糖含量比较低的果汁中，由于不良口味不能被掩盖，品尝者的注意力被从挥发性气味转移到它的不良口味上，他所关注的只是果汁的不良口味，而忽视了它的挥发性气味，同时也影响了对挥发性气味的辨别，导致该果汁气味得分很低。在蔗糖含量高的果汁中，由于蔗糖将不良口味掩盖住了，品尝者的注意力就不那么集中在口味上，也就有了可能去考虑果汁的挥发性气味，因此，这种果汁的风味得分就会高些。类似的结果在蔗糖和酸含量不同的黑莓汁中也有所体现，含蔗糖量高的黑莓果汁风味值高，而含酸量高的黑莓汁风味值则低。

有人将这一现象看作是简单的光环效应，即增加一种突出的、令人愉快的风味成分的含量会提高同一产品中其他愉快风味成分的得分，而反过来，令人讨厌的风味成分的增加则会降低良好风味成分的得分（喇叭效应）。也就是说，总体的快感反应会影响产品的品质评分，即便这些影响在生理上并不存在。从这一原理中我们可以这样认为，品评人员一般是不能在品尝时将总体的快感效应排除在外的，即品评人员对产品的各项性质的打分很可能受他对该产品总体喜爱情况的影响。

第四，口味和风味间的相互影响随它们不同的组合而变化。阿斯巴甜能增强橘子和草莓溶液的水果味，但对蔗糖则没有或只有很小的影响，而且对橘子的增强效果要比草莓好一些。在一项类似的研究中，草莓香气对甜味有增强作用，而花生油气味则没有这个作用。对大量口味物质的研究结果表明，挥发性风味物质对 NaCl 的咸味有抑制作用，通过改变对品评员的指令也会使物质的口味之间产生一些更为复杂的相互作用。

第五，对品评人员的指令发生改变也会影响风味、口味之间的相互作用。下达给品评员的指令会对感官得分产生很大影响，比如，有一对样品用3点检验法（只要求品评人员说出二者是否存在总体差异）的结果是勉强能被发现有所不同，而当同样的两个样品用成对对比检验法检验，要求品评人员就产品的甜度作出评价时，这两个产品的得分相差非常之大。因此，当受试者的注意力被集中到某一特定品质上时，所得到的结果会与总体差别实验得到的结果非常不同。

在食品中还有另外两种感官相互作用的形式，一是化学刺激与风味的相互影响，二是视觉对风味的影响。化学刺激会增强食品的风味，这我们都有过体验，比如，没人喜欢跑气的汽水，因为这样的汽水一般太甜，也没人喜欢跑气的啤酒和香槟，因为它们的口感和风味都会因此而改变。目前我们对化学刺激对嗅觉和味觉的相互影响了解还不是很多。

最后我们来谈一下视觉对风味感觉的影响。我们对好的食品要求的通常是"色、香、味俱全"，可见，食品的外观与它的风味、质地是同样重要的，一般的经验也表明，色泽越深的食品，风味得分也会越高。对全脂牛奶和脱脂牛奶的实验也可以说明视觉对风味的影响，正常情况下，品评人员是通过牛奶的外观（颜色）、口感和风味来做出结论，一般情况下，品评人员都能够做出正确判断，也就是说，全脂牛奶和脱脂牛奶是很容易区分的，但是把同样的实验挪到暗室之后，脱脂牛奶与全脂牛奶的区分却变得很困难，这说明视觉对风味的影响是很大的，当品评人员看到脱脂牛奶的稀薄状态、比较浅的颜色，首先就在心理认定它的牛奶风味不足，而在暗室中，这个效应被消除了，所以，区分就变得不那么容易了。类似的情况还有，当果汁饮料不表现出典型颜色时，正确识别果味的次数就会显著降低，而当饮料颜色适当时，正确识别次数就增加。当要求品评人员对恰当和不恰当染色的乳酪、人造奶油、黑莓果冻和橘汁饮料的风味进行打分时，恰当染色的产品得分总是高于非恰当染色的产品。即使深色蔗糖溶液实际上比浅色对照液中的蔗糖含量低1%，品评员对深色溶液的甜度打分仍然要比浅色溶液高2%～10%。

3 感官检验的基本条件

如前面提到的，感官检验是以人作为测量工具的，而人又易受外界因素的干扰，为了减少干扰，确保试验数据结果真实、可靠，感官评价一定要在被控制的条件下进行，被控制的因素包括：

① 品评室的控制，包括品评室的环境（使用单独的小隔间或者大家围一个圆桌坐下）、灯光、室内空气、准备间的面积、出入口等；

② 产品的控制，包括使用的器具、样品的筛选、准备、标记和呈送；

③ 评价小组的控制，主要指参加试验的品评人员和进行评价的程序。

3.1 品评室的控制

3.1.1 品评室的发展

早期的品尝室是将一张实验台分割成 6～10 个隔间，每个小隔间的桌面上都摆放上待检测样品，这样可以防止品评者互相接触从而避免受到干扰，如图 3.1 所示。而当时，有人认为评判人员应该互相接触，进行讨论，从而达成一个一致性的结论。出于这种目的，品尝就在一张大圆桌上进行，圆桌的中间是一个大托盘，用来盛放参照物。现在所使用的感官品评室通常综合考虑了以上两点，既设有独立的品尝室，用来供品尝人员进行独立品尝或鉴定，也设有一张大圆桌，用来进行试验开始前的培训和整个品评小组的讨论，进行讨论的房间除了圆桌之外，还配有一块黑板，在讨论时使用。

(a)示意图

(b)实物图

图 3.1 简易感官品评室

3.1.2 品评室的规格

虽然以上提到的简易品评室也可以进行感官试验，但是，如果将感官品评作为产品开发和产品质量保证体系的一个重要环节，或者需要经常性的进行产品的感官评价工作，则有必要建立固定的品评室。正式的品评室是一组（6～10 不等）相邻的而又互相分隔开来的小房

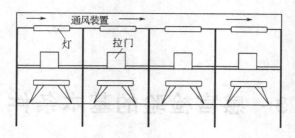

图 3.2　感官品评室示意图

间，每个品评室三面是墙，前面有一个用于传递样品的小拉门（图 3.2），一般宽为 45cm，高为 40cm，确切尺寸还应取决于试验时使用托盘的大小。品评室的详细尺寸见图 3.3，品评室宽为 68～77cm，间隔物的长度为 92cm，其中桌子宽度是 46cm，也有的资料说品评室的长和宽各为 1m。品评区与后面墙的距离是 92cm，用于品评人员的进出，品评室内的桌子高度为 76～92cm，一般都采用 76cm，因为这正是办公桌的高度，从桌子到灯的高度是 92～106cm，在天花板上有一个 46cm 高的装置，装有通风口和灯光设施（图 3.3）。

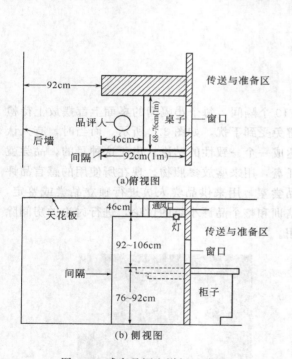

图 3.3　感官品评室详细尺寸图
（经许可，改编自 Herbert Stone & Joel Sidel 编著的 Sensory Evaluation Practices，pp：43）

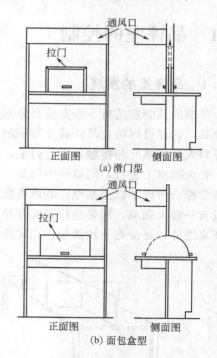

图 3.4　两种常见的品评室拉门类型
（经许可，改编自 Herbert Stone & Joel Sidel 编著的 Sensory Evaluation Practices，pp：45）

3.1.3　品评室的位置

品评室的位置应该设在便利的地区，一般设在较低的楼层，而且设计时要考虑品评人员的出入，要确保他们进出品评室的时候不经过办公区和准备区，因为这样他们可能会得到与产品、试验编码或者试验设计有关的信息，这些都将对他们的品评工作产生影响。品评室还要远离噪声和气味源，比如机械加工车间、生产车间、厨房等。

3.1.4　品评室内部的设计

每个品评室内要有一个小窗口，用来传递样品，窗口有两种形式，一种是滑门型，另外一种是面包盒型（图3.4）。滑门可以向上或者向旁边滑动，比较节省空间，不足之处就是品评人员可以从窗口看到准备室的情况。面包盒型是一个金属的窗口，既开口于品评室区，也开口于服务区，但不能同时打开，优点是可以将品评区与准备区隔离开，缺点是占据空间。实际使用时，还是选用滑门型比较多。品评室内要备有一大杯漱口用的清水，数个一次性纸杯、餐巾纸、答题用的铅笔、电源插座和控制本房间的电源开关，配备好的品评室还装有用来答题的电脑（图3.5）。品评室的墙壁一般是白色的，灯光要有两种，一种是白炽灯，它经常配有灯罩，因为有的试验需要用有色灯光来屏蔽掉样品本身的颜色，这时使用的就是这种有色的白炽灯，品评室内使用的另外一种光源是荧光灯。

(a)全景　　　　　　　　　　　　(b)内部设施

图3.5　感官品评室

3.1.5　其他设施

品评室外的房间一般被用来作准备室和样品传递室，设有一些抽屉、柜子等，用来存放

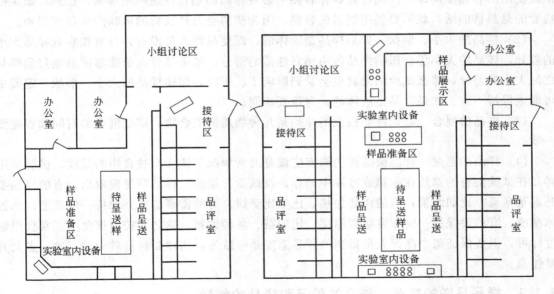

图3.6　两个品评室内布局示意图举例

（经许可，改编自 Herbert Stone & Joel Sidel 编著的 Sensory Evaluation Practices，pp：47）

23

感官评价会用到的东西，比如一次性的纸杯、面巾纸、叉子、筷子、勺子以及实验会用到的问卷和品评者的答卷，还有培训会经常用到的参照物、标准品以及准备样品时用到的桌子、椅子等。此外，要摆放几只大的垃圾桶，以丢弃试验废物。除准备室外，还应建有样品储藏室、工作人员的办公室和数据处理室，具体方位和布置参照图3.6。

3.2　产品的控制

我们对某一产品进行感官评价的目的是研究产品的成分、加工过程、包装以及储存过程等的改变是否会对产品的感官性质有所影响，为了达到这样的目的，就要使样品的准备工作在受控制的条件下进行，确保每一步都没有其他外界因素的介入而干扰正常评价工作的进行。

3.2.1　常用的仪器、工具及材质

在感官检验的样品准备工作中经常会用到的仪器和工具有天平、量筒（用来称量样品的质量或体积）、秒表（有的样品在食用前需要加热或混合一定的时间）、温度计（有的样品检验要求一定的温度）。在准备过程中还会用到一些大的容器，用来混合或存放某些样品。这些容器的质地应该是玻璃、陶瓷或不锈钢的，而最好不要用塑料的，因为塑料制品会带有一定的气味儿。木质品由于多孔，易吸水、吸油，一般也不使用。

3.2.2　样品的呈送

呈送给品评人员的样品要在以下几个方面做到一致。

（1）盛放样品的容器　对于容器的选择，很难做出一个严格统一的规定。一般使用一次性容器，比如各种规格的杯子或碟子。当然，也可以使用非一次性的容器，只要保证每一次试验使用的容器相同即可。同时要确保容器不会对样品的感官性质产生影响，比如，如果要检验的是热饮的话，就不要使用塑料的容器，因为塑料会对热饮料的风味产生负面影响。

（2）样品的大小、形状　如果样品是固体的，即使品评人员没有并没有觉察到样品大小的差异，样品的大小仍会影响样品各项感官性质的得分，如果品评人员能够明显觉察到样品之间大小的差异，那么试验结果就更会受到影响了。所以，固体样品的大小、形状一定要尽可能地保持一致。如果样品是液体的，含量要相同。

（3）样品的混合　如果需要检验的样品是几种物质的混合物，那么混合的时间和程度要一致。

（4）样品的温度　样品被品评的温度应该是通常情况下该样品被食用的温度，试验所用样品在试验前有的都放在冰箱或冷库中储存，在试验开始前，样品要提前取出，有的样品要升温至室温，比如水果；有的需要加热，比如比萨饼；有的需要解冻并保持一定低温，比如冰激凌；有的要保持一定非室温的温度，比如茶、各种饮料。总之，按照该食品正常食用温度即可，但要保证每个品评人员得到的样品温度是一致的，当样品数量较大时，这一点尤其要注意。

3.2.3　样品呈送的顺序、样品的编号和样品的数量

样品呈送的顺序要坚持一个"平衡"的原则，这样每一个样品出现在某个特定位置上的

次数就是一样的。比如，我们给 3 个样品 A、B、C 进行打分，下面就是这 3 种样品的所有可能的排列顺序：

$$ABC—ACB—BCA—BAC—CBA—CAB$$

所以这个试验需要来品评人员的数量就应该是 6 的倍数，这样才能使这 6 种组合被呈送给品评人员的机会相同。在以上组合的基础上，样品的呈送是随机的。样品呈送与试验设计有关，最简单的有下面两种。

（1）完全随机设计（CRD, completely randomized design） 这种试验设计的主导思想是，把全部样品随机分送给每个品评员，即每个品评员只品尝一种样品，比如，5 种样品由 5 个不同的人来品尝，或者 5 种样品由 5 组人来品尝，每组人只品尝一种样品，然后取平均值。在不能做到所有参试人员将所有样品都品尝一遍的情况下，使用该种方法，如在不同地区进行的试验。

（2）完全随机分块设计（RCBD, randomized completely block design） 就是所有参加试验的人对所有的样品进行品尝，如参加试验的人是 5 人，有 3 个试验样品，利用这种设计方法就是这 5 个人每人都对 3 种样品进行品尝。这是感官检验中经常使用的一种设计方法。

以上所说的随机是指哪一个品评员品尝哪一种样品是随机的，品评员品尝样品的顺序是随机的，哪一个品评员品尝哪一种顺序也是随机的。在上面两个试验设计的基础上还有其他的设计，具体情况请参见第 11 章。设计时，应该在试验方案的基础上，进行样品的排序。

样品的编号也会对品评人员产生某种暗示作用，比如，参评人员很可能下意识地把被标为 A 的产品的分数打得比其他产品的分数高。一般来说，在给样品编号时，不使用一位或两位的数字或字母，能够代表产品公司的数字、字母和地区号码也不用来作为编号，对用于进行感官评定的样品的编号，我们通常使用的是 3 位随机编码表（附录一表 1）。

考虑到感官和精神上的疲劳，每一阶段提供给品评人员的样品也有数量上的规定。普通饼干和曲奇饼干的上限是 8～10 个，啤酒是 6～8 个，对于气味很重的产品，比如烟熏肉、酱制肉、苦味物或者含油脂很高的食品，每次实验只能提供 1～2 个样品。而对于只进行视觉评价的产品，每次可提供的样品可以达到 20～30 个。

3.2.4 其他

进行感官检验，除了要清楚产品所需数量以外，还要对产品本身有比较多的了解，这对试验设计和试验结果的分析都十分有用。在正式试验之前通常要对以下情况进行记录。

（1）产品的来源 何时，何地生产。

（2）试验所需数量 计算进行一次感官评价所需产品数量，或者再做一次所需数量，以确保样品来源一致（相同的生产地点、生产日期、生产设备）。如果所需数量过大，不能满足要求，要想办法如何对不同的产品批次进行混合。

（3）储存情况 样品储存的地点和条件。如果要对产品进行加工过程和成分的评价，对于储存时间、温度、湿度、运输条件以及包装不同的产品是不能混合取样的。

3.3 品评人员和环境的控制

感官检验是用人来对样品进行测量，他们对环境、产品及试验过程等的反应方式都是试验潜在的误差因素。因此品评人员对整个试验是至关重的，为了减小外界因素的干扰，得到正确的试验结果，就要在品评人员这一关上做好以下控制工作。

3.3.1　品评人员的培训

根据试验目的和方法的不同，品评人员所接受的培训也不相同，作为最基本的要求，每一个参评人员在试验之前，至少要对以下有所了解（详细情况见第7章）。

（1）试验程序　比如每次所要品尝的样品的数量、用什么餐具、与产品接触的方式（吸吮、轻轻地嗅、咬或者嚼）、品尝后如何处理样品，是吞食还是吐出等。

（2）问答卷的使用　包括如何打分、回答问题以及涉及到的一些术语的解释。

（3）评价的方法　在培训当中要使参评人员清楚他们的任务，是对产品进行区别、描述，表明自己对产品的接受程度，还是在所试验产品中选出自己喜爱的产品。

（4）试验的时间　对于没有接受过太多培训的品评人员，最好安排他们在该产品通常被食用的时间进行试验，比如牛奶安排在早上，比萨饼安排在中午。味道很浓的产品和酒精类产品一般不在早上试验。还要避免在刚刚用餐、喝过咖啡之后进行试验，如果食用过味道浓重的食物，比如辛辣类零食、口香糖、吸烟、使用香水等，都要在对口腔和皮肤做过一定处理之后才能参加试验，因为这些都会对试验结果产生影响。

3.3.2　试验的环境

最理想的当然是为品评人员提供食用该产品的真实环境，如果不能完全做到，要尽量使试验环境清洁、安静、舒适，并给他们一定的时间来适应环境和熟悉试验程序，使他们避免干扰，尽可能地反应对产品的真实感受。品评区和讨论区的温度一般控制在 $20\sim22°C$，相对湿度保持在 $50\%\sim55\%$。

4 感官体验的度量

测量方法使用数字来对感官体验进行量化，通过这种数字化处理，感官评价成为基于统计分析、模型和预测的定量科学。品评人员用数值来确定感觉有多种方法，可以只是分分类、排排序，或者尝试使用数字来反映感官体验的强度等。我们将在本章对这些技术进行具体阐述。

当我们要求品评人员用数字对一些样品进行标记时，这些标记（数字）的功能，或者说代表的意义一般有以下4种。

（1）命名 品评人员将观察到的样品分成两个或更多的组，它们只是在名称上有所不同，这些数字不能反映样品内部的任何联系，比如1代表香蕉，2代表苹果。

（2）排序 品评员将观察到的样品按照一定的顺序排列起来，比如将面包按烘烤程度排序，1=轻微，2=中等，3=强烈。

（3）距离/间隔 品评人员将观察到的样品根据其性质，按照一定数字间隔进行标记，如将蔗糖溶液按照含糖量标记为3、4、5或6、8、10等，间隔是相等的。

（4）比例 以参照样为标准，品评人员将观察的样品或感受到的刺激用相应的数字表示出来，如参照样蔗糖的甜度为1，葡萄糖的甜度为0.69，果糖的甜度为1.5，麦芽糖的甜度为0.46。

命名式数字只是用来标记或将样品分类，它所包含的信息最少，惟一的性质就是"不相同"，也就是说标记为1和标记为2的样品是完全不同的样品。除了数字以外，字母或其他符号也有命名作用。对这类数据的分析是进行频率统计，然后报告结果。

用于排序的数字所包含的信息就多一些，该方法赋给产品的数值的增加表示感官体验的数量或强度的增强。如对葡萄酒可以根据甜度进行排序，对薯片可以根据喜好程度进行排序，但这些数值并不能告诉我们产品之间的相对差别是什么，比如排在第三位的产品的甜度不一定就是排在第一位产品甜度的1/3。一般以中值来反映总的趋势。

间隔数字包含的信息就更多一些，因为数据之间的间距是相等的，因此，被赋予的数值就可以代表实际的差别程度，这种差别程度就是可以比较的。例如20℃和40℃之间的温度差与40℃和60℃之间的温度差是相等的。

表示比例的数字反映感官强度之间的比例，例如假定某一糖溶液的甜度是10，那么2倍于它甜度的产品的甜度就是20。许多人倾向于使用表示比例数字，因为它们不受终点的限制，但实践经验表明，间隔数字具有同样的功能，而且对于品评人员来说，间隔数字更容易掌握一些。

在感官检验中，将感官体验进行量化最常用的方法，按照从简单到复杂的顺序，有以下4种。

（1）分类法 将样品分成几组，各组之间只是在命名上有所不同。比如，将大理石按颜色分类。

（2）打分法 是商业领域中被认为是最有效的评判方法，由专业打分员打分。比如，

USDA（United States Department of Agriculture，美国农业部）的肉类制品打分标准。

（3）排序法　将样品按照强度、等级或其他任何性质进行排序。

（4）标度法　品评员根据一定范围内的标尺（通常是0～10）对样品进行评判，这种标尺的使用是经过事先培训的。

另外还有一种方法叫做阈值法，就是以气味的阈值为基础来对样品进行测量。在选择使用阈值法以及对品评员的培训中应该清楚两个问题，第一，品评员对刺激感的受不同会造成误差；第二，品评员对受到的刺激的感受的表达方式的不同也会造成误差。

品评人员之间感受的不同一直是感官检验数据需要考虑的一个误差因素，感官分析人员和心理学家也都一直在努力寻找一种好的解决这个问题的方法。各人之间的阈值是不同的，在一项对啤酒中的添加物的阈值试验中，由20名受过培训的品评员组成的小组中，有2个人的阈值比小组的平均阈值低4倍，2人的阈值比小组平均阈值高5倍。在由200名以上健康的、未受过培训的品评人员对水的纯物质溶液进行的试验中，阈值的最大值和最小值之间的差距竟然有1000倍。因此，仅由4～7人组成的品评小组作出的判定误差会非常大，因此该书推荐的品评小组的规模在20～30之间，或者更多。人数少的小型品评小组只能代表该小组自己，而不能真正代表整个人群。

第二种可能的误差来源是品评员对某一感受的表达方式不同，有的会相差许多倍，但是这种误差可以通过全面、统一、系统的培训和认真选择所用词汇与标度等来消除。如果没有统一的培训，品评员可能感受到了某种特性，但他们并不知道要就该特性的哪一方面进行测量，或者如何测量。

在选择测量反应的方法时，最好是选择能够测量出样品之间差别的最简单的方法。有时也会使用比较复杂一些的方法，比如使用复杂的词汇或复杂的标度，这样的方法所需要花费的培训时间和评定时间会多一些。实际上，对于同一批品评员来说，全面、系统的培训表面上看起来花费的时间比较多，但从长远来说，却是节省时间的，因为如果品评员受的训练程度比较高的话，他们可以对任何样品进行试验，而不需要针对不同样品而进行的单独培训。

4.1　心理物理学理论

心理物理学是研究感官刺激和人类反应的心理学的一个分支，这门科学有助于增强我们对人类感官系统的理解。心理物理学认为人类的反应是可以测量的，作为感官分析人员，我们需要学习这些方法并将其应用在试验当中。

心理物理学的一个主要任务就是研究心理物理功能的形式，即刺激（C）和它引起的感受（R）之间的关系，用数学公式可以表示为 $R = f(C)$。

如果刺激是已知的（比如添加的浓度）或者比较容易测量（如用质构仪测定某样品硬度的峰值），对感受进行评估则不容易做到，我们可以要求品评员这样做，"在0～99范围内对这种气味进行判定"，如图4.1所示，随着刺激物丙酸浓度的增大，它所引起的感受

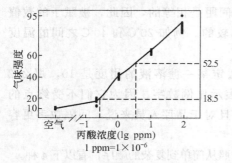

图4.1　心理物理学功能举例
气味强度随丙酸浓度增加而增加，气味
强度从0～99，0表示没有气味，
99表示气味强度很大

（气味强度）在 0～99 的范围内也不断增加。或者问品评员这样的问题："这种感受的强度是刚才的 2 倍还是 3 倍?"，"哪一种溶液奎宁味道最强?" 等，但是要清楚的一点是，没有一个品评员的回答会是准确的并且答案具有可重复性。试验中使用的方法可以是将被测感受同一种已知的感受进行对比，或者直接测量神经冲动。

在过去的几个世纪里，两种心理物理学功能被广泛使用，即 Fechner 理论和 Stevens 理论。虽然它们都不完善，但每一种都在其适用范围内为试验设计提供了较好的指导。

4.1.1 Fechner 理论

哈佛学者 Fechner 选用"刚刚察觉的差别"（just noticeable difference，JND）来测量感受强度（图 4.2），比如，他认为 8 个 JND 的感受是 4 个 JND 感受强度的 2 倍。JND 是由 Ernst Weber 理论衍生出来的，Weber 发现阈值的增加与最初刺激的感受成正比：

$$\frac{\Delta c}{c} = k \tag{4.1}$$

式中，c 是刺激的绝对强度，如浓度；Δc 是刺激强度的变化，至少是一个 JND；k 是常数，通常在 0～1 之间。Weber 理论表明，以风味物质为例，需要添加的风味物质的量取决于已经存在的风味的量，如果 k 确定，我们就可以计算出应该再添加多少风味物质。Fechner 理论如下：

$$R = k \lg c \tag{4.2}$$

类项标度是对 Fechner 理论很好的支持，比如，当品评员用 0～9 的标尺对样品进行甜度的度量时，得出的结果正像图 4.2 所示的对数曲线。声音的强度标度就是根据 Fechner 理论得出的，即分贝标度。

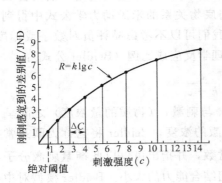

图 4.2 通过累加 JND 衍生
出的 Fechner 理论

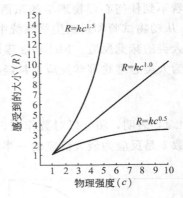

图 4.3 $k=1$，幂指数 $n=0.5$，
1.0，1.5 的感受强度与物
理强度的对数关系图

4.1.2 Stevens 理论

在 Fechner 理论诞生 100 年后，另一位哈佛大学学者 S. S. Stevens 指出，如果式（4.2）正确的话，100dB 的声音应该是 50dB 声音的 2 倍。但是他发现，通过使用量值估计标度法，100dB 的声音是 50dB 声音的 40 倍。Stevens 的主要论点是，人所感受到的强度是按刺激强度的幂指数形式增加，用数学方式表达如下：

$$R = kc^n \tag{4.3}$$

式中，k 为常数；n 为幂指数。图 4.3 为幂指数 $n=0.5$，1.0 和 1.5 的感官强度的对数关系图，表 4.1 是典型的感官指标的幂指数。通过这个理论，人们发现视觉长度的幂指数是 1，这就是为感官强度打分的线性标度法的理论基础。

许多人也指出 Stevens 理论存在许多缺陷，如幂指数是随试验所用刺激范围和试验模型而变化的，甚至由于每个人使用数字的习惯不同，不同的试验人员和研究人员之间的幂指数差别也是相当大的。

表 4.1　具有代表性的感官指标的幂指数

指　标	幂指数	刺　激	指　标	幂指数	刺　激
苦味	0.65	奎宁，啜饮的	酸味	1.00	盐酸，啜饮的
	0.32	奎宁，喝的	甜味	1.33	蔗糖，啜饮的
冷	1.0	金属放在手臂上	接触的粗糙度	1.5	砂布
电击	3.5	通过手指的电流	热引起的疼痛	1.0	皮肤感到的辐射热
硬度	0.8	挤压的胶皮	振动	0.95	手指上 60 Hz
质量	1.45	提起的重物		0.6	手指上 250 Hz
光（可视的）	1.20	灰色的纸	黏度	0.42	搅动的溶液
声音	0.67	1000 Hz 的音调	视觉面积	0.7	正方形
盐味	1.4	NaCl，啜饮的	视觉长度	1.00	直线
	0.78	NaCl，喝的	温暖感	1.6	放在手臂上的金属
味道	0.55	咖啡			
	0.60	己烷			

4.1.3　Beidler 模型

无论是对数形式还是幂指数形式都只是恰巧能够解释感官数据的数学公式，从这两个公式里我们看不到任何心理物理学的东西。McBride 于 1987 年建议使用下面的公式，该公式是 Beidler 从动物试验和反映生物系统中的酶与底物关系的米氏动力学公式中得到的，可以用来描述人类的味觉反应。McBride 建议说，我们可以不考虑品评员对数字或标度的使用，而仅仅认为人类心理物理学反应与神经心理物理学反应成比例（Beidler 公式）：

$$\frac{R}{R_{\max}} = \frac{c}{k+c} \tag{4.4}$$

式（4.4）表明，将 c 以对数作图，反应 R 与刺激 c（物质的量浓度）之间呈 S 形（图 4.4），常数 k 是反应为最大反应的一半时的刺激的浓度，Beidler 将它称为联系常数，或结合常数，并指出可以以此衡量刺激分子与接收器之间结合能力的大小。Beidler 模型对中等和高浓度范围内的感官表达很有效，比如对甜食和饮料中的甜度的表达。与 Fechner 和 Stevens 模型不同的是，该模型认为反应有个最大限度，即 $R_{\max}$，该值不会超过刺激的最大浓度所引起的反应，它被视为所有接收器都饱和时的浓度。

对糖、盐、柠檬酸和咖啡因的大量试验表明，Beidler 公式能够同两种心理物理学方法（即 JND 累积法和类项分级法）一样很好地描述人类的味觉反应。应用 Beilder 公式可以估计用其他

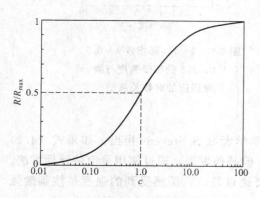

图 4.4　味觉反应 $R/R_{\max}$ 和刺激
浓度 c 之间的 S 形曲线关系

方法无法获得的人类味觉反应参数，R_{max} 和 k。因此，不像 Fechner 和 Stevens 理论，Beilder 公式可以用来对人类味觉反应进行定量估计，也就是说，该公式具有心理物理学功能。

除了以上方法之外，感官检验中还使用其他用来模拟品评者决策过程的技术，尤其是在阈值检验和差别检验中。其他心理物理学模型包括 Thurston-Ura 模型和单一检验检测模型。

4.2 分类法

在分类法中，要求品评人员挑出那些能够描述样品的感官性质的词汇，比如，对某种饮料，要求品评人员在能够对其进行描述的词汇前面划对钩。分类法中如果使用数字，那么数字代表的意义只是命名。如 1 是甜，2 是酸等。

____甜 ____酸 ____有柠檬味的

____平淡的 ____稠厚的 ____清新的

____有果肉的 ____自然的 ____有后味的

至于所使用的词汇，并没有统一标准，试验结束之后，将每个词汇被选中的次数进行统计，以此来报告结果。正确选择词汇对准确描述样品的感官特性及解释试验结果起着至关重要的作用，如果品评人员没有经过培训，那么一定要使用普通的、非专业的词汇。准确地选择词汇不光在分类法中十分重要，在所有的测量方法中都同样重要，因为一切测量方法，都要用词汇来对样品的某项性质进行定义。词汇的选择一般在正式试验前，由有经验的品评人员坐在一起，围绕测样品，每人都提出能够描述其性质的词汇，然后大家讨论是否适用，最后列出大家都同意的词汇，所列词汇尽量做到能够全面描述待测样品。进行类似试验时，可以参照使用以前使用过的词汇，但不能完全照搬，因为总会存在这样、那样的不同，在使用时，要注意词汇的更新。在选择词汇并对其进行定义或解释时，要注意与产品真正的物理，化学性质相联系，这样有助于品评人员的理解，从而使数据更可靠，更有利于结果的分析，解释及结论的得出。下面是一些分类法中经常使用的词汇。

（1）辛辣味儿 辣椒味，洋葱味，大葱味，大蒜味，桂皮味，花椒味，丁香味，生姜味，芥末味。

（2）一些护肤品使用后的感觉 光滑的，油腻的，涩的，干的，潮湿的，粗糙的，柔软的，发紧的。

4.3 打分法

打分法是商业中比较推崇也经常使用的一种评价方法，由专业的打分员用一定的尺度进行打分，经常用打分来评价的商品有咖啡、茶叶、调味料、奶油、鱼、肉等。打分法在商业中十分有用，因为它可以保证产品的高质量，但它也有自身的缺点，因为打分法都是评分员给样品打一个总体分，它综合了该样品所有的性质，因此很难从统计学的角度对其某项物理、化学性质进行分析，所以，打分法正在被本书中所讲到的许多其他方法逐步取代。但有一些经典方法仍在继续使用，比如 Torry 的鱼的新鲜度评分标准，USDA 的奶油和肉的评分标准等。

【例1】 Torry 的熟鲱鱼新鲜度评分标准（10分）

10分：新鲜鱼油味，甜，肉香，奶油味，金属光泽，无不良气味；

9分：新鲜鱼油味，甜，肉香，奶油味，具有本属特征；

8分：油的，甜，肉香，奶香，烧焦味；

7分：油的，甜，肉香，奶香，轻微酸败，轻微的酸味；

6分：油的，甜，放置了几天的肉，奶香，酸败，酸味；

5分：酸败，汗味，霉味，酸味；

4分：酸败，汗味，奶酪味，发酸的水果，轻微的苦味；

3分：酸败，奶酪味，酸味，苦味，腐败的水果味。

该方法认为低于3分的制品可能已经没有任何食用价值，因此没有必要为3分以下的制品制定评分标准。

4.4 排序法

将3个或者更多的样品按照其某项品质的程度大小，或者好坏的顺序进行排序。比如，将容器按照溶液含量多少从高到低排序（图4.5），将冰激凌按照口感由好到坏的顺序进行排列，将酸奶按照感官酸度进行排序，或者将早餐饼按照喜好程度进行排序。排序法中的数字代表的意义是顺序。

排在第一位的标为1，第二位的标为2，依此类推，所以从排序的最后一个样品可以推测出该批样品被分了几等。这些顺序号并不能用来测量样品的强度，但它们可以用来进行χ^2检验（见第11章）。

排序法比较快速，所需的培训也相对较少，所以应用范围比较广泛，但是在区别3个以上样品时，它的有效程度不如标度法。

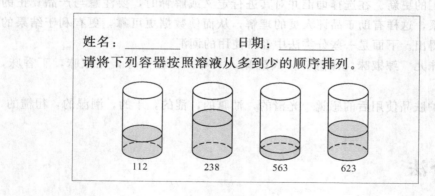

图4.5 排序法举例

4.4 标度法

从感官检验的定义中我们知道，它是一门度量的科学，度量是将感官体验进行量化的关键一步，在此基础上才能将数据进行统计分析。标度法中既使用数字来表达样品性质的强度（甜度、硬度、柔软度），也使用词汇来表达对该性质的感受（太软、正合适、太硬）。如果使用词汇，应该将该词汇和数字对应起来，比如，非常喜欢＝9，非常不喜欢＝1，这样，就可以将这些数据进行统计分析。标度法也有它自身的不足，那就是品评人员容易只选择中间的数值，比如，要求对某种苹果汁按照从 0 到 9 的标尺，对其苹果风味进行评价。品评员一般不会选用 0、1 和 2，因为他们总以为还会有风味更低的样品，他们是把这些数值留给给那些样品用，而这样的样品可能不会出现在试验中，同样，他们也不太会选择 7、8 和 9 这几个数值，他们是等待风味更浓的样品的出现时才用这些数值，而同样，这样的样品在该次试验中也可能根本不会出现。结果，这个标尺就不准确了，比如，苹果风味非常浓的样品只被标为 6.8，而苹果风味稍高于平均水平的样品被标为 6.2。感官检验中常用的标度方法有以下 4 种。

4.4.1 类项标度

在类项标度中，要求品评人员就样品的某项感官性质在给定的数值或等级中为其选定一个合适的位置，以表明它的强度或自己对它的喜好程度。类项标度的数值通常是 7～15 个类项，取决于实际需要和品评人员能够区别出来的级别数。

类项标度的数值不能说明一个样品比另一个样品多多少，比如，在一个用来评价硬度的 9 点类项标度中，被标为 6 的样品其硬度不一定就是被标为 3 的样品硬度的 2 倍。在 3 和 6 之间的硬度差别可能与 6 和 9 之间的差别并不一样。类项标度中使用的数字有时是表示顺序的，有时是表示间距的，下面是一些常用的类项标度的例子。

(1) 数字标度　　　　　1　2　3　4　5　6　7　8　9

弱————————————➤强

(2) 语言类标度　如表 4.2 和表 4.3 所示。

表 4.2　语言类标度一

数　值	语言分类标尺Ⅰ
0	没有
1	阈值
2	非常轻
3	轻微
4	轻微-中等
5	中等
6	中等-强烈
7	强烈

表 4.3　语言类标度二

数　值	语言分类标尺Ⅱ	数　值	语言分类标尺Ⅱ
0	没有	9	中等-大
1	阈值	10	
2		11	大
3	轻微	12	
4		13	大-极度
5	轻微-中等	14	
6		15	极度
7	中等		
8			

(3) 端点标示的 15 点方格标度

甜味　　　　□　□　□　□　□　□　□　□　□　□　□　□　□　□　□

　　　　　　不甜　　　　　　　　　　　　　　　　　　　　很甜

(4) 相对于参照的类项标度

甜度　　　　□　　□　　□　　□　　□　　□　　□

　　　　　　较弱　　　　　　参照　　　　较强

(5) 适用于儿童的快感标度

a.

　　　1　　　　2　　　　3　　　　4　　　　5　　　　6　　　　7

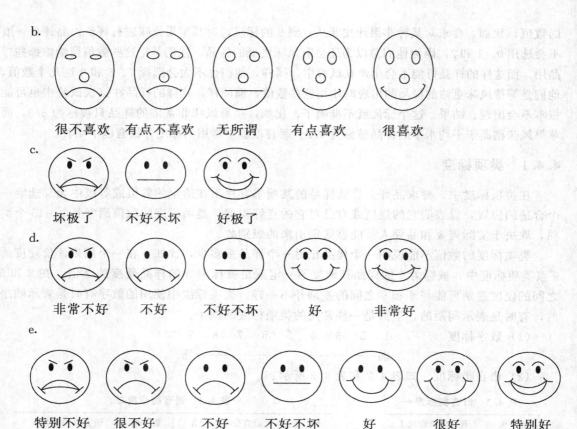

b.

很不喜欢　　有点不喜欢　　无所谓　　有点喜欢　　很喜欢

c.

坏极了　　不好不坏　　好极了

d.

非常不好　　不好　　不好不坏　　好　　非常好

e.

特别不好　　很不好　　不好　　不好不坏　　好　　很好　　特别好

（6）其他方法　是综合使用以上方法的标度法，如数字标度和语言标度，端点标示和语言标度的综合。

实际上，方格标度法的出现是为了克服数值法的一些不足，因为有的人在使用数字上有一定的倾向，为了避免这种倾向，才使用没有标注的方格法，但在使用的时候，没有数字，有的人又会觉得不好选择，因此又出现了方格加数字法。类项标度在实际当中使用较多，尤其是9点法，无论是数字法，方格法还是数字加方格法。如果品评员可选择的点很少，比如只有3点，他们会觉得不能完全表达他们的感受，如果可选择的点非常多，他们又会觉得无从选择，因此会影响试验结果。

喜爱程度：

极度不喜欢	很不喜欢	中等不喜欢	轻度不喜欢	无所谓	轻度喜欢	中等喜欢	很喜欢	极度喜欢
□	□	□	□	□	□	□	□	□
1	2	3	4	5	6	7	8	9

类项标度的数值可以用 χ^2 分布来检验。如果数值间的间距被认为是相等的话，也可以用 t 检验、方差分析，以及回归分析来处理数据。

4.4.2　线性标度

线性标度也叫图标评估或视觉相似标度。自从发明了数字化设备以及随着在线计算机化数据输入程序的广泛应用，这种标度方法的使用变得非常普遍。在这种标度法中，要求品评人员在一条线上标记出能代表某感官性质强度或数量的位置，这条线的长度一般为15cm，端点一般在两端或距离两端1.25cm处（图4.6）。通常，最左端代表"没有"或者"0"，最

34

右端代表"最大"或者"最强"。一种常见的变化形式是在中间标出一个参考点，代表标准品的标度值。品评人员在直线的相应处做标记，来表示其感受到的某项感官性质，而这些线上的标记又用直尺被转化成相应的数值，然后输入计算机进行分析。线性标度中的数字表示的是间距。Stone 等人在 1974 年发表的一篇文章中建议在定量描述分析（QDA）中使用线性标度，使得这种方法得以普及，现在这项技术在受过培训的品评员中使用比较广泛，但在消费者试验当中则较少使用。

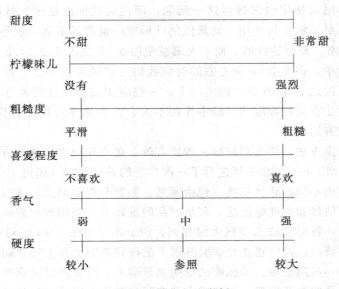

图 4.6　线性标度举例

4.4.3　量值估计标度法

在这种方法中，品评人员得到的第一个样品被就某项感官性质随意给定了一个数值，这个数值既可以是由组织试验的人给定（将其作为模型），也可以由品评人员给定。然后要求品评人员根据第二个样品对第一个样品该项感官性质的比例，给第二个样品确定一个数值。如果你觉得第二个样品的强度是第一个样品的 3 倍，那么给第二个样品的数值就应该是第一个样品数字的 3 倍。因此，数字间的比率反应了感应强度大小的比率。量值估计法中使用的数字虽然本意是表示比例，但实际上通常是既表示比例也表示间距。下面是一些例子。

（1）有参考模型　品尝的第一块饼干的脆性是 20，请将其他样品与其进行比较，以 20 为基础，就脆性与 20 的比例给定一个数值。如果某块饼干的脆度只有第一块饼干的一半，那么它脆度的数值就是 10。

第一个样品：20

样品 348：____

样品 432：____

（2）没有参考模型　品尝第一块饼干，就其脆性给定你认为合适的任何一个数值。然后将其他样品与它进行比较，按比例给出它们脆性的数值。

样品 837：____（第一个样品）

样品 639：____

样品 324：____

参加试验的人一般会选择他们感觉合适的数字范围，ASTM（American Society for Testing and Materials）建议第一个样品的值在 30～100 之间，应该避免使用太小的数字。但对于以前受过培训使用其他标度方法的品评员来说，可能会有些困难，因为他们已经习惯了使用 1～9 或 0～15 这样的数字了，为了避免这一问题，可以让品评员进行一些活动来理解"比例"的含义，比如让他们估计不同几何图形的面积或者直线的长度等。

　　量值估计标度法与类项标度法的比较：由量值估计标度法得到的数据具有比例性质，它避免了品评人员不愿意使用两端数值这一问题，而在类项标度法中，试验组织者要设计标尺，并确保品评人员了解如何使用。而量值估计标度法也有其不足，就是品评人员容易使用 5、10、15 这样粗略、易记的数值，而不大愿意使用 6、7 或者 1.3、4.2 这样比较精确的数值，就像日常生活中，在 9 点 30 分左右的时候我们习惯说 9 点半了，而不说 9 点 26 分了，即便当时的时间真的是 9 点 26 分。但实际上，一些应用表明，这两种方法并没有明显的差别。量值估计标度法在喜好程度的试验中作用不大，但在品评人员比较少（少于 20 人）的情况下，还是比较有用的。

　　有这么多的标度方法，那么到底哪一种更有效、更可靠或者比其他方法在某些方面更优越呢？Lawless 和 Milone 于 1986 年进行了一次广泛的系列研究（超过 20000 次试验），对集中场所的消费者利用不同的感官系统（包括嗅觉、触觉和视觉形式）进行了检验。他们比较了线性标度、量值估计和类项标度法，利用产品间统计上的差别程度来作为方法有效性的标准。试验结果表明，各标度法的表现大致相同。Shand 等人在 1985 年对有经验的品评员的试验也得到相似的结论，这些建立在试验基础上的研究表明了各方法之间的等同性。在实践当中，应该考虑的一些问题有：①标度的空间要足够大，以将产品区别开来；②考虑端点效应；③考虑参评人员的参考框架，包括语言和实际参照物；④被评价的感官特性要适当并有确切定义；⑤在分析前，要考虑数据是否能够进行统计分析。

5 总体差别检验

差别检验是感官分析中经常使用的两类方法之一，它是让受试者回答两种样品之间是否存在不同。它的分析基于频率和比率的统计学原理，根据能够正确挑选出产品差别的受试者的比率来推算出两种产品是否存在差异。差别检验的用途很广，有些情况下，试验者的目的在于确定两种样品是否不同，而在另外一些情况下，试验者的目的是研究两种样品是否相似到可以互相替换的地步。以上这两种情况都可以通过选择合适的试验敏感参数，α，β 和 P_d，借助专用表（附录一表 7 到表 14）来进行试验。

α，也叫做 α-风险，是统计学上的名词，它的定义是错误的估计两者之间的差别存在的可能性。也叫第 I 类错误。

β，也叫 β-风险，它的定义是错误的估计两者之间的差异不存在的可能性。也叫第 II 类错误。

P_d（proportion of distinguisher），是指能够分辨出差异的人数比例。

在以寻找差异为目的的差别检验当中，只考虑 α-风险。在充分考虑实际情况的前提下，比如可能参加试验的人数和样品的数量，通过相应的表由 α 值来确定参评者的人数。而 β 值和 P_d 值通常不被考虑。在这类试验中，α 值通常要选得比较小。

在以寻找样品之间的相似性为目的的差别检验中，试验者的目的是想确定两个样品是否相似，是否可以互相替换。一般为了降低成本而选用其他替代原料来生产原有产品时，要进行这种感官检验。比如，某果汁饮料生产商为了降低成本，想用一种便宜的芒果风味物质代替原有的价格较高的芒果风味物质，但又不希望消费者能够觉察出取代以后产品的不同，这时，就要进行一次差别检验，来降低公司在进行风味物质替换时所要承担的风险。在这种检验中，试验者要选择一个合理的 P_d 值，然后确定一个较小的 β 值，α 值可以大一些。

某些情况下，试验者要综合考虑 α，β，和 P_d 值，这样才能保证参与评定的人数在可能的范围之内。

α，β 和 P_d 值的范围在统计学上，有如下的定义：

α 值在 10%～5%（0.1～0.05），表明存在差异的程度是中等；

α 值在 5%～1%（0.05～0.01），表明存在差异的程度是显著；

α 值在 1%～0.1%（0.01～0.001），表明存在差异的程度是非常显著；

α 值低于 0.1%（<0.001），表明存在差异的程度是特别显著。

β 值的范围在表明差异不存在的程度上，同 α 值有着同样的规定。

P_d 值的范围意义如下：

P_d 值<25% 表示比例较小，即能够分辨出差异的人的比例较小；

25%<P_d 值<35% 表示比例中等；

P_d 值>35% 表示比例较大。

差别检验又分两类，一类是笼统回答两类产品是否存在不同，叫做总体差别检验，即本章所要讲述的内容，比如，样品 A 和样品 B 是否不同；而另一类则更加细化，要求受试者就产品的某一项性质作答，比如，样品 A 和样品 B 颜色是否有差别，甜味是否有差别等。差别检验包括许多具体方法，有的用得多一些，有的用得少一些，下面我们就分别来讲述。

5.1　三角检验

三角检验（triangle test）是差别检验当中最常用的一种方法，是由美国的 Bengtson 及其同事一起发明的。在检验中，将 3 个样品同时呈送给品评人员，并告知参评人员其中两个样品是一样的，另外一个样品与其他两个样品不同，请品评人员品尝后，挑出不同的那一个样品。常用的问答卷及样品形式见图 5.1 和图 5.2。

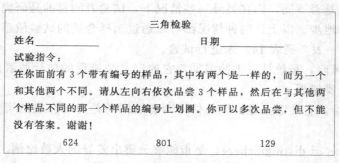

图 5.1　三角检验问答卷举例

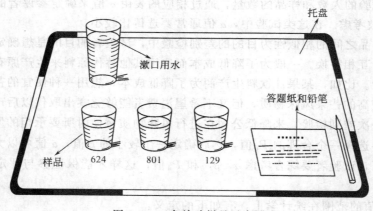

图 5.2　三角检验样品示意图

（1）应用领域和范围　当感官检验的目的是研究两种产品之间是否存在差别时，可以使用三角检验，具体应用领域有下面几个：

① 确定产品的差异是否来自成分、工艺、包装及储存期的改变；

② 确定两种产品之间是否存在整体差异；

③ 筛选和培训检验人员，以锻炼其发现产品差别的能力。

（2）参加人数　一般来说，三角检验要求品评人员在 20～40 之间，如果产品之间的差别非常大，很容易被发现时，12 个品评人员就足够了。而如果试验目的是检验两种产品是否相似时（是否可以互相替换），要求的参评人数则为 50～100。

（3）试验程序　每次随机提供给受试者 3 个样品，两个相同，一个不同，这两种样品可能的组合是 ABB，BAA，AAB，BBA，ABA 和 BAB，要求每种组合被呈送的机会相等。受试者按照从左向右的顺序品尝样品，然后找出与其他两个样品不同的那一个，如果找不出，也要猜一个答案，即不能没有答案。

（4）结果的分析　统计做出正确选择的人数，对照附录一表 8 得出结论。

【例 1】　三角检验之差异性检验——咖啡试验

问题：现有 2 种咖啡，一种是原产品，一种是用一批新种植的品种，感官检验人员想知道这两种产品之间是否存在差异。

项目目标：两种产品之间是否存在差异。

试验目标：检验两种产品之间的总体差异性。

试验设计：因为试验目的是检验两种产品之间的差异，我们将 α 值设为 0.05（5%），有 12 个品评人员参加检验，因为每人所需的样品是 3 个，所以一共准备 36 个样品，新产品和原产品各 18 个，按表 5.1 安排试验。试验中使用的随机号码见附录一表 1。

表 5.1　咖啡差异试验准备工作表

样品准备工作表

日期：＿＿＿＿＿

编号：＿＿＿＿＿

样品类型：咖啡

实验类型：三角检验

产品情况	含有 2 个 A 的号码使用情况	含有 2 个 B 的号码使用情况
A：新产品	533　681	576
B：原产品（对比）	298	885　372
呈送容器标记情况	号码顺序	代表类型
小组 #		
1	533 681 298	AAB
2	576 885 372	ABB
3	885 372 576	BBA
4	298 681 533	BAA
5	533 298 681	ABA
6	885 576 372	BAB
7	533 681 298	AAB
8	576 885 372	ABB
9	885 372 576	BBA
10	298 681 533	BAA
11	533 298 681	ABA
12	885 576 372	BAB

样品准备程序：

1. 两种产品各准备 18 个，分 2 组（A 和 B）放置，不要混淆。

2. 按照上表的编号，每个号码各准备 6 个，将两种产品分别标号。即新产品（A）中标有 533，681 和 298 号码的样品个数分别为 6 个；原产品（B）中标有 576，885 和 372 的样品个数也分别为 6 个。

3. 将标记好的样品按照上表进行组合，每份组合配有一份问答卷，要将相应的小组号码和样品号码也写在问答卷上，呈送给品评人员。

试验结果：将 12 份答好的问答卷回收，按照上表核对答案，统计答对的人数。经核对，在该试验中，共有 9 人做出了正确选择。根据附录一表 8，在 $\alpha=0.05$，$n=12$ 时，对应的临界值是 8，所以这两种产品之间是存在差异的。

结论：这两种咖啡（新产品和原产品）是存在差异的，做出这个结论的置信度是 95%（$\alpha=0.05$，即错误的估计两者之间的差别存在的可能性是 5%，也就是说正确的可能性是 95%）。

【例 2】 三角检验之差异性检验——牛肉干包装材料试验

问题：一个肉制品公司经理想知道一种新型铝铂包装材料和该公司目前使用的纸包装哪一个用在牛肉干上效果更好。因为该公司的初步试验表明，在存放 2 个月之后，纸包装的牛肉干开始变硬，而铝箔包装的产品质地仍然很柔软。该经理决定，如果 2 个月后，两种包装真的有明显差异的话，他将使用新的铝箔纸，而不再使用原来的纸包装。

项目目标：存放 2 个月之后，包装的不同是否会引起产品总体意义上的不同。

试验目标：存放 2 个月之后，通过品尝，人们是否能够感到两种产品的差异。

试验设计：由于是差异性检验，将 α 值设为 0.05。共有 36 人参加试验。按照表 5.2 准备试验。

表 5.2　牛肉干差异检验准备工作表

日期：_____

编号：_____

试验样品：牛肉干

试验类型：三角检验

产品情况	含有 2 个 Z 的号码	含有 2 个 L 的号码
Z：原产品（纸包装）	562 299	237
L：新产品 （铝箔包装）	786	881　129

试验分 6 次进行，每次 6 人。

品评员号码	所得样品
1,7,13,19,25,31	237 881 129（ZLL）
2,8,14,20,26,32	881 129 237（LLZ）
3,9,15,21,27,33	881 237 129（LZL）
4,10,16,22,28,34	562 299 786（ZZL）
5,11,17,23,29,35	786 562 299（LZZ）
6,12,18,24,30,36	562 786 299（ZLZ）

样品准备程序：

1. 准备样品总量：$36 \times 3=108$，每种样品数量：$108/2=54$。

2. 将两种样品各准备 54 份，分别放置，不要混淆。

3. 将以上编号各准备 18 个（54/3），参照【例 1】进行编号。

4. 按上表进行组合，每份组合配有一份问答卷，要将相应的小组号码和样品号码也写在问答卷上，呈送给品评人员。

试验结果：在 36 份答卷中，有 23 人做出了正确选择，由附录一表 8 可知，在 $n=36$，$\alpha=0.05$ 时，临界值为 18，所以，两种产品之间存在着显著差异。

结果的解释：从以上试验可以看出，由两种不同包装材料包装的牛肉干在存放 2 个月后，在质地上存在显著差异，因此，可以用铝箔而放弃使用纸包装，以提高产品质量。

试验报告：每次的试验都应该有一份正式的试验报告，内容应包括项目目标，试验目标和试验设计，还要包括准备工作表和问答卷。要以表格的形式给出试验结果，并对其分析，得出结论。如果品评员对产品给出了一些评价，可以挑有代表性的进行报告。

【例 3】 三角检验之相似性检验——调料替换试验

问题：一个方便面的生产商最近得知他的一个调料包的供应商要提高其调料价格，而此时有另外一家调料公司向其提供类似产品，而且价格比较适当。该公司的感官品评研究室的任务就是对这两种调料包进行评价，一种是用从前的生产商的调料制成的，另一种则是用新供应商提供的原料制成的，以决定是否使用新的供应商的产品。

项目目标：确定公司的调料包是否可以使用价格适当的新的供应商提供的调料来生产，而新产品在风味上同原来的产品没有明显差异。

试验任务：检验两种产品的相似性。

参评人数的确定及 α 值和 β 值的选择：从附录一表 7，该公司的试验人员发现，如果要使试验的可靠性达到最大限度，将 β 值选定在 0.1%，将能够正确分辨出两种产品之间差异的人数比例定在 20%（$P_d = 0.2$），然后选一个比较大的 α 值，0.1（10%），这个试验需要参加评定的人数将是 260。考虑到人数过多，他们进行了以下折中，将 β 值定为 0.01（1%），P_d 值定为 30%，α 值定为 0.2，根据附录一表 7，需要参加品评的人数是 64。

试验设计：根据表 5.3，试验人员准备 66 份三角检验问答卷。由于该公司可参评的人数有限，他们先让 12 个人每人做 5 次实验（60 次），再由 12 人当中的 6 个人做最后的 6 个（6 次），即 12 人当中有 6 人参加了 6 次试验，而另外 6 人参加了 5 次试验。当然，如果条件允许，可以由更多的人来参加试验，而减少每个人试验的次数。

分析结果：在 66 份答卷中，有 22 个正确地选出了不同于其他两个的样品。参照附录一表 8，在 $n = 66$ 和 $\alpha = 0.2$ 的交会处，我们看到相对应的临界值是 26，也就是说，如果 66 人参加评定，至少要有 26 人能够准确分辨出与其他两个样品不同的那一个产品，才能说明这两种产品是不同的，而在这个实验中，只有 22 人做出了正确选择，22 < 26，也就是说，这两种调料之间的差别是可以忽略的，是不能够被识别出来的，它们是可以互相替换的。

解释结果：这个公司的感官分析人员可以告诉这个项目的经理说，在 66 份答卷中有 22 人做出了正确选择，表明能够察觉出新旧两种产品之间差别的人数比例在 30% 以下，而得出这个结论的置信度是 99%（β 风险 = 1%）。

P_d 值的限度，如果有兴趣，还可以计算出能够正确分辨出两种产品差异的人数比例的上下限，计算如下：

c = 正确分辨出差别的人数

n = 参加评定的人数

正确分辨出差别的比例 P_c（proportion correct）$= c/n$

分辨出差别的比例 P_d（proportion distinguishers）$= 1.5 P_c - 0.5$

P_d 值的标准差 S_d（standard deviation of P_d）$= 1.5 \sqrt{P_c (1 - P_c) / n}$

正确分辨出两种产品差异的人数比例的单边置信度上限：$P_d + Z_\beta S_d$

正确分辨出两种产品差异的人数比例的单边置信度下限：$P_d - Z_\alpha S_d$

表 5.3　调料包相似性试验准备工作表

样品准备工作表

日期：_____

编号：_____

样品类型：调料包

实验类型：三角检验

产品情况	含有 2 个 A 的号码	含有 2 个 B 的号码
A：新产品	759　312	437
B：原产品（对比）	784	237　688
呈送容器标记情况		
小组♯	号码顺序	代表类型
1	759 312 784	AAB
2	437 237 688	ABB
3	237 437 688	BAB
4	759 784 312	ABA
5	237 688 437	BBA
6	784 759 312	BAA
7	759 312 784	AAB
8	437 237 688	ABB
9	237 437 688	BAB
10	759 784 312	ABA
11	237 688 437	BBA
12	784 759 312	BAA

将以上顺序依次重复，直到 66 组。准备工作程序参照例 1 和例 2

通常使用的单边置信度界限 Z 值如表 5.4 所示。

表 5.4　单边置信度 Z 值

置信度水平	Z 值	置信度水平	Z 值
75%	0.674	90%	1.282
80%	0.842	95%	1.645
85%	1.036	99%	2.326

在这个例子当中，具有 99% 置信度（$\beta=0.01$）的分辨出两种产品之间差异的人数比例的上限是：

$$P_{max} = P_d + Z_\beta S_d = (1.5 \times 22/66 - 0.5) + 2.326 \times 1.5\ \sqrt{(22/66)(1 - 22/66)/66}$$
$$= 0 + 2.326 \times 1.5 \times 0.058$$
$$= 0.202\ \text{或}\ 20\%$$

可信度为 80%（$\alpha=0.2$）的单边下限为：

$$P_{min} = P_d - Z_\alpha S_d = 0 - 0.842 \times 1.5 \times 0.058 = -0.073（即为 0，因为不可能是负值）$$

也就是说，感官分析人员可以 99% 地确定，能够分辨出产品差异的人数比例在 0～20% 之间。

【例 4】　三角检验中 α、β 和 P_d 值的平衡

42

问题：某软饮料生产商想在饮料瓶上标明一个推荐保质期。在低温（2℃）下瓶装样品可以储存一年以上而不会有任何风味的改变，但在高温条件下，风味成分的货价期就会缩短。现在将这些瓶装饮料在30℃的条件下分别保存6个月，8个月，12个月，然后拿出来做差别检验。

项目目标：为这些软饮料选择一个推荐保质期。

试验目标：确定低温储存的饮料和在30℃条件下分别储存6个月，8个月，12个月的饮料是否存在感官上的区别。

评价者人数的确定及α，β和P_d值的选择：生产者希望看到尽可能长的保质期，所以他将犯第一类错误的可能性定为5%（即$\alpha=0.05$），而品控人员希望定一个合理的保质期，在这个保质期内，消费者不会感觉到风味物质的不良变化，所以他将他的把握程度确定为90%，来确信能够分辨出产品之间差异的人数不超过30%（$P_d=30\%$），即他愿意承担10%第二类错误的风险（$\beta=0.1$）。根据附录一表7，得到满足这三个参数的参评人数应该是53。然而，能够参加全程试验的人数只有30，所以，需要平衡一下这三个参数，在冒最大风险范围内得出可能的参评人数。最后通过折中，他们将这三个参数设定为：$P_d=30\%$，$\beta=0.2$，$\alpha=0.1$。

试验设计：准备30人参加的三角试验所需物品。

结果分析：能够正确分辨出产品差异的人数如下：6个月，11人；8个月，13人；12个月，15人。通过附录一表8，在选定条件下的临界值是14，所以保存6个月后产品之间没有差异，在8个月也没有差别，但在12个月时产品之间有差别。

结果的解释：感官评定小组最后认为，保存8个月后，可以确定产品之间的差异是不会被觉察出来的。为了进一步确定，他们做了80%置信度的单边检验，通过计算他们得出，保存6个月后，能分辨出产品之间差异的人数不超过16%，保存8个月后，不超过26%，而保存12个月后，不超过37%。最后，他们的结论是，在$P_d=30\%$的前期下，该产品可以保存8个月。

5.2 2-3检验

2-3检验（duo-trial test）由Peryam和Swartz于1950年发明。在检验中，每个评定人员也是得到3个样品，其中一个标明是"参照样"，要求评定者从另外两个样品中选出一个与参照样品相同的那一个。常用的问答卷和样品形式如图5.3和图5.4所示。

2-3检验

姓名：_____   日期：_____

试验指令：

在你面前有3个样品，其中一个标明"参照"，另外两个标有编号。从左向右依次品尝3个样品，先是参照样，然后是两个样品。品尝之后，请在与参照相同的那个样品的编号上划圈。你可以多次品尝，但必须有答案。谢谢。

参照   321   689

图 5.3 2-3检验问答卷的一般形式

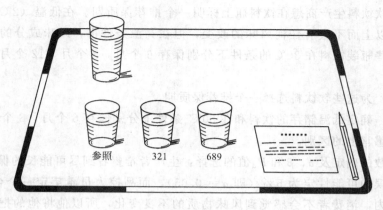

图 5.4　2-3 检验样品示意图

（1）应用领域和范围　2-3 检验从统计学上来讲不如三角检验具有说服力，因为它是从 2 个样品中选出一个。而另一方面，这种方法比较简单，容易理解。当试验目的是确定两种样品之间是否存在感官上的不同时，常常应用这种方法。具体来讲，可以应用在以下两个方面。

① 确定产品之间的差别是否来自成分、加工过程、包装和储存条件的改变。

② 在无法确定某些具体性质的差异时，确定两种产品之间是否存在总体差异。

2-3 检验有两种形式：一种叫做固定参照模型；另一种叫做平衡参照模型。在固定参照模型中，总是以正常生产的产品为参照样；而在平衡参照模型中，正常生产的样品和要进行检验的样品被随机用做参照样品。在参评人员是受过培训的，他们对参照样品很熟悉的情况下，使用固定参照模式；当参评人员对两种样品都不熟悉，而他们又没有接受过培训时，使用平衡参照模型。

（2）参评人员　一般来说，参加评定的最少人数是 16 个，对于少于 28 人的实验，β 型错误可能要高。如果人数在 32，40 或者更多，试验效果会更好。

【例 5】　平衡参照

问题：一个产品香味开发人员要知道两种赋予面巾纸香味的方法（直接加到面巾上面和加到面巾纸盒里）是否会使得产品香气的浓度和香气品质有所不同。

项目目标：确定两种加香方法是否会使面巾纸在正常存放时间之后有所不同。

试验目标：确定两种产品在存放 3 个月之后是否在香气上存在不同。

试验设计：样品在同一天准备，使用完全相同的香味物质和同样的面巾纸，只是赋予香味的方法不同，将两种样品放在相同的条件下存放 3 个月。在试验开始前 1h，从纸盒的中央取出面巾纸，每片面巾纸都放在一个密闭的玻璃瓶中。实验由 40 人参加，样品编号及排组情况参照三角检验，两种样品各自被用做参照样 20 次。准备工作表及试验问答卷见表 5.5 和图 5.5。

结果分析：在进行试验的 40 人中，有 23 人做出了正确选择。根据附录一表 10，在 $\alpha = 0.05$ 时，临界值是 26，所以说两种产品的香味之间没有差别。而且，通过观察数据发现，以两种样品分别作为参照样，得到的正确回答分别是 12 和 11，这更说明这两种产品的香味之间不存在差异。

表 5.5　面巾纸 2-3 检验准备工作表

样品准备工作表

日期：_____

编号：_____

样品类型：面巾纸

实验类型：2-3 检验（平衡参照模型）

产品情况	含有 2 个 A 的号码		含有 2 个 B 的号码
A：新产品	959	257	448
B：原产品（对比）	723		539　661
呈送容器标记情况			
小组 #	号码顺序		代表类型
1	AAB		R-257-723
2	BBA		R-661-448
3	ABA		R-723-257
4	BAB		R-448-661
5	BAA		R-723-257
6	ABB		R-661-448
7	AAB		R-959-723
8	BBA		R-539-448
9	ABA		R-723-959
10	BAB		R-448-539
11	BAA		R-723-959
12	ABB		R-448-661

R 为参照，将以上顺序依次重复，直到 40 组。准备工作程序参照三角检验

2-3 检验

品评员编号：_____　　　　日期：_____

样品：面巾纸

试验指令：

1. 请将杯子盖儿拿掉，从左到右依次闻你面前的样品。

2. 最左边的是参照样。确定哪一个带有编号的样品的香味儿同参照样相同。

3. 在你认为相同的编号上划圈。

如果你认为带有编号的两个样品非常相近，没有什么区别，你也必须在其中选择一个。

　　　　参照　　　　　　　539　　　　　　　448

图 5.5　面巾纸 2-3 检验问答卷

解释结果：感官分析人员可以告知那位香味儿研究人员，通过 2-3 检验方法，在给定的香气成分、纸张和存放期下，这两种产品在香味儿上没有差别。

【例 6】　固定参照

问题：一个茶叶生产商现在有两个茶袋包装的供应商，A 是他们已经使用多年的产品，B 是一种新产品，可以延长货期。他想知道这两种包装对浸泡之后茶叶风味的影响是否不同。而且这个茶叶生产商觉得有必要在茶叶风味稍有改变和茶叶货价期的延长上做一些平衡，也就是说，他愿意为延长货价期而冒茶叶风味可能发生改变的风险。

项目目标：确定茶袋包装的改变是否会在储存一段时间后使得茶叶的风味有所变化。

试验目标：两种茶袋包装的茶包在室温存放 6 周之后浸泡，在风味上是否有所差异。

评定人数、α、β 和 P_d 值的确定：根据以往经验，如果只有不超过 30% 的评定人员能够觉察出产品的不同，那么就可以认为在市场上是没有什么风险的。他更关心的是新的包装是否会引起茶叶风味的改变，所以他将 β 值定得保守一些，为 0.05，也就是说他愿意有 95% 的把握确定产品之间的相似性。将 α 值定为 0.1，根据附表 9，需要的评定人员是 96 人。

试验设计：对于这个实验来说，固定模型的 2-3 检验更合适一些，因为品评人员对该公司的产品，用 A 种茶袋包装的茶包，非常熟悉。为了节省时间，试验可以分成 3 组，每组 32 人，同时进行。以 A 为参照，每组都要准备 $32 \times 2 = 64$ 个 A 和 32 个 B。

结果分析：在 3 组中，分别有 19、18、20 个人做出了正确选择。根据附录一表 10，当参评人数是 32，$\alpha = 0.1$ 时，临界值是 21。然而从整个大组来看，做出正确选择的人数是 $19 + 18 + 20 = 57$，从附录一表 10 得出的临界值是 55。这两个结果有些出入。但要知道，32 并不是该试验要求的参评人数，查看结果还要依据真正的参评人数，96。

解释结果：如果将 3 个小组合并起来考虑，在 $\alpha = 10\%$ 的水平上，A 和 B 是存在差异的。下面需要确定哪一种产品更好，可以检查评定者是否写下了关于两种产品之间不同的评语，如果没有，将样品送给描述分析小组。如果经过描述检验之后，仍不能确定哪一个产品好于另外一个产品，可以进行消费者试验，再最终确定哪一种包装的茶包更被接受。

【例 7】 2-3 相似性检验

问题：一个咖喱粉生产商获知，一种他们在其混成品中大量使用的姜黄将在最近 2 年内货源短缺。该公司的科研人员经过研究、试验，又拿出了 3 种类似该混成品的配方，他们认为这些产品在风味上与原产品几乎一样。现在，他们请该公司的感官鉴定小组对这 3 种新产品和原产品进行感官检验，来确定他们之间的相似性。

项目目标：确定 3 种新产品中哪一个可以最好的替代原产品。

试验目标：检验 3 种新产品和原产品之间的相似性。

试验设计：为了提高试验效果的准确性，该公司将参加试验的人数定为 60 人，因为是检验产品的相似性，把 β 值定为 0.1，即希望判断产品之间相似的把握为 90%，α 在 0.25 左右，$P_d = 25\%$。现在的问题是，从附录一表 9 中，我们找不到 $P_d = 25\%$，因此试验人数不好确定，遇到这种情况，我们可以使用"敏感分析实验表"，根据可能参加试验的人数、希望达到的 P_d 及 α、β 值来得到临界值。"敏感分析试验表"是通过 Excel 工具表来完成的，使用时，按照表 5.6 的规定输入数据：

表 5.6　敏感分析试验

单元格	数值或公式	单元格	数值或公式
A4	参加试验人数	E4	$= D4 + C4 * (1 - D4)$
B4	做出正确选择的人数的临界值[①]	F4(α)	$= 1 - \text{BINOMDIST}(B4-1, A4, C4, \text{TRUE})$
C4	P_0[②]	G4(β)	$= \text{BINOMDIST}(B4-1, A4, E4, \text{TRUE})$
D4	P_d	H4	$= 1 - G4$

① 不能低于 P_0。

② 做出正确猜测的人数百分比，在三角试验中，此值是 1/3，在 2-3 检验中是 1/2。

A4 到 D4 中的数值，可以在现有条件下多次添入，根据计算得出的 α，β 值进行调整。本例当中，能够参加试验的人数是 60，$P_0 = 0.5$，$P_d = 0.25$，B4 中的数值不能小于 30，当添入的数值为 33 时，我们得到以下结果（表 5.7）。

表 5.7　试验结果

输入值				结果		
参加人数	正确做答人数	正确猜中人数			第一类错误	第二类错误	置信度
n	x	P_0	P_d	P_{max}	α	β	$1-\beta$
60	33	0.50	0.25	0.625	0.2595	0.0923	0.9077

因为是相似性试验，更关心的是 β 值，所以 α 值在 25% 左右是可以接受的，而且 β 值也接近 10%，所以，确定用 60 人进行试验。试验开始以前按表 5.8 准备编号，并按此表进行答案的核对。试验分 5 次进行，每次 12 人。

表 5.8　咖喱粉 2-3 检验准备工作表

样品准备工作表

日期：_____

编号：_____

样品类型：咖喱粉

实验类型：2-3 相似性检验（固定参照模型）

产品情况	B 对 A		C 对 A		D 对 A	
	2 个 A	2 个 B	2 个 A	2 个 C	2 个 A	2 个 D
原产品 A	365　687	711	956　363	667	245　542	986
新产品 B：	215	486　543				
新产品 C：			543	317　128		
新产品 D：					448	466　712

编号情况如下

序号	(1)		(2)		(3)	
1	ABA	R-215-687	AAC	R-363-543	AAD	R-542-448
2	ABA	R-215-365	AAC	R-956-543	AAD	R-245-448
3	AAB	R-687-215	ACA	R-543-363	ADA	R-448-542
4	AAB	R-365-215	ACA	R-543-956	ADA	R-448-245
5	BAA	R-215-365	CAA	R-956-543	DAA	R-448-245
6	BAA	R-215-687	CAA	R-543-363	DAA	R-448-542
7	BAB	R-711-543	CCA	R-128-667	ADD	R-986-466
8	BAB	R-711-486	CCA	R-317-667	ADD	R-986-712
9	BBA	R-543-711	ACC	R-667-317	DDA	R-712-986
10	BBA	R-486-711	ACC	R-667-128	DDA	R-466-986
11	ABB	R-711-486	CAC	R-667-128	DAD	R-986-712
12	ABB	R-711-543	CAC	R-667-317	DAD	R-986-466

以上组合重复 5 次，共生成 60 组进行试验

问答卷形式举例见图 5.6。

```
                              2-3 检验

编号:5(1)
样品类型:咖喱粉
试验指令:
        请从左向右依次品尝你面前的 3 杯咖喱粉溶液。最左边的是参照
样,请你在另外两个带样品中选出一个与参照相同的那一个,并在其编号
上划圈。
        参照样            215            365
```

图 5.6　咖啡混合物 2-3 检验问答卷

5 次试验中,能够正确分辨出咖喱粉之间的差异的结果如表 5.9 所示。

表 5.9　分析结果

	样品 B	样品 C	样品 D
1（第一次试验）	3	6	8
2	4	5	8
3	7	7	6
4	7	6	7
5	5	7	7
总计	26	31	36

由敏感分析试验表我们知道,这个试验的正确做答的临界值是 33,所以样品 B 和 C 都可以认为同原有产品相似。而样品 D 和原产品是不同的,如果有兴趣,可以通过计算得到样品 D 在 90% 置信度下,它的 P_{max} 是 33%,远远超过期望值 25%,所以它和原产品之间存在差异,不能用来替代原产品。

5.3　5 选 2 检验

定义:在 5 选 2 检验（two out of five test）中,每个受试者得到 5 个样品,其中 2 个是相同的,另外 3 个是相同的。要求受试者在品尝之后,将 2 个相同的产品挑出来。

（1）应用领域和范围　和三角检验和 2-3 检验一样,5 选 2 检验也是用来确定产品之间是否存在差异,但 5 选 2 检验法有其自身的特点:

① 从统计学上来讲,在这个试验中单纯猜中的概率是 1/10,而不是三角试验的 1/3,2-3 检验的 1/2,所以,5 选 2 检验的功能更强大一些;

② 由于要从 5 个样品中挑出 2 个相同的产品,这个试验受感官疲劳和记忆效果的影响比较大,一般只用于视觉、听觉和触觉方面的试验,而不用来进行味道的检验;

③ 当参加评定的人数比较少时,比如 10 人,可以应用该方法。

（2）品评人员　品评人员必须经过培训,一般需要的人数是 10～20 人,当样品之间的差异很大、非常容易辨别时,5 人也可以。

（3）试验步骤　将试验样品按以下方式进行组合,如果参评人数低于 20 人,组合方式

可以从以下组合中随机选取，但含有 3 个 A 和含有 3 个 B 的组合数要相同。

AAABB	ABABA	BBBAA	BABAB
AABAB	BAABA	BBABA	ABBAB
ABAAB	ABBAA	BABBA	BAABB
BAAAB	BABAA	ABBBA	ABABB
AABBA	BBAAA	BBAAB	AABBB

根据正确做答的人数，通过附录一表 14 得出结论。

【例 8】 纺织品粗糙程度的比较

问题：一纺织品供应商想用一种聚酯/尼龙混合品代替目前的聚酯织品。但是有人反映说该替代品手感粗糙、刮手。

项目目标：确定该聚酯/尼龙混合品是否真的很粗糙，需要改进。

试验目标：测定两种纺织品手感的差异。

试验设计：因为在该实验不涉及品尝，只是触觉，所以适合用 5 选 2 检验法进行试验。一般来说，由 12 人组成的评定小组就足以发现产品之间的非常小的差别。从上面 20 个组合中，任意选取 12 个组合，将样品分别放在一张纸板后面，品评人员可以摸到样品，但不能看到，每个样品的纸板前标有该样品的随机编号（从附录一表 1 中选取），然后让评定者回答，哪两个样品相同，而不同于其他 3 个样品。问答卷如图 5.7 所示。

```
                        5 选 2 检验
  姓名：_____
  日期：_____
  样品类型：纺织品
  试验指令：
  1. 按以下的顺序用手指或手掌感觉样品。其中有 2 个样品是同一种类
     型的，另外 3 个样品是另外一种类型。
  2. 测试之后，请在你认为相同的两种样品的编号后面划√。
  编号                        评语
  862  _____          _____
  245  _____          _____
  398  _____          _____
  665  _____          _____
  537  _____          _____
```

图 5.7　5 选 2 检验问答卷

结果分析：在 12 个参评人员中，有 8 人做出了正确的选择。从附录一表 14 可知，该试验的 α 值将 <0.001，说明产品之间的差异非常显著的。

解释结果：应该告知该生产商，这两种产品之间存在着非常显著的差异，不能互相替换。

【例 9】 面霜中的润滑剂

问题：为了节省成本，要用一种润滑剂替换现有配方中的另一种润滑剂。替换之后，面霜表面的光泽有所降低。

项目目标：市场部想在产品进行消费者试验之前知道，用这两种配方制成的产品是否存在视觉上的差异。

试验目标：确定这两种面霜是否在外观上存在统计学上的差异。

试验设计：筛选 10 名参评人员，以确定他们在视力上和对颜色的识别上没有异常。将 2mL 样品放入一个玻璃管中，以白色作为背景，在白炽灯光下进行试验。

分析结果：在 10 名受试者当中，有 5 人正确选出了相同的两个样品，根据附录一表 14，得到 $\alpha=0.01$（1%），说明这两种产品之间存在显著差异。

解释结果：可以告知有关人员，新的润滑剂是不能被用来替换现有润滑剂的。

5.4 成对比较试验

成对比较试验（paried comparison test）有两种形式，一种叫做差别成对比较，也叫简单差别试验和异同试验，另一种叫定向成对比较法。

5.4.1 差别成对比较（简单差别试验，异同试验）

定义：试验者每次得到 2 个（1 对）样品，被要求回答它们是相同还是不同。在呈送给试验者的样品中，相同和不同的样品的对数是一样的。通过比较观察的频率和期望（假设）的频率，根据 χ^2 分布检验分析结果。

（1）应用领域和范围 当试验的目的是要确定产品之间是否存在感官上的差异，而又不能同时呈送 2 个或更多样品的时候应用此试验，比如，三角检验和 2-3 检验都不便应用时。在比较一些味道很浓或延续时间较长的样品时，通常使用该试验。

（2）试验人员 一般要求 20～50 名品评人员来进行试验，最多可以用 200 人，或者 100 人，每人品尝 2 次。试验人员要么都接受过培训，要么都没接受过培训，但在同一个试验中，参评人员不能既有受过培训的也有没受过培训的。

（3）试验步骤 等量准备 4 种可能的样品组合（A/A，B/B，A/B，B/A），随机呈送给品评人员。通过答案数目，参照相应表得出结论。

【例 10】 异同试验

问题：为了提高工厂的现代化进程，某调料厂要更换一批加工烤肉用的调味酱的设备，该工厂的经理想知道，用新设备生产出的调味酱和原来的调味酱是否有什么不同。

项目目标：确定新设备是否可以替换原有设备投入生产。

试验目标：确定用两种设备生产出来的调味酱是否在味道上存在不同。

试验设计：由于该调味酱很辣，味道会延续一段时间，所以，用白面包作辅助食品的异同试验是比较适合的方法。一共准备 60 对样品，30 对完全相同，另外 30 对不同。准备工作表和问答卷见表 5.10 和图 5.8。

表 5.10 烤肉用调味酱异同检验准备工作表

准备工作表	
日期：_____	
样品类型：涂在白面包片上的烤肉用调味酱	
试验类型：异同试验	
样品情况	
A（原设备）	B（新设备）

将用来盛放样品的 $60×2＝120$ 个容器用 3 位随机号码（附录一表 1）编号，并将容器分为 2 排，一排装样品 A，另一排装样品 B。每位参评人员都会得到一个托盘，里面有两个样品和一张问答卷。

准备托盘时，将样品从左向右按以下顺序排列。

品评人员编号	样品顺序
1	A-A（用 3 位数字的编号表示）
2	A-B
3	B-A
4	B-B

依次类推直到 60

异同试验

姓名：_____　　　　　　　　　　日期：_____

样品类型：涂在白面包片上的烤肉用调味酱

试验指令：

1. 从左向右品尝你面前的两个样品。

2. 确定这两个样品是相同的还是不同的。

3. 在以下相应的答案前面划√。

_____　两个样品相同

_____　两个样品不同

评语：

图 5.8　烤肉用调味酱异同检验问答卷

分析结果：试验结果见表 5.11。

表 5.11　试验结果

品评人员的回答	品评人员得到的样品		总　计
	相同的样品	不同的样品	
	AA 或 BB	AB 或 BA	
相同	17	9	26
不同	13	21	34
总计	30	30	60

$$\chi^2 = \sum (O_{ij} - E_{ij})^2 / E_{ij}$$

式中　O——观察值；

E——期望值；

E_{ij}——（i 行的总和）（j 列的总和）/总和。

相同样品 AA/BB 的期望值：$E＝26×30/60＝13$。

不同样品 AB/BA 的期望值：$E＝34×30/60＝17$。

$$\chi^2 = (17-13)^2/13 + (9-13)^2/13 + (13-17)^2/17 + (21-17)^2/17$$

$$= 4.34$$

设 $\alpha＝0.05$，由附录一表 5，$df＝1$（因为 2 个样品，自由度为样品数减 1），查到 χ^2 的临界值为 3.84，4.34>3.84，所以，两个样品之间存在显著差异。

解释结果：通过试验，可以告诉该经理，由两种设备生产出来的调味酱是不同的，如果真的想替换原有设备，可以将两种产品进行消费者试验，以确定消费者是否愿意接受新设备生产出来的产品。

5.4.2 定向成对比较

在该试验中，试验者想确定两个样品在某一特定方面是否存在差异，比如甜度、黏度、颜色等。将两个样品同时呈送给评价人员，要求其识别出在指定的感官属性上程度较高的样品。试验使用的问答卷见图 5.9。

成对比较试验

姓名：＿＿＿＿＿＿＿＿　　　　　　　　　　　日期：＿＿＿＿＿＿＿

试验指令：

在你面前有 2 个样品，从左向右依次品尝这 2 个样品，在你认为甜一些的那个样品的编号上划圈。你可以猜测，但必须有所选择。

847　　　　　　　　546

图 5.9　成对比较试验问答卷举例

5.5　A-非 A 检验

定义：首先让感官评定人员先熟悉样品 A 及"非 A"。然后将样品呈送给这些检验人员，样品中有的是样品 A，有的是样品"非 A"，参评人员要对每个样品做出判断，是 A，还是"非 A"，最后通过 χ^2 检验分析结果，即 A-非 A 检验（A not A test）。

（1）应用领域和范围　根据 ISO 1985 年颁布的标准，当试验目的是检验两个样品之间是否存在感官上的差别，而又不便于同时呈送 2 个或 3 个样品时，即三角检验和 2-3 检验不便于使用时，比如被检验的样品具有很浓的气味或者味道有延迟，可以使用这种检验方法。这个试验也用于对品评人员的筛选，比如，用此确定某个或某组参评人员是否能够识别出某种特殊的甜味，还可以用来确定感官的阈值。

（2）参评人员　通常需要 10~50 名品评人员，他们要经过一定的训练，做到对样品 A 和"非 A"比较熟悉。在每次试验中，每个样品要被呈送 20~50 次。每个品评者可以只接受一个样品，也可以接受 2 个样品，一个 A，一个非 A，还可以连续品评 10 个样品。每次评定的样品数量视检验人员的生理疲劳和精神疲劳程度而定。需要强调的一点是，参加检验的人员一定要对样品 A 和非 A 非常熟悉，否则，没有标准或参照，结果将失去意义。

【例 11】　新型甜味剂与蔗糖

问题：一名产品开发人员正在研究用一种甜味剂来替换某饮料中目前用量为 5% 的蔗糖。前期试验表明，0.1% 的该甜味剂相当于 5% 的蔗糖，但是如果一次品尝的样品超过 1 个时，由于该甜味剂甜味的后味、其他味道和口感等因素，就会让人感觉到某些异样。该开发人员想知道，含有这种新型甜味剂和蔗糖的饮料是否能够被识别出来。

项目目标：确定 0.1% 的该甜味剂能否代替 5% 的蔗糖。

试验目标：直接比较这两种甜味物质，并减少味道的延迟和覆盖效应。

试验设计：分别将甜味剂和蔗糖配制成 0.1% 和 5% 的溶液，将甜味剂溶液设为 A，将蔗糖溶液设为"非 A"。由 20 人参加品评，每人得到 10 个样品，每个样品品尝一次，然后回答是 A 还是非 A，在品尝下一个样品之前用清水漱口，并等待 1min。问答卷见图 5.10。

A-非 A 检验

姓名：_____   日期：_____

样品：甜味饮料

试验指令：

1. 在试验之前对 样品 A 和非 A 进行熟悉，记住它们的口味。

2. 从左向右依次品尝样品，在品尝完每一个样品之后，在其编号后面相应的方框中打√。

注意：在你所得到的样品中，A 和非 A 的数量是相同的。

样品顺序号	编号	该样品是	
		"A"	"非 A"
1	345	□	□
2			
3	789	□	□
4			
5	674	□	□
6			
7	387	□	□
8			
9	432	□	□
10			
11	255	□	□

图 5.10　A-非 A 检验问答卷

分析结果：得到的结果如表 5.12 所示。

参照 5.4.1 的例 10，$E_A = 95 \times 100/200 = 47.5$

$E_{非A} = 105 \times 100/200 = 52.5$

$\chi^2 = (60-47.5)^2/47.5 + (35-47.5)^2/47.5 + (40-52.5)^2/52.5 + (65-52.5)^2/52.5 = 12.53$

表 5.12　试验结果

回答情况	样品真实情况		
	A	非 A	总计
A	60	35	95
非 A	40	65	105
总计	100	100	200

设 $\alpha = 0.05$，由附录一表 5，$df = 1$，（一共有 2 种样品）得到 $\chi^2 = 3.84$，$12.53 > 3.84$，所以，0.1% 的甜味剂和 5% 的蔗糖溶液存在显著差异。

结果的解释：通过试验，可以告诉该研究人员，0.1% 的甜味剂和 5% 的蔗糖溶液是不同的，它能够被识别出来，如果想搞清楚如何不同，可以进一步做描述分析的感官试验。

5.6　与参照的差异检验

定义：与参照的差异检验（difference from control）也叫差异程度检验法（degree of difference），简称 DOD。在这种方法中，呈送给品评人员一个参照样和一个或几个待测样，并告知参评者，待测样中的某些样品可能和参照样是一样的，要求品评人员定量地给出每个样品与参照样差异的大小。

（1）应用领域和范围　当试验目的符合以下两点时，使用这种方法：①确定在一个或多个样品和参照样之间是否存在差异；②估计这种差别的大小。

当产品之间存在差异，但结论的得出要由差异的大小决定。比如在品质控制/质量控制和储存期的研究当中，待检样品与参照/标准品之间差异的相对大小对做出决定起着重要作用。当由于产品本身的不均一性，比如肉制品、沙拉、焙烤制品等，而不便使用三角检验和2-3检验时，这种检验方法比较合适。

（2）参评人员　一般来讲，每个样品要被比较 20～50 次才能确定其与参照样品的差异程度（degree of difference）。参评人员要么都经过培训，要么都没经过培训。所有参评人员都要熟悉试验形式，明确试验中所用的量度代表的含义，并且知道在被检样品中有一部分就是参照样。

【例 12】　止痛药膏的黏度

问题：某制药公司想提高其止痛药膏的黏度。研制出的两种新产品通过质构仪的测定都比参照样的黏度高，但这两种产品表现又不完全一样，样品 F 流动性差，样品 N 流动性好一些，但总体黏度很高。产品研制人员想知道这两种产品和参照样的差异到底如何。由于该试验最好在手背上做，所以每个品评人员每次只能评定 2 个样品。

项目目标：确定样品 F 还是样品 N 接近目前的产品。

试验目标：分别测定两种样品和参照样品之间的感官差异程度。

试验设计：将样品事先称好的样品放在玻璃容器中，每份样品的质量都相同。试验由42 人连续 3d 进行试验。试验安排见表 5.13。

表 5.13　止痛药膏与参照的差异检验工作表

样品准备工作表

日期：_____

试验样品：止痛药膏

试验类型：与参照的差异检验

样　品	真实情况	编　号
C	参照	C[①]（414）
F	产品 1-低流动性	488
N	产品 2-高黏度	367

①参照样的编号有 2 个，当以参照样的身份出现时，它的编号 C，当以被测样品身份出现时，编号为 414。

按以下时间顺序安排试验：

品评人员号码	第一天	第二天	第三天
1～7	C-F	C-N	C-C
8～14	C-N	C-F	C-C
15～21	C-F	C-C	C-N
22～28	C-N	C-C	C-F
29～35	C-C	C-N	C-F
36～42	C-C	C-F	C-N

时间	品评人员号码
9:00	1,8,15,22,29,36
9:45	2,9,16,23,30,37

时间	品评人员号码
10:30	3,10,17,24,31,38
11:15	4,11,18,25,32,39
1:00	5,12,19,26,33,40
1:45	6,13,20,27,34,41
2:30	7,14,21,28,35,42

试验问答卷见图 5.11。

与参照的差异试验

姓名：_____   日期：_____

样品类型：止痛药膏   样品编号：_____

试验指令：

1. 你现在有两个样品,一个标有 C,为参照样,另外一个标有 3 位随机数字,为被检测样。

2. 用右手的食指和中指将参照样品取出,涂在左手的手背上。

3. 用托盘中的毛巾将手擦净。

4. 用左手的食指和中指将被测样品取出,涂在右手的手背上。

5. 用以下定义的来衡量你所感到的样品与参照样的差异。

数字所代表的差别程度：

没有差别	0
差别非常小	1
差别小-中等	2
差别中等	3
差别中等-大	4
差别大	5
差别非常大	6
	7
	8
差别达到极限	10

请注意,在待测样品中有的就是参照样。

建议：_____

图 5.11　止痛药膏与参照的差异检验问答卷

分析结果：结果见表 5.14。

表 5.14　止痛药膏与参照对比试验结果

品评者	参照	样品 F	样品 N	品评者	参照	样品 F	样品 N
1	1	4	5	9	6	8	9
2	4	6	6	10	7	7	9
3	1	4	6	11	0	1	2
4	4	8	7	12	1	5	6
5	2	4	3	13	4	5	7
6	1	4	5	14	1	6	5
7	3	3	6	15	4	6	6
8	0	2	4	16	2	2	5

品评者	参 照	样品 F	样品 N	品评者	参 照	样品 F	样品 N
17	2	6	7	30	1	4	7
18	4	5	7	31	4	6	7
19	0	3	4	32	1	5	5
20	5	4	5	33	3	5	5
21	2	3	4	34	1	4	4
22	3	6	7	35	4	6	5
23	3	5	6	36	2	3	6
24	4	6	6	37	3	4	5
25	0	3	3	38	0	4	4
26	2	5	1	39	4	8	7
27	2	5	5	40	0	5	5
28	2	6	4	41	1	5	5
29	3	5	6	42	3	4	4

　　通过计算机软件，其方差分析表（ANOVA）结果如表 5.15 所示（ANOVA 分析请见第 11 章）。

表 5.15　方差分析

方差来源	自由度	平 方 和	均 方 差	F 值	p 值
总和	125	545.78			
品评员	41	247.11	6.03	6.8	0.0001
样品	2	225.78	112.89	127.00	0.0001
误差	82	72.89	0.89		

p 值是统计学上的一个指标，它的规定及意义可归纳如图 5.12 所示。

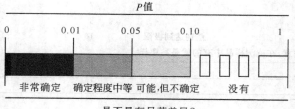

图 5.12　p 值大小意义示意图

　　解释结果：由于 $p = 0.0001$，所以产品之间存在显著差异，即参照、样品 F 和样品 N 三种样品之间存在显著差异。三种样品的平均值分别为，参照：2.4；样品 F：4.8；样品 N：5.5。为了进一步考察样品之间的关系，计算 LSD 值（参照第 11 章），在 $\alpha = 0.05$ 的条件下，根据式（11.12）得：

$$\text{LSD} = \text{LSD} = t_{\alpha/2, df_E} \sqrt{2\text{MS}_E / n}$$
$$= t_{0.025,82} \sqrt{2 \times 0.89 / 42}$$

从附录一表 3 最后一行，查得 $t_{0.025,82} = 1.96$

LSD $= 1.96 \times 0.21 = 0.40$

如果两值之间的差大于 0.40，则表明这两个数值之间具有显著差异，因此，三种样品之间各不相同，彼此之间都具有显著差异，即样品 F 和 N 之间也具有显著差异（因为二者之间的差为 0.7，大于 0.4）。因此无论是 F 还是 N 都不能代替目前的产品，为了进一步考察产品的各项性质，建议进行描述分析。

5.7　连续检验

（1）应用领域和范围　连续检验是在能够得出有效结论的基础上（比如，决定品评小组成员的取舍，或者货物的出厂还是销毁），使评价数量减少的一种方法。比如，在前面介绍的其他检验方法中，第二类错误（β）是根据确定的 α 值和品评员数量 n 而定的，而在连续检验中，α 和 β 值都是事先定好的，品评员数量 n 根据评价每个感官检验的结果而定。而且，由于 α 和 β 值都是事先定好的，连续检验可以同时检验两个样品的差别性和相似性。

连续检验非常实用、有效，因为它充分考虑了"根据前面几个试验可能就可以得出结论"这种可能性，任何进一步的试验都是浪费，无论是时间还是金钱。实际上，连续检验可以在允许范围内将试验数量减少 50%。

连续检验可以同三角检验、5 选 2 检验和 2-3 检验一同使用。

（2）试验原理　根据选用的方法进行一系列的试验，将试验结果绘成图 5.13 所示的图，图中有 3 个区，接受区、拒绝区和继续试验区。在图 5.13 中，横轴是试验次数，纵轴是正确回答的次数。先输入第一次试验的结果，如果回答是正确的，按 $(x, y) = (1, 1)$ 输入，如果不正确，按 $(x, y) = (1, 0)$ 输入。随后的每个试验，如果回答正确，x 增加 1，y 增加 1，如果不正确，x 增加 1，y 增加 0，如此作图，直到所划点达到或超过任何一条区域线为止，并得出相应的结论（接受或拒绝）。

【**例 13**】　一个品评小组中 2 名品评员的取舍试验

项目目标：根据品评员对一系列样品之间的差别的敏感能力来决定他们的取舍。

试验目标：确定每个品评员正确回答的比例是否适合参加品评。

试验设计：试验样品以三角检验的方式每次呈送一个，两个试验中间要有足够的休息时间，以保证品评能力的恢复。每个三角检验结束之后，将结果输入到 5.13 中。

分析结果：试验参数——4 个试验参数由品评小组组长确定。

α：选择不被接受的品评员的可能性（第 I 类错误）。

β：拒绝被接受的品评员的可能性（第 II 类错误）。

p_0：最大的不可接受的能力（正确猜测的百分比）。

p_1：最小的接受能力（正确识别而不是猜测的百分比）。

该试验中取：

$\alpha = 0.05$，$\beta = 0.10$，$p_0 = 0.33$，$p_1 = 0.67$。

$p_1 =$ （正确分辨的比例）$\times 1 +$ （不能正确分辨的比例）$\times$ （猜中的比例）

该例将能够正确分辨的人数比例设为 50%，因此 $p_1 = 0.5 \times 1 + (1 - 0.5) \times (1/3) = 0.67$

将图形分成 3 个区域的两条直线的表达式分别为：

上方线：$d_1 = \dfrac{\lg\beta - \lg(1-\alpha) - n\lg(1-p_1) + n\lg(1-p_0)}{\lg p_1 - \lg p_0 - \lg(1-p_1) + \lg(1-p_0)}$

下方线：$d_0 = \dfrac{\lg(1-\beta) - \lg\alpha - n\lg(1-p_1) + n\lg(1-p_0)}{\lg p - \lg p_0 - \lg(1-p) + \lg(1-p_0)}$

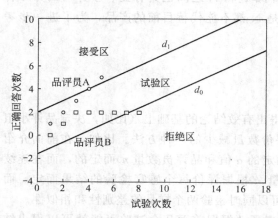

图 5.13　通过连续三角检验法选择品评员结果

从图 5.13 可以看出，直线 d_0 和 d_1 将整个区域分成了 3 个区。品评员 A 共进行了 5 次三角检验，在这 5 次试验中，他的回答都是正确的，第 5 次试验的点落在了接受区，因此，品评员 A 被接受。品评员 B 第一次的回答是错误的，第 2 次和第 3 次是正确的，随后的每次回答都是错误的，最后一次的点落在了拒绝区，因此，在进行 8 次三角检验之后，品评员 B 被拒绝接受。

4 个参数的数值可以是各种各样的，当 p_0 接近 p_1 时，所需的试验次数会相应增加。减少试验次数的方法有下两种：第一，将能够正确分辨的人数比例设得高一些，根据上页 p_1 的计算公式，会使 p_1 值高一些；第二，如果参加培训的品评员数量比较多的话，可以将 α 和 β 的值提高，如 $\alpha > 0.05$，$\beta > 0.1$。

【例 14】　连续 2-3 检验——过热牛肉馅饼中的呈味物质

项目目标：一个产品质量控制小组在对某销售部门进行例行检查时发现在冰箱里存放了 5d 的牛肉馅饼有过热物质味道（WOF）。该项目经理深知食物的味道对于消费者接受程度的重要性，他希望该小组帮助他找到该种牛肉馅饼可以在冰箱里存放的最大期限。

试验目标：将分别存放了 1d、3d、5d 的牛肉馅饼同刚刚烤好的新鲜馅饼对比，看能否发现产品之间的不同。

试验设计：以前的初步试验表明，在 2-3 检验中，存放了 5d 的牛肉馅饼含有很浓的过热物质味道，而存放 1d 的则没有，因此可以使用连续试验，几个试验之后就可以得出结论。初步试验结果见表 5.16。

表 5.16　连续检验 2-3 检验法——牛肉馅饼中的过热物质味道（WOF）试验结果

品评员编号	试　验　A		试　验　B		试　验　C	
	存放 1d 的样品	对照	存放 3d 的样品	对照	存放 5d 的样品	对照
1	I	0	I	0	C	1
2	I	0	C	1	C	2
3	I	0	I	1	C	3
4	C	1	C	2	C	4
5	I	1	I	2	I	4
6	C	2	C	3	C	5
7	I	2	I	3	C	6
8	C	3	C	4	C	7
9	I	3	I	5	I	7
10	C	4	C	6	C	8
11	I	4	I	7	C	9
12			I	7	C	10
13			C	8		

品评员编号	试　验　A		试　验　B		试　验　C	
	存放 1d 的样品	对照	存放 3d 的样品	对照	存放 5d 的样品	对照
14			C	9		
15			C	10		
16			C	11		
17			I	11		
18			I	11		
19			C	12		
20			C	13		
21			I	13		
22			I	13		
23			I	13		
24			C	14		
25			I	14		
26			C	15		
27			C	16		
28			C	17		
29			C	18		
30			C	19		

注：I 表示不正确回答，C 表示正确回答。I，C 后面的数字为正确结果的累加。

$\alpha = 0.1$，$\beta = 0.1$，$p_0 = 0.5$，设能过正确分辨出对照与试验样品差别的人数比例不超过 40%，因此 $p_1 = 0.4 \times 1.0 + 0.6 \times 0.5 = 0.7$

[$p_1 =$（正确分辨的比例）$\times 1 +$（不能正确分辨的比例）$\times$（猜中的比例）]

三个区域的分界线的表达方式为：

$$d_0 = -2.59 + 0.60n$$

$$d_1 = 2.59 + 0.60n$$

试验结果见图 5.14，1d 的样品与对照样品相似，存放 5d 的样品与对照样品显著不同。存放 3d 的样品在进行了 30 个试验之后仍没有发现与对照样品相似或不同。

结果的解释：由于存放 3d 的样品在进行了 30 个试验之后仍没有表现出与对照样品相似或不同，因此，可以将 3d 作为存放牛肉馅饼的最大期限。

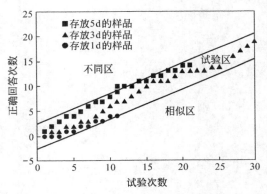

图 5.14　牛肉馅饼中的过热物质味
道（WOF）连续 2-3 检验结果

5.8　差别检验中应该注意的问题

差别检验就其敏感性、可靠性和有效性来说，是一项有力的感官检验方法。在使用的过程中，应该清楚以下几点：

① 实际应用当中，所有的差别检验的敏感性都是相同的；

② 差别检验法是强迫选择法，参评人员必须要做出选择；

③ 差别检验之后一般还要进行其他检验，如描述分析或喜好检验；

④ 没有差别的产品不能用来进行喜好检验；

⑤ 不同的产品可以获得相同的喜爱程度，但原因不一定相同；

⑥ 不是所有的产品都可以用来进行试验的。

为了尽可能减少问题，保证试验的顺利进行和有效性，有下面几条建议：

① 差别检验只用来检验样品之间是否存在可感知的差别；

② 根据实验目的和产品性质来选择合适的试验方法；

③ 品评人员要按照专门标准来选择，包括以前的经验，产品的种类等；

④ 试验样品为食物和饮料时，采用"摄入-吐出"方法，如果是其他产品，也要执行统一标准；

⑤ 试验需要进行重复；

⑥ 呈送顺序要平衡；

⑦ 差别检验不能作为消费者接受试验的一部分；

⑧ 有效控制试验环境，尽量减少非产品因素的干扰，但不要刻意去模拟任何一种环境；

⑨ 尽量避免或减少产品盛放容器的使用；

⑩ 差别检验的试验结果用可能性来表示。

要保证试验的有效性和可靠性，一定要进行认真的试验设计和精心试验准备工作，已经有为数众多的试验结果表明，差别试验可以为食品企业节省大量的时间、金钱和精力。

6 单项差别检验

单项差别检验是测定两个或多个样品之间某一单一特征的差别，比如酸度。但应该清楚的是，两个样品如果某项指标不存在显著差异，并不表示两个没有总体差异。只测定两个样品之间的差别的试验从试验设计和统计分析来说都比较简单，最困难的是确定使用单边检验还是双边检验。随着检验样品数目的增多，试验的复杂度也相应增加，有的可以进行方差分析，有的还需要一些特殊的统计方法。

6.1 方向性差别检验——两个样品之间的比较

（1）应用领域和范围 当试验目的是确定两个样品之间具体的感官性质有何差异时，比如，哪一个样品更甜，使用该检验方法。这种方法也叫成对对比试验或 2 项必选试验，即 2-AFC（2-alternative forced choice）试验。它是最简便也是应用最广泛的感官检验方法，通常在决定是否使用更为复杂方法之前使用。其他形式的成对对比试验包括相同/不同试验，成对喜好试验。

在进行成对对比试验时，从一开始就应分清是双边检验还是单边检验（如果试验目的只关心两个样品是否不同，则是双边，如果想具体知道样品的特性，比如哪一个更好，更受欢迎，则是单边的，具体讲解见本章后面的解释或第 11 章）。因为单边和双边检验所需人数是不同的，如果是单边检验，使用附录一表 9，如果是双边，使用附录一表 11。此外，试验所需人数还与 α 和 β 值以及 P_{max} 有关。在成对对比检验中，使用参数 P_{max} 来代替第 5 章整体差异检验中的 P_d，P_{max} 是与等同强度（即两种回答的比为 50：50）的距离，如果两种回答的比例为 60：40，那么 $P_{max}=0.6$，然后可以根据附录一表 9 或附录一表 11 选择 α 和 β 值。一般做如下规定：

$P_{max} < 55\%$，表示距离较小；

$55\% \leqslant P_{max} \leqslant 65\%$，表示距离中等；

$P_{max} > 65\%$，表示距离较大。

（2）原则 呈送给受试者两个带有编号的样品，要使组合形式 AB 和 BA 数目相等，并随机呈送。要求受试者从左向右品尝样品，然后填写问卷。

只有在正规的统计分析时，才使用"强迫选择法"，即一定要有所选择，即便是猜测，也不能不做任何选择，但是大约有一半的感官分析人员要求参评人员不许做出"没有差别"的判断，因为这样会给下面的统计分析带来困难。

（3）参试人员 因为该试验很容易操作，因此没有受过培训的人可以参加试验，但是他们必须熟悉要评价的感官特性。如果要评价的是某项特殊特性，则要使用受过培训的人员。因为这种试验猜中的可能是 50%，因此需要参加试验的人数要多一些。从附录一表 12 可以知道，如果参加试验的人数只有 15 人，要达到 $\alpha=0.01$ 水平下的显著差异，必须有 13 人同意才行。如果参加人数是 52，只要有 36 人意见一致就可以达到 $\alpha=0.01$ 的显著水平。

(4) 试验步骤　同时提供样品，顺序组合 AB，BA 数目相同，随机呈送样品。问卷如图 6.1 所示。单边检验和双边检验的问卷是一样的，问卷中必须说明是否可以使用“没有差异”这样的判断。

如果是单边检验，计算正确回答的人数，然后查附录一表 10，如果是双边检验，计算回答“同意”的人数，然后查附录一表 12。

【例 1】　双边方向性差异检验——西番莲风味试验

问题：某饮品公司一直使用一种含有转基因成分的西番莲香味物质，但欧洲市场最近规定，转基因成分需要在食品成分表中标出。为了防止消费者的抵触情绪，某公司决定使用一种不含转基因成分的西番莲香味物质，但初步试验表明，不含转基因成分的物质可能西番莲香味没有原来的浓，现在研究人员想知道这两种香味物质的西番莲香气是否有所差异。

项目目标：研究开发一种具有西番莲香气特征的产品。

试验目标；测量两种风味物质赋予产品西番莲香味特征的相对能力，即两种西番莲风味是否不同。

试验设计：因为不同的人对西番莲风味会有不同的看法，因此需要参加试验的人数要多一些，并且不一定需要培训。试验由 40 人参加，将 α 设为 0.05。否定假设是 H_0：样品 A 的西番莲风味 = 样品 B 的西番莲风味，取代假设是 H_a：A 的西番莲风味≠B 的西番莲风味(关于假设试验的讲解，请参加第 11 章)。因为只关心是否有所不同，所以这个检验是双边的。样品分别被标为 793（原产品）和 734（新产品)，问卷如图 6.1 所示。

方向性差别试验

姓名：________　日期：________

样品类型：________

研究特性：________

试验说明：

从左向右品尝每对样品，然后做出你的判断。

如果没有明显的差异，可以猜一个答案，如果猜不出来，也可以做“没有差异”的判断。

试验组样品　　哪一个更具有西番莲风味

793　734　　________

建议：________

图 6.1　方向性差异试验问卷示例

样品筛选：试验之前对两种样品进行品尝，以确定它们的风味确实很相似。

分析结果：有 25 人认为样品 793 的西番莲风味更强，4 人认为两个样品“没有差异"，将这 4 个结果平均分配给两个样品，那么就有 27 人认为样品 793 的西番莲风味更强。从附录一表 12 我们知道，$\alpha=0.05$ 的临界值是 27，因此，可以认为两种样品之间存在显著差异。

解释结果：为了保持原有市场，建议慎重使用该不含转基因成分的风味物质，因为从试验可以看出它的西番莲的风味不如原产品的浓，应继续试验，寻找合适的替代品。

【例 2】 单边方向性差异检验——啤酒的苦味

问题：某啤酒酿造商得到的市场报告称，他们酿造的啤酒 A 不够苦。该厂又使用了更多的酒花酿制了啤酒 B。

项目目标：生产一种苦味更重一些的啤酒，但不要太重。

试验目标：对啤酒 A 和 B 进行对比，看两者之间是否在苦味上存在虽然很小但却是显著的差异。

试验设计：选用方向性差异（成对比较）试验。为了确保试验的有效性，将 α 设为 0.01，否定假设是 H_0：A 的苦味与 B 的苦味相同；取代假设是 H_a：B 的苦味＞A 的苦味；因此检验是单边检验。两种啤酒分别被标为 452 和 603，试验由 30 人参加。问卷类似图 6.1。试验的问题是：哪一个样品更苦？

样品筛选：试验之前由一小型品评小组对两个样品进行品尝，以确保除了苦味之外，两种样品之间其他差异非常小。

分析结果：有 22 人选择样品 B，从附表 10 可知，$\alpha = 0.01$ 对应的临界值是 22，因此，在两种样品之间存在显著差异，样品 B 比 A 苦味强，说明 A 确实苦味不足。

注意：在确定成对比较试验是单边还是双边时，关键的一点是看取代假设是单边还是双边。当试验目的为确定某项改进措施或处理方法的效果时，通常使用单边检验。表 6.1 是一些单边和双边的常见例子。

表 6.1 单边和双边的常见例子

单 边	双 边
确认试验啤酒比较苦	确定哪一个啤酒更苦
确认试验产品更受欢迎	确定哪一个产品更受欢迎
A＞B 或 B＞A	取代假设为样品 A≠样品 B，而不是样品 A＞样品 B

6.2 成对排序试验

——Friedman 分析：在所有可能的组合中比较多个样品。

（1）应用领域和范围 当试验目的是比较几个样品的某一单一特性，比如甜度、新鲜度、喜好度等，当试验样品达到 3～6 个，而品评人员又是没有接受过培训时，这种方法尤为有用。它将样品就测定指标按照强度顺序排列，可以为产品之间的差异提供数据信息。

（2）试验原则 每个参评人员得到一对样品，并回答"哪一个样品更甜/更新鲜/你更喜欢等"？将样品进行所有可能的成对组合，随机呈送，用 Friedman 分析对数据进行统计分析。

（3）参试人员 通常参加试验的人数少于 10 人，如果达到 20 人以上，则试验效果会更好。要求每个参加试验的人都对待测品质有识别能力。

（4）试验步骤 同时呈送样品，呈送顺序随机，所问的问题只有一个，即"哪一个样品更……"不能做"没有差别"的判断。如果真的有人做出这样的判断，则将结果在各样品之间平均分配。

【例3】 蜂蜜的口感

问题：某蜂蜜生产商想生产一种黏度比较低的蜂蜜，现生产了 A、B、C、D 4 种样品，希望对这 4 种样品进行评价。

项目目标：评价 4 种蜂蜜口感的合适程度。

试验目标：对 4 种样品就口感黏度进行比较。

试验设计：试验采用成对排序试验法，用 Friedman 分析方法进行分析。因为第一，成对比较试验受感官疲劳的影响比较小；第二，此试验要求排序。试验由 12 名有经验的品评人员参加，评价的样品组合为 AB，AC，AD，BC，BD，CD，将这 6 组样品随机呈送给品评人员。试验准备工作表和问卷如表 6.2 和图 6.2 所示。

表 6.2 蜂蜜口感的成对排序试验准备工作表

蜂蜜准备工作表

日期：_____

样 品	编 号	样 品	编 号
A	119	C	242
B	128	D	659

每个品评人员得到 6 对随机组合的样品。

品评人员编号	呈送顺序					
	1	2	3	4	5	6
1	AD	BD	BC	CD	AC	AB
2	BD	AD	AB	AC	CD	BD
3	AC	BC	CD	AB	AD	BD
4	BC	CD	AC	BD	AB	AD
5	CD	AB	BD	AD	BC	AC
6	AB	AC	AD	BC	BD	CD
7	AD	BD	BC	CD	AC	AB
8	AB	AC	AD	BC	BD	CD
9	CD	AB	BD	AD	BC	AC
10	AC	BC	CD	AB	AD	BD
11	BD	AD	AB	AC	CD	BD
12	BC	CD	AC	BD	AB	BD

分析结果：试验结果如表 6.3 所示。该表表明每个样品同另外一个样品组合时，在参评

```
                        成对排序试验

姓名：_____          日期：_____
样品类型：蜂蜜
待测特性：黏性

试验说明：
   1. 你会依次收到 6 组/对样品，请在试验前确定下面列出的样品编号与你
收到的样品编号一致。
   2. 从左向右品尝第一对样品，在你认为黏性比较高的样品编号上面划钩。
   3. 6 对样品都品尝完之后，用清水漱口。

样品对        左边样品           右边样品            评语
1             XXX                YYY
2             _____           _____           _____
3             _____           _____           _____
4             _____           _____           _____
5             _____           _____           _____
6             _____           _____           _____

   如果你认为两个样品没有差别，就猜一个答案。可以在评语一栏中说明
你这样选择的原因和你对产品性质的观点。
```

图 6.2　蜂蜜的口感成对排序试验问卷

的 12 个人中间，被选为"黏"或者"稀"的次数，比如样品 B，当它与样品 D 组合时，有 10 人认为它比 D 稀，即黏性小。

Friedman 分析的第一步是计算每个样品序列的总和，该例中，数字越大，代表黏性越小，数字越小，代表黏性越大。每个样品的排序总和为行的总和加上列的总和的 2 倍，如样品 B 的排序总和为（12+6+2）+2（0+6+10）=52，样品的排序总和如下：

表 6.3　试验结果

		稀（黏性低）			
		A	B	C	D
黏（黏性高）	A	—	0	1	0
	B	12	—	6	2
	C	11	6	—	7
	D	12	10	5	—

样　品	A	B	C	D
排序总和	71	52	48	45

Friedman 的 T 值计算如下：

$$T = (4/pt)\sum_{i=1}^{t}R_i^2 - [9p(t-1)^2] \tag{6.1}$$

$$= [4/(12\times4)](71^2 + 52^2 + 48^2 + 45^2) - [9\times12\times(4-1)^2]$$

$$= 34.17$$

式中，p 为试验重复的次数（12）；t 为样品的个数（4）；R_i 为每个样品的排序总和。T 的临界值可以由附录一表 5 得到，其中自由度为 4−1=3，不同的 α 值对应的 T 的临界值如下。

显著水平，α 值	0.1	0.05	0.01
T 的临界值	6.25	7.81	11.3

34.17 大于以上任何一个数值，因此，无论在哪一个显著水平下，样品之间的黏度都存在显

著差异，为了进一步证明是否样品 A 的黏度最低，根据下列公式计算 HSD（honestly significantly difference），HSD 和后面涉及到的 LSD（least significant difference）是检验各组数据平均值之间的差异的标准之一，具体讲解见第 11 章。

$$HSD = q_{a,t,\infty} \sqrt{pt/4} \tag{6.2}$$

取 $\alpha = 0.05$，从附录一表 4 得 $q_{0.05,4,\infty} = 3.63$

因此 $\qquad\qquad\qquad HSD = 3.63 \sqrt{12 \times 4/4} = 12.6$

如果两个样品之间的差距大于这个值，说明两个样品之间存在显著差异。样品 A 和 B 之间的差距是 $71 - 52 = 19$，因此样品 A 的黏性显著低于 B，更低于其他样品，应该是比较理想的产品。

6.3　简单排序试验

（1）应用领域和范围　当试验目的是就某一项性质对多个产品进行比较时，比如，甜度、新鲜程度、倾向性等，使用这种方法。排序是进行这种比较的最简单的方法，但数据就是一种顺序，不能提供任何有关差异程度的信息，两个位置连续的样品无论差别非常大还是仅有细微差别，都是以一个序列单位相隔。排序法比其他方法更节省时间，尤其当样品需要为下一步的试验预筛选或预分类时，这种方法显得非常有用。

（2）试验原则　以均衡随机的顺序将样品呈送给品评员，要求品评员就指定指标将样品进行排序，计算序列和，然后利用 Friedman 法对数据进行统计分析。

（3）参加试验人员　按照第 7 章讲述的方法对品评员进行筛选、培训和指导，参加试验的人数不得少于 8 人，如果参加人数在 16 以上，区分效果会得到明显提高。根据试验目的，品评人员要有区分样品指标之间细微差别的能力。

（4）试验步骤　尽量同时提供样品，品评员同时收到以均衡、随机顺序排列的样品，其任务就是将样品进行排序。同一组样品可以以不同的编号被一次或数次呈送，如果每组样品被评价的次数大于 2，那么试验的准确性会得到很大提高。在倾向性试验中，告诉参评人员，最喜欢的样品排在第一位，第二喜欢的样品排在第二位，依次类推。在强度试验中，告诉参加试验人员，1 表示最小的强度值，2 表示第二小，依次类推，不要把顺序搞颠倒。如果对相邻两个样品的顺序无法确定，鼓励品评员去猜测，如果实在猜不出，可以取中间值，如 4 个样品中，对中间两个的顺序无法确定时，就将它们都排为 $(2+3)/2 = 2.5$。如果需要排序的感官指标多于一个，则对样品分别进行编号，以免发生互相影响。

【例 4】　4 种甜味剂甜味的持久性的比较

问题：某试验室工作人员想比较 4 种人工合成的甜味剂 A、B、C、D 甜味的持久性。

项目目标/试验目标：确定这 4 种甜味剂之间在吞咽之后是否在甜味的持久性上存在显著差异。

试验设计：因为甜味的持久性在不同的人身上反应可能差别很大，该试验的操作很简单，不需要培训，因此尽可能召集更多的人参加试验。选用 48 人参加试验，每人得到 4 个样品，并就甜味的持久性进行排序。问卷见图 6.3。

样品筛选：在正式试验之前，要确保样品之间除了甜味之外，没有其他不同。

```
                           排序试验

  姓名：_____              日期：_____
  样品类型：人工甜味剂

  试验指令：
    1. 注意你得到样品编号和问卷上的编号一致。
    2. 从左向右品尝样品，并注意甜味的持久性。在两个样品之间间隔
  30s，并用清水漱口。
    3. 在你认为甜味持久性最差的样品编号上方写下"1"，第二差的上方写
  "2"，依次类推，在甜味持久性最长的样品编号上方写"4"。
    4. 如果你认为两个样品非常接近，就猜测它们的可能顺序。

  编号      XXX      YYY       ZZZ       WWW
  排序      ___      ___       ___       ___

  建议或评语：_____
  _____
```

图 6.3 4 种甜味剂持久性排序试验问答卷

分析结果：表 6.4 为 48 名品评人员对 4 个样品的排序结果，根据第 11 章中公式（11.14），

$$T = \{[12/bt(t+1)]\sum_{i=1}^{t}\chi_i^2\} - 3b(t+1)$$
$$= [12/(48 \times 4 \times 5)] \times (135^2 + 103^2 + 137^2 + 105^2) - 3 \times 48 \times 5$$
$$= 12.85$$

式中，b 为品评员人数；t 为样品数；χ^2 为各样品排序的平方和。

从附录一表 5 知道，自由度为 3 的 $\alpha=0.05$ 的 χ^2 临界值为 7.81，因此，可以判断 4 种样品在甜味的持久性上存在显著差异，为了进一步说明哪两个样品有差异，我们计算一下 LSD 值（见第 11 章），从附录一表 3 得 $t_{0.025,\infty}=1.96$。

$$LSD_{Rank} = t_{\alpha/2,\infty} \sqrt{bt(t+1)/6}$$
$$= 1.96 \sqrt{(48 \times 4 \times 5)/6}$$
$$= 24.8$$

如果两个样品之间的差距大于 24.8，那么这两个样品之间就存在显著差异。从结果可知，样品 B、D 和 A、C 之间在甜味的持久性上存在显著差异，而样品 B 和 D，样品 A 和 C 之间没有差异。

表 6.4 4 种人工甜味剂持久性比较结果

品评员编号	A	B	C	D
1	3	1	4	2
2	3	2	4	1
3	3	1	2	
4	3	1	4	2

品评员编号	A	B	C	D
5	1	3	2	4
—	—	—	—	—
—	—	—	—	—
—	—	—	—	—
44	4	2	3	1
45	3	1	4	2
46	3	4	1	2
47	4	1	2	3
48	4	2	3	1
排序总和	135	103	137	105

6.4 多个样品差异试验——方差分析（ANOVA）

当要比较的样品达到 3～6 个，最多是 8 个时，可以使用此方法。参加评价的人数不少于 8 个，16 人效果会更好。同以前提到的一样，如果要评价的指标超过一个时，建议分次试验，并使用新的样品和编号。

【例 5】 课程的喜爱程度

问题：某食品系每学期末都按惯例让学生为他们选的课打分，打分范围是 +3 到 -3，-3=非常不好，0=不好不坏，+3=优秀。30 名学生填写了问卷，结果见表 6.5。

表 6.5 各门课程得分情况

学生编号	食品安全	生 化	食品工艺	食品法律	学生编号	食品安全	生 化	食品工艺	食品法律
1	2	-2	1	1	16	2	-2	1	1
2	3	0	2	1	17	0	-1	0	0
3	1	-3	0	0	18	0	-1	0	-1
4	2	0	1	0	19	3	3	3	3
5	0	1	0	0	20	1	-2	1	0
6	-3	0	-3	-3	21	-2	-2	-2	-2
7	1	3	1	1	22	2	-1	1	1
8	-1	-1	-1	-1	23	2	0	3	3
9	2	-2	1	0	24	3	-3	3	3
10	2	-3	1	1	25	0	0	0	0
11	2	0	1	0	26	0	-1	0	-1
12	-1	-2	0	0	27	1	0	2	-1
13	3	-3	3	3	28	2	-2	0	0
14	0	0	-1	0	29	-2	-2	-1	-2
15	-2	2	-1	-1	30	2	2	2	2

分析结果：通过单向方差分析（ANOVA）（见第 11 章），得到如下结果（表 6.6 和表 6.7）。

表 6.6　各门课程的方差分析表（ANOVA）

方差来源	平方和	自由度	均方	F 值	p 值
因素	47.900	3	15.967	6.247	0.001
误差	296.467	116	2.556		
总和	344.367	119			

表 6.7　各门课程的平均分数[①]

课程	食品安全	生化	食品工艺	食品法律
平均值	0.80[a][②]	−0.83[b]	0.60[a]	0.30[a]

① $\alpha = 0.05$。
② 上标字母不同的数值之间在 95% 置信度水平上具有显著差异（见第 11 章）。

因为 p 值为 0.001，所以各科目之间的分数存在显著差异。生化课的分数显著低于其他课程，其他课程之间不存在显著差异。

【例 6】　5 种啤酒酒花的性质比较

问题：某啤酒酿造商想生产一种新型的酒花含量高的啤酒，现有 5 种不同的酒花原料，希望选择一种酒花香气最浓的酒花。

项目目的：选择一种酒花香气最好的酒花作为生产原料。

试验目的：比较分别使用这 5 种酒花酿造出的啤酒的酒花香气，选择最理想的酒花。

试验设计：由品评员同时对 5 种啤酒进行品尝，就酒花香气打分。品评员人数为 20 人，打分范围从 0～9，试验重复 3 次进行。试验问卷见图 6.4。

一组样品由品评员进行评价，试验重复 2 次以上进行，这样的试验设计就叫做分裂分块设计，可以简单理解为每个样品被每个品评员品尝（分块），整个试验又分若干次进行（分裂），每次重复的试验可以由相同的品评员进行，也可以由不同的品评员进行，如果相同，比较的是各重复之间的差异，如果不同，则比较的是不同品评小组之间的表现。

姓名：_____　　　　日期：_____

试验样品：_____

试验内容：**酒花香气**

试验指导：

从左向右品尝你面前的 5 种啤酒,就酒花香气为各样品打分。打分的标准如下：

0～1 分　没有香气

2～3 分　具有轻微的香气

4～5 分　具有中等程度的香气

6～7 分　具有强烈的香气

8～9 分　具有非常强烈的香气

样品编号：221　　873　　365　　631　　290

打分：_____

建议：_____

图 6.4　啤酒酒花香气比较问答卷

试验结果：试验结果见表 6.8，分析结果见表 6.9 和表 6.10。具体手工计算方法见第 11 章。

表 6.8　5 种酒花的香气的比较试验结果

品评员编号	酒花种类				
	A	B	C	D	E
1	2,2,1	3,4,5	1,0,2	5,4,3	3,2,4
2	0,0,1	1,2,1	0,0,0	2,1,2	2,1,1
3	0,2,1	2,0,2	0,2,0	2,3,2	0,2,2
4	3,3,3	4,5,6	2,3,1	5,8,4	5,6,4
5	2,4,3	4,3,1	3,0,3	3,5,6	1,4,3
6	2,4,1	3,2,4	3,2,1	4,6,7	3,4,2
7	0,0,1	1,2,1	0,0,0	0,2,1	2,1,1
8	6,4,3	4,6,3	3,4,6	4,6,3	3,4,6
9	2,2,2	3,3,5	0,1,1	4,6,5	3,5,3
10	1,4,3	2,5,3	2,0,2	5,4,5	5,2,3
11	3,4,2	1,3,4	3,0,3	6,5,3	3,4,1
12	1,0,0	1,2,1	0,0,0	1,2,1	1,1,2
13	1,0,0	1,2,1	0,0,0	2,1,2	1,1,2
14	3,3,3	6,5,4	1,3,2	4,8,5	4,6,5
15	2,2,2	5,3,3	1,1,0	5,6,4	3,5,3
16	1,4,2	4,2,3	1,2,3	7,6,4	2,4,3
17	3,4,1	3,5,2	2,0,2	5,4,5	3,2,5
18	1,2,0	2,0,2	0,2,0	2,3,2	2,2,0
19	1,2,2	5,4,3	2,0,1	3,4,5	4,2,3
20	3,4,6	3,6,4	6,4,3	3,6,4	6,4,3

注：表中数据分别为 3 次试验所得数据，如 20 号品评员对酒花 A 3 次试验给分分别是 3 分、4 分和 6 分。

表 6.9　酒花香气试验分裂分块方差分析结果

方差来源	平方和	自由度	均方和	F 值	p 值
样品	221.520	4	55.380	41.88	0.000
重复	8.887	2	4.443	3.360	0.087
样品×重复					
（误差 A）	10.580	8	1.323		
品评员	412.303	19	21.700	17.79	0.000
样品×品评员	89.813	76	1.182	0.966	0.561
误差 B	232.533	190	1.224		

注：$\alpha = 0.05$。

为了进一步计算各样品之间的差异，计算 LSD，这种情况下的 LSD 计算公式为：

$$\text{LSD} = q_{a,t,df_E}\sqrt{\text{MS}_{\text{误差}(A)}/n} \qquad (6.3)$$

这里的自由度和误差都指误差 A 对应的自由度和误差，t 为样品数，n 为每个样品的试验数据个数。代入相应数据得：

$$\text{LSD} = q_{0.05,5,8}\sqrt{1.323/60}$$

由附录一表 4 查得 $q_{0.05,5,8} = 4.89$。

因此 LSD= 0.73，如果两个数据之间的差大于 0.73，则表明这两个数据之间具有显著差异。

表 6.10　各啤酒酒花香气平均得分

样品	C	A	E	B	D
平均得分	1.40[a][①]	2.07[b]	2.90[c]	3.00[c]	3.92[d]

① 上标字母不同的数值之间具有显著差异。

这就是分裂分块方差分析的一般格式，在这里不考虑品评员和重复之间交互作用，而且误差分为误差 A 和误差 B，计算的时候要注意，否则会得出不正确的结果。从这个结果我们看出，样品之间的差异是显著的（$p<0.05$），品评员之间的差异也是显著的（$p<0.05$），但品评员和样品之间没有交互作用（$p>0.05$），说明品评员之间的差异是因为使用的是标尺的不同部分造成的，但他们对产品的打分趋势是一致的。各重复之间没有显著差异（$p>0.05$），说明每次重复的结果是很一致的，这是由相同品评员完成的，如果是不同品评员完成的，则说明 3 个品评小组的表现是接近的。

6.5 多个样品之间的差异比较

（1）应用领域及范围 当需要比较的样品数量很多时，如 6～12 个时，可以采用该方法，但比较的样品数量不能超过 16 个。如果品评员没有参加过培训，可以使用【例 5】的排序法，如果品评员接受过培训，则可以采用【例 6】介绍的打分法。

（2）原则 和前面试验不同的是，该方法采用的是均衡非完全分块设计（BIB）（见第 11 章），并不将所有样品都呈送给品评员品尝，而是按照试验设计，部分呈送，即品评员只品尝部分产品。然后由品评员对样品进行排序或打分。因为需品尝的产品已经多于 6 个，这种情况下，品评员几经失去了排序或打分的能力。如果只将其中的部分产品，不超过 4 个，分送给他们进行品尝，他们还是可以排序或打分的，该方法的原则就是每个品评员只品尝部分产品，而且每人品尝的数量相同，并保证每个样品被品尝的次数相同。

（3）参评人员及试验步骤 参加试验人数根据样品数量而定，确保每个样品至少被品尝过两次，品尝次数越多，试验效果越好，参加人员不要少于 8 人，如果在 16 人以上，试验结果会更好。试验人员的筛选和培训同前。

【例 7】 食品硬度排序

问题：为了研究各种食品的硬度，某研究人员希望将 15 种食品按照硬度大小排列起来，为以后的打分做基础。

项目目标：对各种食品的硬度进行比较。

试验目标：用均衡非完全分块设计（BIB）对 15 种食品的硬度排序。

试验设计：选用 105 人，每人品尝 3 种食品，按照硬度将样品排序，排序范围为 1～3，最硬为 3，最软为 1，处于中间的为 2。基本试验设计见表 6.11。

表 6.11 15 种食品硬度的 BIB 试验设计

品评员编号	样品位置	品评员编号	样品位置	品评员编号	样品位置	品评员编号	样品位置
1	1 2 3	11	1 6 7	21	1 10 14	31	1 14 15
2	4 8 12	12	2 9 11	22	2 12 14	32	2 4 6
3	5 10 15	13	3 12 15	23	3 5 6	33	3 8 11
4	6 11 13	14	4 10 14	24	4 9 13	34	5 9 12
5	7 9 14	15	5 8 13	25	7 8 15	35	7 10 13
6	1 4 5	16	1 8 9	26	1 12 13		
7	2 8 10	17	2 13 15	27	2 5 7		
8	3 13 14	18	3 4 7	28	3 9 10		
9	6 9 15	19	5 11 14	29	4 11 15		
10	7 11 12	20	6 10 12	30	6 8 14		

将以上试验重复 3 次进行。

试验结果：105 人试验之后，得到的各样品的排序和如表 6.12 所示。

表 6.12 试验结果

样品	1	2	3	4	5	6	7	8	9	10	11	12	13	14	15
排序和	35	45	54	43	28	37	55	42	37	50	49	50	34	42	29

然后根据下面的公式计算 T 值：

$$T = [12/p\lambda t(k+1)]\sum_{i=1}^{t}R_i^2 - 3(k+1)pr^2/\lambda \tag{6.4}$$

式中　p——基本试验被重复的次数，3；

　　　t——样品数量，15；

　　　k——每人品尝样品数，3；

　　　r——在每个重复中，每个样品被品尝次数，7（35×3/15＝7）；

　　　λ——$\lambda = r(k-1)/(t-1) = 7(3-1)/(15-1) = 1$；

　　　R^2——各样品的排序平方和，27488。

因此，该例中，$T = 68.53$，根据附录一表 5，得 $\chi_{0.05,15-1}^2 = 23.7$，因此这 15 种食品之间具有显著差异。为了将其排序，现根据下面公式计算 LSD $_{Rank}$：

$$\begin{aligned}
LSD_{Rank} &= z_{a/2}\sqrt{p(k+1)(rk-r+\lambda)/6} \\
&= t_{a/2,\infty}\sqrt{p(k+1)(rk-r+\lambda)/6} \\
&= 1.96\sqrt{3\times(3+1)(7\times3-7+1)/6} \\
&= 10.74
\end{aligned} \tag{6.5}$$

将数值升次或降次排列，依次计算相邻两个数值（序列和）之间的差，如果该差值大于 10.74，则说明这两个样品之间具有显著差异；反之，则没有显著差异。排序结果见表 6.13。

结果的解释：从结果来看，样品 5 的硬度最低，样品 7 的硬度最高。

表 6.13 15 种食品的硬度排序

样品	序列和					最终结果
5	28	a				28[a]
15	29	a				29[a]
13	34	a	b			34[ab]
1	35		b	c		35[abc]
6	37	a	b	c		37[abc]
9	37	a	b	c		37[abc]
14	42		b	c	d	42[bcd]
8	42		b	c	d	42[bcd]
4	43		b	c	d	43[bcd]
2	45			c	d	e	45[cde]
11	49				d	e	49[de]
10	50				d	e	50[de]

样　品	序　列　和			最终结果
12	50	d	e	50^{de}
3	54		e	54^{e}
7	55		e	55^{e}

注：a～e 表示各数值（样品的序列和）分属的组别，"最终结果"中上标中具有不同字母的数值之间具有显著差异（LSD＝10.74）。如 28a 和 42bcd 具有显著差异，因为 a 和 bcd 中没有一个字母相同；而 34ab 和 42bcd 之间则没有显著差异，因为二者上标中都含有字母 b。

【例 8】　将 6 种酸奶就异味进行打分，并找出风味最差的一个。

项目目的：同问题。

试验目的：利用多重比较方法对样品的异味进行比较。

试验设计：采用 10 名有品尝打分经验的人组成品评小组，每人品尝 4 种产品，每种产品被品尝 10 次。采用 0～9 的标度进行打分，0 表示没有异味，9 表示异味最高。

试验结果：由于该试验要求打分，所以要进行方差分析，分析结果见表 6.14（手工算法见第 11 章 BIB 试验设计部分），试验数据略。

表 6.14　6 种酸奶的 BIB 方差分析结果

方差来源	平　方　和	自　由　度	均　方　和	F 值	p 值
样　品	62.902	5	12.580	9.217	0.000
品评员	38.829	14	2.774	2.032	0.040
误　差	54.598	40	1.365		

注：$\alpha=0.05$。

由于 $p<0.05$，因此各样品之间具有显著差异。根据第 11 章公式（11.16）计算 LSD。

$$\begin{aligned}
\text{LSD} &= t_{a/2, df_E} \sqrt{2\text{MS}_E/(pr)} \sqrt{[k(t-1)]/[(k-1)t]} \\
&= t_{0.025, 40} \sqrt{2 \times 1.365/(1 \times 10)} \sqrt{[4 \times (6-1)]/[(4-1) \times 6]} \\
&= 1.96 \times 0.522 \times 1.054 \\
&= 1.08
\end{aligned}$$

各样品的平均得分为：

样　品	A	B	C	D	E	F
得　分	4.9	2.7	2.3	1.8	2.7	1.8

将数值升次或降次排列，计算相邻两个数值之间的差，如果该差大于 1.08，说明这两个数值之间具有显著差异，反之，则没有显著差异。如 4.9 和 2.7 之间的差为 2.2，大于 1.08，因此 4.9 和 2.7 分别属于不同的两个组，a 和 b，而 2.7 和 2.3 之间的差为 0.4，小于 1.08，因此 2.3 和 2.7 属于同一组，同样道理，剩下的几个数值也都属于 b 组。将各数值所属组别标为该数值的上标，因此，具有不同上标的数值之间就具有显著差异。本例所得数据分组情况及最终结果如表 6.15 所示。

表 6.15　数值分组情况及最终结果

样品得分	组别	最终结果
4.9	a	4.9^{a}
2.7	b	2.7^{b}
2.7	b	2.7^{b}
2.3	b	2.3^{b}
1.8	b	1.8^{b}
1.8	b	1.8^{b}

结果表明，样品 A 和其他样品具有显著差异，异味最强烈。

7 品评人员的筛选与培训

感官检验是以人作为测量仪器的一种试验，因此，品评人员在试验中起着至关重要的作用。对参加感官检验的品评人员一个最基本的要求是，必须是自愿参加。在自愿的基础上，进行筛选、培训和正式试验，在正式试验前，还要签署一份志愿表格。如一个对草莓进行感官检验的试验，品评人员要签署的志愿表格如图7.1所示。

×××大学食品系

地址：

草莓感官试验志愿表

试验日期：_____

项目负责人：×××电话：×××××××

注意："如果您对甲壳类海产品过敏，或正处于怀孕或哺乳期，请您不要参加此次试验"。

将用于本次感官检验的草莓成分如下：脱乙酰壳聚糖，乙酸，乳酸，维生素E，乙酰单甘油酸酯（乳化剂），甘油。所有成分均为食品级，该试验使用的脱乙酰壳聚糖在食品成分中以"膳食纤维"标记。

如果您对上面列出的任何一种成分过敏的话，请您不要参加本次试验。

您的身份将会严格保密，您的姓名将不会出现在任何与本次试验有关的报告和发表物当中。

姓名：_____   签字：_____

日期：_____

图 7.1 感官试验志愿表举例

要为一次感官试验进行品评人员的招募，必须首先具备以下几个条件。

（1）人力

① 大量的可供选择的候选人，感官鉴定的品评人员的来源通常没有什么特殊限制，在实际当中为了方便，品评人员经常来自组织机构内部，比如，食品公司的研发室内部、研究机构内部或大学的食品系内部；当所需人数较多时，就需要从外界进行招募。

② 执行筛选、简单培训的感官试验室工作人员，因为这些工作量比较大，而且对后面的试验非常重要，因此需要专人来负责。

③ 能够担当起培训任务的感官分析人员，每个感官试验都要求有专门的负责人员，负责对品评人员进行有针对性的培训、试验步骤的讲解等。如果长期组织感官检验，还需要制定一套完整、实用的规章制度，在国外，一般这样的人叫做感官检验经理，他们在感官检验中发挥的作用很大。具体来讲，他们的任务有以下几个方面：

　　a. 选择试验方法、试验设计和试验程序；

　　b. 指导、监控整个试验过程；

　　c. 保证试验的顺利进行；

　　d. 培训试验室内其他工作人员进行日常工作；

　　e. 负责报告结果；

　　f. 为感官检验常用设备进行维护和维修；

　　g. 向上级部门提供项目计划安排和进展情况；

　　h. 研究新的试验方法；

　　i. 对外联络。

　　（2）物力　这是指进行筛选、培训用的场地和必要的物品。一般对感官品评人员的培训都在专门房间内的一张大圆桌旁进行，必要的物品包括一些标准品，比如各种气味、硬度和颜色的标准品，试验会用到的一次性纸杯、勺子、叉子、面巾纸等，还有饮水机和用来盛水用的大的杯子。

　　（3）财力　应该说，感官鉴定是一项花费比较大的试验，除非是研发部门内部进行的小型检验，一般的感官检验都要付给品评人员相应的费用，可以是现金的形式，也可以是购物券的形式，试验所用物品多为一次性，因此，消耗比较大，尤其是试验样品多、次数多或所需品评人员多时，消耗会很大，所以，在进行试验前，一定要计划好，以防止衔接不好而影响试验的顺利进行。

　　（4）数据的收集和处理　最后一点也是很重要的一点，就是数据统计工作要有相应的设备和专门人员，包括计算机、相应的统计软件、原始数据的保管和录入以及数据的分析。

　　在以上条件都具备之后，就可以进行品评人员的招募了，可以通过电话，也可以通过E-mail的形式，应该告知对方将要进行试验的内容和获得奖励的方式，如果对方表示愿意参加，就可以通知他们来参加筛选。

　　如果长期组织感官鉴定试验，应建立一个比较大的备选人员数据库，这样既使招募工作容易进行，也使参加试验的人越来越集中，他们对这项工作了解就会越来越多，就会越有利于试验的进行。有人做过粗略估计，如果只有 100 个可选人员，每年能够承担的试验任务最多只有 300～400 个，而且要求每个品评人员要经常地参加试验，如果试验再多，品评人员的压力就会更大，虽然可以完成任务，但发生误差的机会就会明显增多，试验结果就难以得到保证。如果可供选择的人员比较多的话，不但会减小他们个人的压力，还会加快试验速度、增加试验数量、提高试验准确性。作为一种经验，自愿参加品评的人大约有 30% 不能达到筛选要求，这也是可供选择人员尽可能多的一个原因，一般建议招募实际使用人数的 2～3 倍。

　　（5）筛选　在招募完成之后，就可以进行筛选工作了。一般来讲，筛选工作不会与招募同时进行，但时间也不要间隔太长，应该尽快。在筛选品评人员之前，必须清楚以下几点。

　　① 每个人的感官品评能力不都是一样的；

　　② 大多数人不清楚他们对产品闻、品尝或感觉的能力；

　　③ 所有的人都需要经过指导才会知道如何正确进行试验；

④ 不是所有的人都符合做感官品评员的要求；

⑤ 参加试验的人会因为参与而得到奖励，而不是因为正确的回答（没有所谓的正确答案）；

⑥ 曾经学会的感官检验技术会因为长时间不用而遗忘；

⑦ 品评人员的表现会受到许多与试验或产品无关的因素的影响；

⑧ 不应该对任何品评人员的回答信息有所怀疑；

⑨ 如果是本公司的工作人员，参加感官检验不应该得到奖励；

⑩ 参加感官检验永远是自愿行为，而不是强迫的；

⑪ 必须保证品评人员的安全。

参加感官检验的人员一般要求每周最多参加 3～4 次试验，最多不能连续参加 4 周，而且在 4 周之后要休息 1～2 周。如果每天都要参加试验，一是不太现实，因为感官品评人员都是在业余时间做这项工作，不可能每天都有空余时间，再者，如果每天都参加试验，容易使试验人员产生厌烦情绪，也容易使器官疲劳，影响试验效果。

7.1　区别检验品评人员的筛选和培训

区别检验品评人员的筛选目的是确定该品评员以下能力：①区别不同产品之间性质差异的能力；②区别相同产品某项性质程度大小、强弱的能力。筛选过程一般分 2 步，第一步要求候选人填写调查表（图 7.2），调查的信息包括候选人的个人情况和某些特殊的与产品有关的问题，如是否对某种食物过敏等，由于调查表包含的问题会比较多，一般要求 2 周之内返回。

7.1.1　筛选方法

筛选的第二个步骤就是感官能力测试，常用的方法有以下 4 种。

（1）匹配试验　用来评判品评人员区别或描述几种不同刺激物（强度都在阈值以上）的能力。试验方法是先给候选人 4～6 个样品，让他们对这些样品进行熟悉，然后再给他们另外一组样品（8～10 个），实际上，这组样品和第一组的样品是一样的，除了有的样品数目不同之外，然后让候选人将两组里面相似的样品挑出来。表 7.1、表 7.2 和图 7.3 是常用的做匹配试验用的样品及问答卷示例。

表 7.1　匹配试验建议使用样品举例一（味道、化学感觉因子）

风　味	刺激物	浓度[①]/(g/L)	风　味	刺激物	浓度[①]/(g/L)
甜	蔗糖	20	咸	氯化钠	2.0
酸	酒石酸	0.5	涩	明矾	10
苦	咖啡因	1.0			

① 在室温下，用无臭无味的水配制。

表 7.2　匹配试验建议使用样品举例二（气味，香气[①]）

气味描述	刺激物	气味描述	刺激物
薄荷	薄荷油	香草	香草提取物
杏仁	杏仁提取油	月桂	月桂醛
橘子、橘子皮	橘子皮油	丁香	丁子香酚
青草	顺-3-己烯醇	冬青	甲基水杨酸盐

① 将能够吸香气的纸浸入香气原料中，在通风橱内风干 30min，放入带盖的广口瓶、拧紧。

感官检验产品态度调查表

×××大学食品系

地址：×××××

联系人：×××，电话：×××××××××

我们将于近期进行一次×××(产品名称)的感官检验，试验分×(具体试验次数)次进行，每次大约10分钟，每次试验结束之后，您会得到价值￥5的代金券。如果您有兴趣参加本次试验，请您回答下列问题。所有信息都将严格保密。

1. 姓名：__________ 单位：__________
   电话：__________ 日期：__________
2. 性别：__________
   年龄：__________
   婚姻状况：__________ 子女：__________(个)
3. 您可以参加试验的时间：每周__________
4. 请指出您对下列食品的食用情况(是否过敏或忌口)
   海鲜__________ 巧克力__________ 牛奶__________
   鸡蛋__________ 豆制品__________ 水果(具体指出)__________
   调味料__________ 肉类(具体指出)__________
   蔬菜(具体指出)__________
5. 请指出您是否对饮食有特殊要求
   糖尿病__________ 低盐__________ 高卡路里__________
   低卡路里__________ 其他__________ 无特殊要求__________

我们会尽快与您联系，谢谢您的合作！

(a) 示例一

下面是目前和将来将要进行感官检验的食品，请在能够描述您对该食品的食用/喜爱状况的数字上面划圈。

种类	从来不吃	没吃过	食品名称	极度喜欢	很喜欢	一般喜欢	有点喜欢	无所谓	有点不喜欢	一般不喜欢	很不喜欢	极度不喜欢
焙烤食品	11	10	蛋糕	9	8	7	6	5	4	3	2	1
	11	10	饼干	9	8	7	6	5	4	3	2	1
	11	10	布丁	9	8	7	6	5	4	3	2	1
早餐食品	11	10	面圈	9	8	7	6	5	4	3	2	1
	11	10	面包	9	8	7	6	5	4	3	2	1
	11	10	麦片	9	8	7	6	5	4	3	2	1
饮料	11	10	充气饮料	9	8	7	6	5	4	3	2	1
	11	10	咖啡	9	8	7	6	5	4	3	2	1
	11	10	茶	9	8	7	6	5	4	3	2	1
果汁	11	10	橘汁	9	8	7	6	5	4	3	2	1
	11	10	非橘汁	9	8	7	6	5	4	3	2	1
罐头食品	11	10	水果	9	8	7	6	5	4	3	2	1
	11	10	肉类	9	8	7	6	5	4	3	2	1
	11	10	蔬菜	9	8	7	6	5	4	3	2	1

(b) 示例二

图7.2 感官检验品评人员调查表示例

试验指令:用鼻子闻第一组风味物质,每闻过一个样品之后,稍事休息。然后闻第二组物质,比较两组风味物质,将第二组物质的编号写在与其相似的第一组物质编号的后面。

第一组	第二组	风味物质①
068	_____	
327	_____	
883	_____	
574	_____	
236	_____	
635	_____	

① 请从下列物质中,将符合第一组、第二组风味的物质挑出来,依此决定候选人能否参加后面的区别检验。

冬青	姜	青草
茉莉	月桂	丁香
薄荷	橘子	花香
香草	杏仁	茴香

图 7.3 香气匹配试验问答卷示例

(2) 区别检验 此项试验用来区别候选人区别同一类型产品的不同成分、不同加工工艺的能力。可以用三角检验和 2-3 检验来完成,按照被区分的难度由易到难来安排试验。常用的物质见表 7.3。

(3) 排序/分级检验 这种试验用来确定候选人区别样品给定性质强度的能力。如果正式试验会使用标尺,筛选试验也使用合适的标尺来分级,否则则应用排序。以随机的顺序呈送给候选人一系列样品,某感官性质的浓度/强度各不相同,而这些浓度/强度也是正式试验会用到的,然后让候选人按照由低到高的顺序排列样品(或者在标尺上对其进行定级)。常用样品及问答卷举例见表 7.4 和图 7.4、图 7.5。

表 7.3 区别检验建议使用物品举例

物 质	浓度①/(g/L)	
咖啡因	0.2②	0.4③
酒石酸	0.4②	0.8③
蔗 糖	7.0②	14.0③
γ-癸内酯	0.002②	0.004③

① 用无臭无味的水配置。
② 阈值的 3 倍。
③ 阈值的 6 倍。

表 7.4 排序/分级检验建议使用物品举例

项 目	感官刺激物
味道	
酸	柠檬酸/水/(g/L):0.25, 0.5, 1.0, 1.5
甜	蔗糖/水/(g/L):10, 20, 50, 100
苦	咖啡因/水/(g/L):0.3, 0.6, 1.3, 2.6
咸	氯化钠/水/(g/L):1.0, 2.0, 5.0, 10
气味	
酒精味	3-甲基丁醇/(mg/L)10, 30, 80, 180
质地	
硬度	奶油奶酪、美国奶酪、花生、胡萝卜条①
脆性	蛋糕①、全麦饼干、脆性面包、薄荷片糖

① 厚度为 1 cm。

试验说明:将你面前的盐水溶液按照咸度由低到高的顺序排列

样品编号

咸度最低 _____

_____

咸度最高 _____

图 7.4 排序检验问答卷示例

试验说明：在给定的直线上做一个标记，以表明每一份盐水溶液的咸度

样品编号

438　0 _____ 很高

209　0 _____ 很高

852　0 _____ 很高

569　0 _____ 很高

图 7.5　分级检验问答卷示例

7.1.2　筛选试验结果的处理

（1）匹配试验　匹配正确率低于 75% 和气味的对应物选择正确率低于 60% 的候选人将不能参加试验。

（2）区别试验　使用三角试验时，在简单（6 倍阈值）和中等难度（3 倍阈值）试验中，分别排除正确率低于 60% 和 40% 的候选人。如果使用 2-3 检验，排除的标准分别为 75% 和 60%。

（3）排序/分级试验　在排序法中，接纳正确排序和只将相邻位置颠倒的候选人；在分级法中也遵照相同的原则。

7.1.3　培训

品评人员筛选好之后，接下来的就应该是培训，为了保证品评人员都以科学、专业的精神对待品评工作，培训是非常关键的一步。

在进行试验之前，要告诉品评人员一些注意事项，比如，参加试验前不要用香水或香味很浓的化妆品；在试验前 30min 不要接触食物或香味物质；如果在试验中发生过敏现象，应如何通知品评小组的负责人；如果品评人员感冒、头疼或睡眠不足，则不应该参加试验。

在每次试验的一开始都要向品评人员讲解正确的试验步骤，强调严格遵守试验程序的重要性，要求品评人员阅读所有的试验指示并严格执行。还要说明并演示不正确的品评方式，比如对香味物质只是匆匆的、很浅的闻一下，或者品评两个样品之间的间隔超过几十秒。要强调撇开个人好恶，集中分辨产品差别的重要性。

正式培训时，要先以那些差异很大，很容易被分辨出来的样品为例，用简单易于理解的方法重复演示试验，并由品评人员自己实践，使他们理解整个试验，逐渐增强自信心。

如果进行的是产品某一感官性质的区别，比如甜味、酸度等，要认真仔细地向品评人员讲解用来描述这些性质的术语和用来测量其强度的标度法，并展示一系列在该感官性质上存在差异的样品，而且这些差异要有代表性、容易区分，以帮助品评人员准确理解试验内容。

试验中还应留意品评人员的态度、情绪、行为的变化，因为他们可能会对试验步骤不理解，对试验失去兴趣，或者是精力不集中。有些感官试验的结果并不令人满意，有的甚至不合常理，这可能就是由于品评人员的状态不好，而试验的组织者又没有及时发现造成的。

7.2　描述分析试验品评人员的筛选和培训

7.2.1　筛选

进行描述分析试验的感官品评人员需要具备以下 3 种能力：

① 对感官性质及其强度进行区别的能力；

② 对感官性质进行描述的能力，包括用语言来描述性质和用标尺描述强度；

③ 抽象归纳的能力。

除了以上能力，参加试验的人员还应符合以下条件：

① 愿意参加具有严格要求的描述分析感官检验的培训、实践以及以后的一系列工作；

② 能够参加 80％以上的品评工作，因为描述分析的品评小组一般由 10～15 人组成，如果经常由于这样那样的原因不能参加试验，就会使原本人数不多的小组人数更少，不利于试验的顺利进行；

③ 身体要健康，不能有下列情况：慢性疾病、传染病、对食物或香料过敏或神经系统疾病。

由于描述分析试验所需投入的时间和人员都比较多，因此，品评人员的筛选工作就显得非常重要，否则，接受培训的就会是一些不合要求的人，费时费力不说，还会耽误试验的正常进行。在描述分析试验中对品评人员的筛选方法有以下 4 步。

（1）筛选调查表　一个需要 15 人的品评小组，一般可以从 40～50 个候选人中筛选，几个调查表的举例见 7.5，7.5.1 用于风味的品评，7.5.2 用于口感质地的品评，7.5.3 用于香气的品评，7.5.4 用于测定受试人学习标度的潜力，调查表 7.5.4 可以和 7.5.1 到 7.5.3 当中的任何一个配合使用。对于这些调查表，不必完全照搬，可以根据实际情况合理取舍或以此为参照，制定符合自己情况的新的调查表。

（2）敏锐性试验　这个试验的候选人应具有以下条件：

① 没有医疗和药物的影响；

② 能够参加培训；

③ 能够清楚准确回答 7.5.1 到 7.5.3 当中的 80％的文字问题；

④ 在 7.5.4 中标度的数值能够在正确数值的 10％～20％范围内。

候选人还应具有以下能力：

① 定性地区别并描述感官性质的能力；

② 定量地区别并描述强度差别的能力；

③ 对于参加描述分析试验的品评人员来说，只有分辨产品之间差别的能力是不够的，他们还应具有对关键感官性质进行描述的能力，并且能够从量上正确地描述感官强度的不同，试验可以分两步进行。

a. 区别能力测试　可以用三角检验或 2-3 检验，样品之间的差异可以是温度、成分、包装和加工过程，样品按照差异的被识别程度由易到难的顺序呈送。三角检验中，正确识别率在 50％～60％，2-3 检验中，正确识别率为 70％～80％为合格。

b. 描述能力测试　呈送给参试人员一系列差别明显的样品，要求参试人员对其进行描述。可以使用表 7.2 当中的风味物质，参试人员要能够用自己的语言对样品进行描述，这些词语包括化学名词（如月桂醛）、普通名词（如肉桂）或者其他有关词汇（如绿箭口香糖）等。这些人必须能够用这些词汇描述出 80％的刺激感应，对剩下的那些应该能够用比较一般的、不具有特殊性的词汇进行描述，比如，甜，一种辣的调料，一种棕色的调料等。

（3）排序/分级筛选试验　在通过了调查表和敏锐性试验之后，候选人就可以接受以真正的试验样品为对象的筛选试验了，候选人要对试验样品就某一感官性质进行排序，所使用的方法应该是正式试验中将要用的方法，这些样品的某项感官性质应该具有不同的浓度或强度，比如颜色、味道、气味或者硬度、脆性等（参见表 7.4）。能够将试验样品全部或 80％

正确排序被视为合格，可以将相邻两个样品颠倒排序，且仅限于相邻样品。如果使用标尺进行标度，合格的候选人应该能够对一半以上的测试样品使用大部分的标度，而不是仅使用有限的几个标度，比如，对于一个 10 点标度，如果对所有的样品的标度都集中在 5、6、7，而没有使用其他值，这样的候选人就是不合格的。

（4）面试　对于描述分析试验来说，面试还是很重要的。一般来讲，如果通过了以上 3 种测试，候选人要接受培训人员或品评小组组长的面试，面试的目的是考察该候选人对后面的培训和试验的兴趣、可能参加试验的时间、沟通能力以及大致的性格。

以上筛选程序是比较经典和严格意义上的筛选，实际应用当中可以根据试验目的和试验条件等具体情况，对以上的筛选程序进行取舍，而不必完全照搬。比较理想的情况是这些品评人员能够经常参加感官试验，尤其是描述分析试验，这样就不必每次试验前都进行筛选，但每次试验之前的培训都是必需的。

7.2.2　描述试验的培训

培训的主要目的是根据试验目的让品评人员了解、掌握并学会运用正式试验中要用到的评判技能，从原则上来讲，培训时间在 40～120h 之间，而实际上，培训时间一般掌握在 5 次以上，每次 1h 左右，培训需要的时间与要检验的样品种类有关，如果酒、啤酒、咖啡等需要的培训时间就要比固体饮料或早餐谷物食品长，还和需要评价的感官性质的数量有关，与结果所要求的有效和可靠程度也有关。培训一般有以下 5 个步骤。

（1）词汇的介绍与演示　这一阶段，首先要向品评人员介绍一些描述性的词汇，包括外观、风味、口感和质地方面的词汇，辅之以事先准备好的与这些词汇相对应的一系列参照物，要尽可能多地将样品之间的差异表现出来；向品评人员介绍一些感官特性在人体上产生感应的化学和物理原理。这一阶段一般需要 15～20h，才能使品评人员全面理解所涉及到的各个类别的词汇。这一阶段的目的就是为品评人员提供一个较为丰富的背景知识，让他们能够适应各种不同类型的产品的感官特性。

（2）描述标度的介绍　和上面一样，也是使用一些参照物，向品评人员介绍标度的使用方法，一般每组参照物可以代表的不同的感官特性的水平是 3～5 个（见 8.3.6.2）。同时要强调"描述"和"标度"在描述分析当中是同样重要的。这一阶段的目的就是要让品评人员既注重感官特性，又要注重这些特性的强度，让他们清楚描述分析是使用词汇和数字来对产品进行定义和度量的过程。这一阶段需要 10～20h。

（3）初步实践　对给定产品给出一份准确的描述词语表一般有 3 个步骤：第一，由所有品评人员根据给定产品、能够代表产品特点的其他样品，列出大家能够想到的所有可以对该产品进行描述的词汇；第二，对刚才形成的词汇表进行整理、重排，形成一份全面而又清晰的描述词汇表；第三，也是最后一步，为这些词汇选择合适的、具有代表性的参照物。

（4）较小差异的训练　准备一些相互之间差异比较小的样品，让品评人员为其确定描述词汇表、这些词汇的定义及参照物，并确定品评的程序，对这些样品进行区别和描述。这时可能出现的问题是，原本相同的样品得到的评定却不相同；同一个样品几次得到的评定结果不一致。经过一定时间的训练，会在以上方面得到改进，使品评结果一致合理，也会增强品评人员的信心。这一阶段需要 10～15h。

（5）最后实践　最后需要 15～40h 的实践，品评人员要对几个不同产品进行品评。开始品评的产品差异会很大，后来品评的产品就应该接近正式试验的真实产品。

在以上 5 个步骤的培训中，每一次培训结束之后，品评人员都应该集中一次，对结果和不同观点进行讨论，如果有必要，还可以要求参看其他的参照物品，使意见达成一致。这种交流对描述词汇、品评程序和标度技术的形成是非常有好处的，通过这种方式培训的感官品评小组可以被视为一部非常精良的感官测试仪器。

【例 1】 对 8 种可溶咖啡品评员的筛选和培训

由 9 名女性和 1 名男性组成的，平均年龄为 45 岁的品评小组对 8 种市售咖啡进行品评。评价所用词汇为 17 个涵盖外观、气味、风味、质地等方面的咖啡品评常用词汇。每个感官指标的度量使用长度为 10cm 的线性标尺，标尺的两端分别为"没有"和"非常"。

这 9 名品评人员首先经过筛选，考察的项目包括对基本味觉的感受与识别、对产品的描述能力、对刺激的分辨能力和使用标尺的能力。

在正式培训前，这 9 名参评者对 8 种咖啡进行品尝，并对每个样品进行描述，每个样品品尝 2 次，每次品尝 4 个样品，中间休息 10min。然后这些参评人员接受每次历时 90min、共 14 次的培训，培训的时间总量为 21h。具体培训分以下 4 个步骤。

（1）初步训练（6 次） 熟悉描述词汇。要求每个参评人员记住品评指标，并能够在咖啡中将其辨别出来。为每个品评指标都提供标准样品，并进行简单区别检验；学习就每个指标将产品进行排序，排序的产品数量限制在 3 个。练习使用标尺为每项指标打出强度等级（弱、中等、强），每次练习的产品也限制在 3 个。

（2）品评员表现的第一次考察（2 次） 从 8 种咖啡中挑选出 3 个与众不同的产品，要求品评员对它们进行品尝、描述。这一阶段的目的是对品评员的能力进行初步考察，以发现他们容易出错的地方。

（3）进一步培训（4 次） 在第二阶段的基础上，就品评员不能正确理解的指标进行集中训练，以提高他们的理解、分辨能力。

（4）品评员表现的第二次考察（2 次） 在 8 种咖啡中，挑选出最接近的 4 种，由品评人员对其进行品尝、描述，每个样品重复两次。

7.3 培训的重要性

要想得到可靠有效的试验结果，对感官品评人员的培训是必不可少的，虽然表面上看起来会花费一些时间，但从长远来说，却对试验结果有着非常重要的影响。有人作过比较，对 7 名品评人员分别进行短期（4h）、中等（60h）和长期（120h）培训，在每次培训之后都对 3 种市售番茄酱进行品尝比较，在经过短期培训之后，品评人员可以发现 3 种番茄酱某些感官和风味上的差异，在培训 60h 之后，发现的差别更多一些，在培训 120h 之后，每个品评员都可以发现 3 种产品之间的所有质地上的差异和绝大部分风味上的差异。在上面对咖啡进行品尝的例子中，在培训之前，有 5 名品评人员不能够正确使用标尺，在他们重复的两次试验中，有 6～10 个指标的得分前后相差非常大，而在培训之后，得分有差异的指标降到了 2～5 个。描述咖啡的 17 种感官指标中，在培训之前，每名品评人员中能够识别出的指标都不超过 6 种，而在培训之后，有 8 人至少能够识别出其中的 8 种，有 2 人能够识别出 12 种以上。Peyvieux 和 Dijksterhuis 对进行时间-强度描述分析的品评人员进行培训的结果也说明了这个问题，培训之前，有 4 名品评人员（1 号、2 号、8 号和 9 号）不能得出时间-强度分析的典型曲线（时间-强度分析的讲解见第 8 章），而经过培训，这 4 人的描述分析能力都得到了明显提高，得到了典型曲线（图 7.6）。这说明，通过培训，小组成员对产品和品评技术都更加熟悉，整个品评小组的辨别能力得到了增强，每个品评人员的识别能力也得到增强。这也说明，为了降低品评员之间的个体差异并且提高他们的分辨能力，适当的培训是非常必要的。

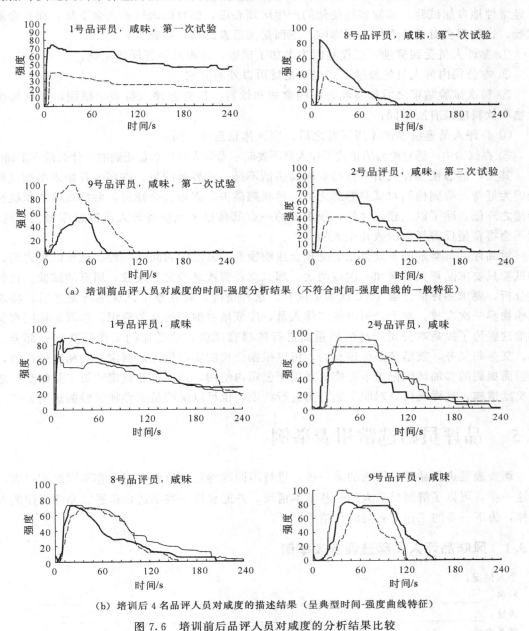

（a）培训前品评人员对咸度的时间-强度分析结果（不符合时间-强度曲线的一般特征）

（b）培训后 4 名品评人员对咸度的描述结果（呈典型时间-强度曲线特征）

图 7.6　培训前后品评人员对咸度的分析结果比较

7.4　品评人员的参评记录和鼓励措施

如果经常性地开展感官品评试验，长期地进行感官人员的筛选培训、使用等工作，应该建立一个参评人员档案。对每个人参加的试验名称、时间、次数进行记录，这样做有利于管理和试验的安排，因为不能让品评人员过于频繁地参加试验，选择参评人员时，可以以此为基础。为了建立一个长期适用的品评人员数据库，确保每次试验有足够多的合格参评人员，而且有的试验要求不断重复，有必要对品评人员实行一些鼓励措施，无论是公司内部、本系人员还是从外界招募的人员，以使他们对感官检验一直具有兴趣。如果现有的品评人员不得不经常性地参加试验，非常容易使他们产生厌烦心理，感官的敏锐性也会下降，而且会缺席试验，这些都会对试验产生不利影响。下面是实行鼓励的一些建议：

① 参评人员受到奖励，仅仅是因为参加了试验，而不是回答问题正确；

② 本公司内部人员的鼓励形式应该是货币以外的方式；

③ 每次试验结束之后都要准备一些食物和饮料，以对参评人员表示感谢，而且每次的食物和饮料应该有所不同；

④ 品评人员连续参加 4 周试验之后，应该休息至少 1 周；

⑤ 在试验中，感官检验的正式工作人员不要暗示参评人员什么是正确的，什么是不正确的。

其实，能够使参评人员一直持有较高热情不是一件容易的事，许多人开始来参加试验都是因为好奇，等到他们对试验熟悉之后，神秘感消失，兴趣就会减退，参加试验的积极性也会随之降低，除了以上建议之外，很重要的一点就是尽可能使备选人员数据库增大，这样，就不会将希望仅寄托在少数几个人的身上。

对品评人员奖励的方式常见的是现金或购物券，发放的时间是在每次试验结束之后，有的试验只要求品评人员参加一次或两次，那么就在每次试验之后发放，而有的试验，比如描述分析，要求品评员连续 5、6 次参加试验，这种情况，就在整个试验进行完之后，将现金或购物券一次发放。对于公司内的工作人员，应该培养他们的这种意识，那就是他们有义务参加这些为了提高本公司产品的质量而进行的感官试验，这是他们工作职责的一部分。当然，义务归义务，鼓励还是应该有的，可以根据公司的实际情况，制定一些相应的措施，比如前面提到的参加试验记录卡可能更适用于公司内使用，可以依此设定"员工贡献奖"之类的奖励措施，这样既可以对职工的行为进行约束，也可以保持员工参加试验的热情。

7.5　品评员筛选常用表举例

调查表是进行品评员筛选的第一步，进行不同的感官评价要使用内容不同的调查表，通过这一步，可以了解到候选人的一些基本情况，并能够将一些不适合作感官品评工作的人筛选掉，为下一步的工作节省时间与精力。

7.5.1　风味品评人员筛选调查表举例

个人情况：

姓名：_____

地址：_____

联系电话：_____

你从哪里听说我们这个项目的？

时间：

1. 一般来说，从周一到周五，你哪一天没有空余的时间？

_____

2. 从×月×日到×月×日之间，你要外出吗，要多长时间？

_____

健康状况：

1. 你有下列情况吗？

假牙 _____

糖尿病 _____

口腔或牙龈疾病 _____

低血糖 _____

食物过敏 _____

高血压 _____

2. 你是否在服用对感官有影响的药物，尤其对味觉和嗅觉？

_____

饮食习惯：

1. 你目前正在限制饮食吗？如果有，是哪一种食物？

_____

2. 你每个月有几次外出就餐？ _____

3. 你每个月有几次只吃速冻食品？ _____

4. 你每个月吃几次快餐？ _____

5. 你最喜欢的食物是什么？ _____

6. 你最不喜欢的食物是什么？ _____

7. 你不能吃什么食物？ _____

8. 你不愿意吃什么食物？ _____

9. 你认为你的味觉和嗅觉的辨别能力如何

	嗅觉	味觉
高于平均水平	_____	_____
平均水平	_____	_____
低于平均水平	_____	_____

10. 你目前的家庭成员中有人在食品公司工作吗？ _____

_____

11. 你目前的家庭成员中有人在广告公司或市场研究机构工作吗？ _____

_____

风味小测验：

1. 如果一种配方需要橘子香味物质，而手头又没有，你会用什么来替代？

_____

2. 还有哪些食物吃起来感觉像酸奶？

_____

3. 为什么往肉汁里加咖啡会使其风味更好？

_____

4. 你怎样描述风味和香味之间的区别？

_____

5. 你怎样描述风味和质地之间的区别？

_____

6. 用于描述啤酒的最合适的词语（一个字或两个字）？

_____

7. 请对酱油的风味进行描述。

_____

8. 请对可乐的风味进行描述。

9. 请对香肠的风味进行描述。

_____

10. 请对苏打饼干的风味进行描述。

_____

7.5.2 口感、质地品评人员筛选调查表举例

个人情况：

姓名：_____

地址：_____

联系电话：_____

你从哪里听说我们这个项目的？

_____

时间：

1. 一般来说，从周一到周五，你哪一天没有空余的时间？

_____

2. 从×月×日到×月×日之间，你要外出吗，要多长时间？

_____

健康状况：

1. 有下列情况吗？

假牙_____

糖尿病_____

口腔或牙龈疾病_____

低血糖_____

食物过敏_____

高血压_____

2. 是否在服用对感官有影响的药物，尤其对味觉和嗅觉？

_____

饮食习惯：

1. 你目前正在限制饮食吗？如果有，是哪一种食物？

_____

2. 你每个月有几次外出就餐？_____

3. 你每个月有几次只吃速冻食品？_____

4. 你每个月吃几次快餐？_____

5. 你最喜欢的食物是什么？_____

6. 你最不喜欢的食物是什么？_____

7. 你不能吃什么食物？_____

8. 你不愿意吃什么食物？_____

9. 你认为你的味觉和嗅觉的辨别能力如何

	嗅觉	味觉
高于平均水平	_____	_____
平均水平	_____	_____
低于平均水平	_____	_____

10. 你目前的家庭成员中有人在食品公司工作吗？_____

11. 你目前的家庭成员中有人在广告公司或市场研究机构工作吗？＿＿＿＿＿＿＿＿＿＿

质地小测验：

1. 你如何描述风味和质地之间的不同？＿＿＿＿＿＿＿＿＿＿＿＿＿＿＿＿＿＿

2. 请在一般意义上描述一下食品的质地。＿＿＿＿＿＿＿＿＿＿＿＿＿＿＿＿

3. 请描述一下咀嚼食品时能够感到的比较明显的几个特性。＿＿＿＿＿＿＿＿＿

4. 请对食品当中的颗粒做一下描述。＿＿＿＿＿＿＿＿＿＿＿＿＿＿＿＿＿＿

5. 描述一下脆性和易碎性之间的区别。＿＿＿＿＿＿＿＿＿＿＿＿＿＿＿＿＿

6. 马铃薯片的质地特性是什么？＿＿＿＿＿＿＿＿＿＿＿＿＿＿＿＿＿＿＿＿

7. 花生酱的质地特性是什么？＿＿＿＿＿＿＿＿＿＿＿＿＿＿＿＿＿＿＿＿＿

8. 麦片粥的质地特性是什么？＿＿＿＿＿＿＿＿＿＿＿＿＿＿＿＿＿＿＿＿＿

9. 面包的质地特性是什么？＿＿＿＿＿＿＿＿＿＿＿＿＿＿＿＿＿＿＿＿＿＿

10. 质地对哪一类食品比较重要？＿＿＿＿＿＿＿＿＿＿＿＿＿＿＿＿＿＿＿＿

7.5.3 香味品评人员筛选调查表举例

个人情况：

姓名：＿＿＿＿＿＿＿＿＿＿＿＿＿＿＿＿＿＿＿＿＿＿＿＿＿＿＿＿＿＿＿

地址：＿＿＿＿＿＿＿＿＿＿＿＿＿＿＿＿＿＿＿＿＿＿＿＿＿＿＿＿＿＿＿

联系电话：＿＿＿＿＿＿＿＿＿＿＿＿＿＿＿＿＿＿＿＿＿＿＿＿＿＿＿＿＿

你从哪里听说我们这个项目的？＿＿＿＿＿＿＿＿＿＿＿＿＿＿＿＿＿＿＿＿

时间：

1. 一般来说，从周一到周五，你哪一天没有空余的时间？

＿＿＿＿＿＿＿＿＿＿＿＿＿＿＿＿＿＿＿＿＿＿＿＿＿＿＿＿＿＿＿＿＿＿

2. 从×月×日到×月×日之间，你要外出吗，要多长时间？

＿＿＿＿＿＿＿＿＿＿＿＿＿＿＿＿＿＿＿＿＿＿＿＿＿＿＿＿＿＿＿＿＿＿

健康状况：

1. 你有下列情况吗？

　鼻腔疾病＿＿＿＿＿＿＿＿＿＿＿＿＿＿＿＿＿

　低血糖＿＿＿＿＿＿＿＿＿＿＿＿＿＿＿＿＿＿

　过敏＿＿＿＿＿＿＿＿＿＿＿＿＿＿＿＿＿＿＿

　经常感冒＿＿＿＿＿＿＿＿＿＿＿＿＿＿＿＿＿

2. 你是否在服用一些对感官，尤其是对嗅觉有影响的药物？

＿＿＿＿＿＿＿＿＿＿＿＿＿＿＿＿＿＿＿＿＿＿＿＿＿＿＿＿＿＿＿＿＿＿

日常生活习惯：

1. a. 你使用香水吗？_____
   b. 如果用，是什么牌子？_____

2. a. 你喜欢带香味还是不带香味的香皂、洗涤剂或纤维软化剂？_____
   b. 原因_____

3. 请列出你喜欢的香味产品_____
   它们的牌子_____

4. 请列出你不喜欢的香味产品_____
   它们的牌子_____

5. a. 哪些气味让你感到恶心？_____
   b. 怎么恶心？_____

6. 你喜欢哪些气味、味道或香气？_____

7. 你认为你辨别气味的能力是
   高于平均水平_____平均水平_____低于平均水平_____

8. 你目前的家庭成员中是否有人在香皂、食品、个人用品公司或广告公司工作？_____如果有，
   是哪一家？_____

9. 品评人员在品评期间不能用香水，在品评小组成员集合之前 1h 不能吸烟，如果你被选为品评人员
   你愿意遵守以上规定吗？_____

香气测验：

1. 如果某种香水类型是"花香"，你还可以用什么词汇来描述它？
   _____

2. 哪些产品具有植物气味？
   _____

3. 哪些产品有甜味？
   _____

4. 哪些气味与"干净"、"新鲜"有关？
   _____

5. 你怎样描述水果味和柠檬味之间的不同？
   _____

6. 你用哪些词汇来描述男用香水和女用香水的不同？
   _____

7. 哪些词语可以用来描述一篮子刚洗过的衣物的气味？
   _____

8. 请你描述一下面包坊里的气味。
   _____

9. 请你描述一下一种液体厨具洗涤剂的气味。
   _____

10. 请你描述一下块状香皂的气味。
    _____

11. 请你描述一下地下室的气味。
    _____

12. 请你描述一下麦当劳快餐店里的气味。
    _____

7.5.4 标度练习举例

有的感官检验对品评员对感官性质定量的能力要求比较高，通过下面的标度练习可以筛选品评员，也可以作为培训的一项内容，这一项可以和前面的筛选调查表（7.5.1、7.5.2、7.5.3）结合使用。

进行这项练习，一般要求在右边的直线上标记出能够代表左侧阴影面积的比例的位置。

例：

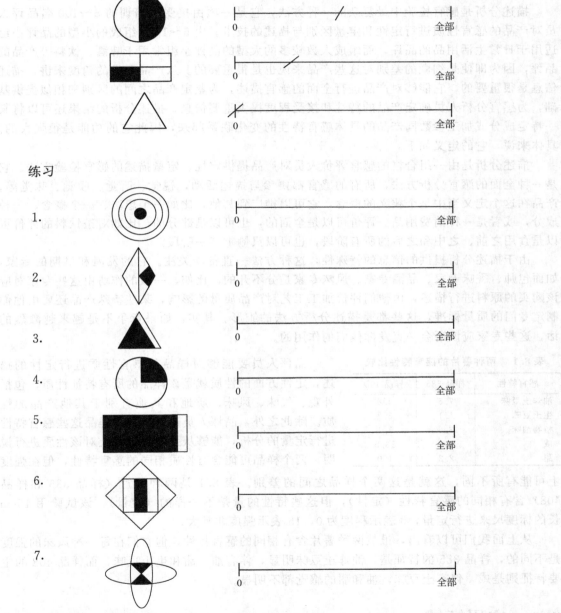

练习

以上练习参考答案为：1：1/8；2：1/6；3：7/8；4：1/4；5：7/8；6：1/8；7：1/8。具体使用时，可以根据实际要求，选择合适的图形进行练习，也可以自行设计图形。需要说明的是，并不是所有的筛选工作都需要标度测验这一步骤。

8 描 述 分 析

描述分析是感官检验中最复杂的一种方法，它是一项由接受过培训的 5～100 名品评人员对产品的感官性质进行定性和定量区别与描述的技术。由 5～10 人组成的小型的品评小组适用于日常生活用品的品评，而组成人数较多的大型的品评小组常用于啤酒、饮料等产品的品评，因为即使是细微的差别对这些产品来说也是很重要的。从产品开发的角度来讲，描述信息是很重要的，它能够对产品进行全面的感官描述，为鉴定产品之间的区别和相似提供基础，为感官分析人员确定产品的特性和接受程度提供重要信息。描述分析的结果还可以将某一特定成分或加工参数同产品的具体感官特性的变化联系起来，因此它的功能是很强大的。具体来说，它的定义如下。

描述分析是由一组合格的感官评价人员对产品提供定性、定量描述的感官检验方法。它是一种全面的感官分析方法，所有的感官都要参与描述活动，视觉、听觉、嗅觉、味觉等。产品在这个定义当中是个狭义的概念，它可以推广到其他，比如一个想法、一个概念、一种成分，或者是一种消费用品。评价可以是全面的，也可以是部分的，比如对茶饮料的评价可以是食用之前、之中和之后的所有阶段，也可以只侧重某一阶段。

由于描述分析提供的信息的特殊性，这种方法一直备受关注。它的发展和早期的专家，如面包师、香味专家、品酒专家、风味专家是分不开的，比如，一般的作坊由这些专家对应该购买的原料进行描述，由他们评价加工工艺对产品质量的影响，某些特殊产品还要由他们制定专门的质量标准，这些都是描述分析方法的雏形。其实，如果竞争不是越来越激烈的话，这些专家应该还会一直发挥他们的作用的。

表 8.1　两种薯片的感官特性比较

感官特性	样品 385	样品 408
油炸土豆味	7.5	4.8
生土豆味	1.1	3.7
植物油味	3.6	1.1
咸	6.2	13.5
甜	2.2	1.0

品评人员要能够对样品的感官性质进行定性的描述，定性方面的性质就是该样品的所有特征性质，包括外观、气味、风味、质地和其他有别于其他产品的性质。除此之外，品评人员还要能够对样品这些感官特性进行定量的分析，能够从强度或程度上对该性质进行说明。两个样品可能含有性质相同的感官特性，但在强度上可能有所不同，这就是这两个样品之间的差别。表 8.1 是两种薯片（样品 385 和样品 408）含有相同的感官特性（定性），但这些特性的量是不一样的（定量），该试验用 15cm 长的标度尺来进行定量，0 表示程度为 0，15 表示强度非常大。

从上面我们可以看出，虽然两种薯片含有相同的感官特性，但它们在每一种风味的强度是不同的，样品 385 的特征是，油炸土豆味明显，伴有油、甜和生土豆味，而样品 408 的主要特征则是咸，伴有土豆味，油和甜的感觉都不明显。

8.1　应用领域

通过描述分析可以得到产品香气、风味、口感、质地等方面详细的信息，具体来说，这种研究方法应用在以下方面：

① 为新产品开发确定感官特性；

② 为产品质量控制确定标准；

③ 为消费者试验确定需要进行评价的产品感官特性，帮助设计问卷，并有助于试验结果的解释；

④ 对储存期间的产品进行跟踪评价，有助于产品货架期和包装材料的研究；

⑤ 将通过描述分析获得的产品性质和用仪器测定得到的化学、物理性质进行比较；

⑥ 测定某些感官性质的强度在短时间内的变化情况，如利用"时间-强度分析"法。

8.2　描述分析的组成

（1）性质——定性方面　对产品性质进行描述的"感官参数"的叫法有许多，比如性质、特征、指标、描述性词汇或术语等。

这些定性因子包括用于描述产品的感官性质的一切词汇，需要明确的一点是，如果品评人员没有接受过培训的话，他们会对同一个词语有着非常不同的理解。这些感官特性的选择和对这些特性给出的定义一定要和产品真正的理化性质相联系，因为对产品理化性质的理解会有助于这些描述性的数据的解释和结论的得出。下面是几种不同的描述所包含的因素。

① 外观

a. 颜色（色彩、纯度、一致性、均匀性）。

b. 表面质地（光泽度、平滑/粗糙度）。

c. 大小和形状（尺寸和几何形状）。

d. 内部片层和颗粒之间的关系（黏性、成团性、松散性）。

② 气味

a. 嗅觉感应（香草味、水果味、花香、臭鼬味）。

b. 鼻腔感觉因子（凉的、激性的）。

③ 风味

a. 嗅觉感应（香草味、水果味、花香、臭鼬味、巧克力味、酸败味）。

b. 味觉感应（咸、甜、酸、苦）。

c. 口腔感觉因素（热、凉、焦煳感、涩、金属味）。

④ 口感、质地

a. 机械参数：产品对作用力的反应（硬度、黏度、变形性/脆性）。

b. 几何参数：大小、形状和颗粒在产品内部的分布、排列（小粒的、大粒的、成片的、成条的）。

c. 脂肪/水分参数：脂、油、水分的多少，它们的游离或被吸附的状态（油的、腻的、多汁的、潮的、湿的）。

如前面提到的一样，描述分析试验的有效性和可靠性取决于：

a. 恰当选择词汇，一定做到对风味、质地、外观等感官特性产生的原理有全面的理解，正确选择进行描述的词汇；

b. 全面培训品评人员，使品评人员对所用描述性词汇的理解和应用是一致的；

c. 合理使用参照词汇表，保证试验的一致性。

（2）强度——定量方面　描述分析的强度或定量性表达了每个感官特性（词汇/定性因素）的程度，这种程度通过一些测量尺度的数值来表示，这种数值的有效性和可靠性取决于以下方面：

a. 选用的尺度的范围要足够宽，可以包括该感官性质的所有范围的强度，同时精确度要足够高，可以表达两个样品之间的细小差别；

b. 对品评人员进行全面培训，熟悉掌握标尺的使用；

c. 参照标尺的使用，不同的品评人员在不同的品评中，参照标尺的使用要一致，才能保证结果的一致性。

描述分析中常用的标度有以下三种：

a. 类别标度：描述分析中常用的类别是从 0 到 9；

b. 线型标度：也和类别标度一样常用，优点是能够更加精确地表示强度，但缺点是重复性不是很好，因为要记住标尺上的准确位置不像记数字那么容易；

c. 量值估计标度。

（3）呈现的次序——时间方面　在品评时，除了考虑样品的感官特性和这些特性的强度之外，品评人员还能够将产品之间的这些差别按照一定的顺序识别出来。和口腔、皮肤、纤维质地等有关的物理特性出现的次序通常和样品被处理的方式有关，也就是和品评员给予样品的力有关。通过控制施力的方式，比如咀嚼或用手挤碎，品评员一次只能使有限的几个感官特性表现出来（硬度、稠密性、变形性）。然而，由于化学因素（气味和风味）的存在，样品的化学组成和它的一些物理性质（温度、体积、浓度）可能会改变某些性质被识别的顺序。在某些产品中，比如饮料，它的感官特性出现的顺序就能够说明该产品当中含有的气味和风味及其强度情况。

按顺序出现感官特性也包括后/余味和后/余感，就是产品被品尝或触摸之后仍然留有的感觉，它们也是重要的感官特性，有时在对产品的描述当中会出现与后/余味和后/余感有关的性质，这并不一定代表产品本身有缺点，比如，漱口液或口香糖的残留凉爽感就是我们想要的品质，而另一方面，如果可乐饮料有金属残余味则表明存在包装污染问题或某种特殊甜味剂有问题。

（4）总体感觉——综合方面　除了能对产品的性质进行定性、定量的区别和描述之外，品评人员还要能够对产品的性质做出总体评价，进行总体评价通常有以下四个方面。

a. 气味和风味的总强度　对所有气味成分（能够感觉到的挥发性成分）或所有风味的总体强度的测量，包括气味、滋味和与风味有关的感觉因素。这样的品评对于确定产品的气味或风味的强度消费者试验十分有用，因为消费者并不理解受过培训的品评人员使用的那些用来描述气味和风味词汇，他们只能给出他们认为的产品的总体气味或风味的强度。而评价质地时，通常不使用"总体质地"，而是对质地进行细化。

b. 综合效果　即一种产品当中几种不同的风味物质相互作用的效果。这种评价工作通常只有程度比较高的品评人员才能完成，因为进行这种评价要有对各种风味物质在体系中的存在、在混合体系当中的相对强度以及它们在体系当中的协调情况有着全面、综合的理解，而这种理解能力的获得一半靠天分，一半靠后天学习，所以说，这种评价是很难的。在应用时也要注意，因为对于有的产品来说，一个混合的口味并不可取，还是突出某种口味更好一些。

c. 总体差别　许多生产企业经常要确定样品和参照样或标准样之间是否存在差别，而描述分析可以为产品之间差异提供更详细的信息，比如哪些感官特性之间存在差异，差异的程度是多少等。

　　d. 喜好程度分级　即在所有的描述工作结束之后，要求品评员回答对产品的喜好情况。但在一般情况下是不建议这样做的，因为经过培训之后，品评员已经不再是普通的消费者，他们的喜好情况已经不是培训之前的状态，他们不再能够代表任何一种人群，因此他们的喜好是没有什么实际意义的。

8.3　常用的描述分析方法

　　在过去的 50 年中，许多描述分析方法得到了发展，其中一些作为标准方法一直延续至今。下面介绍一些比较常用的方法，但描述分析方法并不仅于此，也不是说只有这些方法才能使用，每个感官分析工作者都可以根据实际需要选择甚至发明其他的描述分析方法。有人将描述分析法作如下分类，见表 8.2。

表 8.2　描述分析方法分类

定　性　法	定　量　法
风味剖析法	质地剖析法
	QDA 法（定量描述分析法）
	系列分析法
	自由选择剖析法

8.3.1　风味剖析法

　　风味剖析法（Flavor Profile）由 Arthur D. Little，Inc. 于 20 世纪 40 年代建立起来的，它是惟一正式的定性描述分析方法，可能也是最广为了解的感官品评方法。

　　进行该分析的品评小组由 4～6 名受过培训的品评人员组成，对一个产品的能够被感知到的所有气味和风味，它们的强度、出现的顺序以及余味进行描述、讨论，达成一致意见之后，由品评小组组长进行总结，并形成书面报告。

　　品评人员通过味觉、味觉强度、嗅觉区别和描述等试验进行筛选，然后进行面试，以确定品评人员的兴趣、参加试验的时间以及是否适合进行品评小组这种集体工作。

表 8.3　风味剖析法的最初强度评估方法

评估用符号	代表意义
0	没有
)(	阈值（刚刚能感觉到）
1	轻微
2	中等
3	强烈

　　培训时，要提供给品评人员足够的产品参照样品及单一成分参照样品，使用合适的参比标准，有助于提高描述的准确度。品评人员对样品品尝之后，将感知到的所有风味特征，按照香气、风味、口感和余味分别记录，几次之后，进行讨论，对形成的词汇进行改进，最后由品评人员共同形成一份供正式试验使用的带有定义的描述词汇表。最初风味强度的评估是按照表 8.3 的形式进行的，但后来，数值标度被引入了风味剖析当中，人们开始使用 7 点或 10 点风味剖面强度标尺，但也有人使用 15 点或更多点的标度方法。

　　品评时，品评人员围坐在圆桌旁，单独品评样品，一次一个，对样品所含的气味和风味感官特性、特性强度、出现顺序和余味进行评价，记录结果。品评时就某一个产品可以要求提供更多的样品，但已经品评完的样品不能够回过头去再次品评。每个人的结果最后都交给品评小组组长，由他带领其他品评人员进行讨论，综合大家的意见，对每个样品都形成一份经商讨而决定的结果，包括该样品所含有的感官特性、强度、出现顺序和余味。

　　这种方法中，品评小组组长的地位比较关键，他应该具有对现有结果进行综合和总结的能力。为了减少个人因素的影响，有人认为品评小组的组长应该由参评人员轮流担任。

　　风味剖析法的优点是方便快捷，品评的时间大约为 1h，由参评人员对产品的各项性质进行评价，然后得出综合结论。该方法的结果不需要进行统计分析。为了避免试验结果不一致或重复性差，可以加强对品评人员的培训，并要求每个品评人员都使用相同的评价方法。这种方法存在的几个不足之处主要有：品评小组的意见可能被小组当中地位较高的人或具有"说了算"性格的人所左右，而其他品评人员的意见则得不到体现；风味剖析法对品评人员的筛选并没有包括对特殊气味或风味的识别能力的测试，而这种能力对某些产品是非常重要的，因此可能会对试验有所影响。下面我们来看3个使用不同强度标度方法的例子。

【例1】 添加磷酸三钠会提高肉制品的口感，抑制氧化的发生，从而减少氧化味道，但可能产生其他不良口味，为了确定某火鸡肉馅饼添加了0.4%的磷酸三钠后的口味，现对该制品进行风味剖析评价。

样品：略。

品评员：品评小组由8名受过培训并有过相关试验经验的人员组成，由于他们已经受过类似培训，所以只在试验前进行2h左右的简单培训，主要就可能出现的风味进行熟悉。

试验步骤：使用标度：)(＝阈值；1＝轻微；2＝中等；3＝强烈。以上标识后面跟＋和－表示高于或低于，比如2＋表示高于中等强度，但还达不到强烈的程度。所有品评人员围坐在圆桌旁，先由每个人对所有样品就存在风味、出现顺序及风味强度进行评价，然后大家一起讨论。连续几天重复以上过程，直到所有的品评员对样品风味、风味出现顺序和强度达成一致意见，最后，再对样品进行最后一次正式试验，以确保大家的意见没有出入。

试验结果：大家形成的描述词汇、定义及参照物见表8.4，产品最终的风味剖析见表8.5。

表8.4 添加了磷酸三钠的火鸡肉馅饼的风味描述词汇、定义及参照物

风 味	定 义	参 照 物
蛋白质味	明确的蛋白质的味道（如奶制品、肉类、大豆等），而不是碳水化合物或脂类的味道	
肉类味	明确的瘦肉组织的味道（如牛肉、猪肉、家禽），而不是其他种类的蛋白质的味道	
血清味	与肉制品当中的血有关的味道，通常和金属味一同存在	用微波炉将新鲜的鸡大腿加热，使其内部温度达到50℃的味道＝2
金属气味	将氧化的金属器具（如镀银勺）放入口中的气味	
金属感觉	将氧化的金属器具（如镀银勺）放入口中的感觉	0.15%硫酸亚铁溶液＝2
家禽味	明确的家禽肉类的味道，而不是其他种类的肉	用微波炉将新鲜的鸡大腿加热到80℃的味道＝2
肉汤味	煮制的非常好的肉类汁液的味道，如果能够分辨出哪一种肉，可以标明××肉汤	Swanson牌子的鸡肉汤的味道＝1
火鸡味	明确的火鸡肉，而不是其他种类的家禽肉的味道	用微波炉将新鲜的火鸡大腿加热到80℃的味道＝2
器官部位肉味	器官组织，而不是鸡肉组织的肉的味道，比如心脏或胗（胃），但不包括肝	用清水在小火下将鸡心完全煮熟然后切碎的味道＝2
苦味	基本味道之一	0.03%咖啡因溶液＝1

【例2】 对市售主要淡水鱼进行风味研究。

样品：将6种市售淡水鱼（虹鳟、鳕鱼、草鱼、银鲑、河鲶、大口鲈鱼）切片、烤制。各种鱼的规格和烤制温度、步骤皆相同，具体操作略。

表 8.5　火鸡馅饼的风味剖析结果

风　味	强　度	风　味	强　度
蛋白质	2—	火鸡味	1
肉类	1	器官部位肉味	1—
血清	1	金属（气味和感觉）	1
		苦味	)(
金属（气味和感觉）	1—	余味	
家禽味	1+	金属感觉	2—
肉汤味	1—	家禽味	1—
		火鸡味	)(+
		器官部位肉味	)(+

品评员：品评小组由 5 名受过培训并有过类似品评经验的品评人员组成，在正式试验前进行大约 5h 的简单培训，以熟悉可能出现的各种风味词汇。

试验步骤：试验使用 1～10 点标度，1＝阈值，10＝强度非常大，没有使用 0，因为如果风味强度为 0，则该风味不会被觉察到，即不会出现。所有品评人员围坐在圆桌前，首先进行单独品尝，每人按相同大小咬一口样品，就风味、风味出现顺序、风味强度记录，样品吞咽下 60s 后进行余味的评价。单独品尝结束之后，进行小组讨论，每种鱼要进行 3～6 次为期 1h 的评价，达成一致后，形成最终风味剖析结果。

试验结果：大家形成的描述词汇、定义及参照物见表 8.6，各种鱼的最终的风味剖析结果见表 8.7。

表 8.6　各种淡水鱼的风味描述词汇、定义及参照物

风　味	定　义	参　照　物
总体风味	风味的总体感觉，包括对风味的印象、风味的持续性以及各种风味之间的平衡和混合情况	
涩　味	化学感觉的一种，表现为口感收敛、干燥	0.1%的明矾溶液＝7
苦　味	基本感觉之一	0.03%的咖啡因溶液＝3
玉米味	罐装甜玉米的典型风味	Libby's 牌子的罐装玉米＝10
奶制品	牛奶制品的味道	牛奶（乳脂肪 2%）＝6
腐败的植物味	腐败植物的霉味	将新鲜的绿色玉米外壳放入密闭容器中，在室温下放置 1 周的味道
土腥味	生马铃薯或潮湿的腐殖土壤的轻微的发霉的味道	生蘑菇＝8，切片的爱尔兰白色马铃薯＝6
鱼　油	市售鱼油、罐装沙丁鱼或（鳕）鱼肝油的味道	Rugby 牌子的（鳕）鱼肝油＝10，1 个胶囊装的鳕鱼肝油（Rugby）＋20mL 的大豆油＝3
鲜　鱼	煮熟的新鲜鱼的味道	试验前 1h 装瓶的 Elodea（一种水生植物）的味道＝7
金属味道	将氧化银或其他氧化金属器具放入口中的味道	
金属感觉	将氧化银或其他氧化金属器具放入口中的口感	0.15%的硫酸亚铁溶液＝3
坚果/奶油	切碎的坚果味，如核桃或熔化的奶油味	去壳的核桃＝9
油　味	大豆油的气味	大豆油的气味＝4
咸　味	基本味道之一	0.2% NaCl 的水溶液＝2，0.5%NaCl 的水溶液＝5
甜　味	甜的物质，如花、成熟的水果、焙烤制品的味道	C&H 牌子的红糖的味道＝8
白肉味	明确的白色瘦肉组织的肉的味道，而不是其他类型的肉或蛋白质	在微波炉中加热到 80°C 的鸡胸肉的味道＝2

表 8.7　各种鱼的风味剖析结果[①]

红鳟		鳕鱼		草鱼		银鲑		河鲶		大口鲈鱼	
风味	强度	风味	强度	风味	强度	风味	强度	风味	强度	风味	强度
总体风味	7	总体风味	9	总体风味	6	总体风味	8	总体风味	8	总体风味	6
咸味	2	咸味	1	鲜鱼味	5	鲜鱼味	6	咸味	1	咸味	2
鲜鱼味	7	鲜鱼味	7	土腥味	3	鱼油味	3	鲜鱼味	7	鲜鱼味	5
鱼油味	5	白肉味	7	金属味	3	咸味	2	土腥味	6	土腥味	2
白肉味	5	甜味	3	金属感觉	3	苦味	3	腐败的	1	白肉味	5
坚果/奶	4	玉米味	3	白肉味	7	金属味	3	植物味		坚果/奶	2
油味		奶制品味	3	坚果/奶	4	金属感觉	4	玉米味	3	油味	2
甜味	2	坚果/奶	5	油味	2	酸味	2	甜味	3	甜味	2
金属味	3	油味		苦味	2	白肉味	6	坚果/奶	5	金属味	2
金属感觉	2	油味	5			坚果/奶		油味		金属感觉	2
涩味	2	金属味	5			油味		白肉味	4		
		金属感觉	2			甜味		油味	4		
						油味	3	苦味	1		
								酸味	1		
								金属感觉	1		
余　味		余　味		余　味		余　味		余　味		余　味	
鱼油	3	鲜鱼味	4	白肉味	3	鲜鱼味	3	土腥味	2	鲜鱼味	3
鲜鱼	3	白肉味	4	金属味	2	白肉味	3	鲜鱼味	2	白肉味	2
金属感觉	2	金属味	1	金属感觉	2	金属味	2	金属感觉	1	金属味	1
涩味	1					金属感觉	2	涩味	2		
金属味	1					苦味	2				

① 1＝阈值，10＝强度非常大。

【例3】　某食品公司将他们目前生产的含有青刀豆和奶酪的卷饼和市场上畅销的该类卷饼进行了风味剖析试验，包括风味特征、出现顺序和相对强度。

样品：略。

品评人员：略。

试验步骤：使用15点标度法对强度进行标度，1＝阈值，15＝强度极大。递增单位为0.5。其他步骤同例1和例2。

试验结果：风味剖析结果见表8.8（风味描述词汇、定义及参照物略）。

表 8.8　两种含有青刀豆和奶酪的卷饼的风味剖析结果

公司目前产品			市场畅销产品			公司目前产品			市场畅销产品		
序号	风味指标	强度	序号	风味指标	强度	序号	风味指标	强度	序号	风味指标	强度
1	总体风味	8.0	1	总体风味	11.0	10	红辣椒味	2.5	10	小麦味	5.0
2	热油味	7.0	2	总体辣味	5.0	11	加工奶酪味	2.5	11	烘烤味	4.0
3	总体辣味	4.0	3	牛至味	3.0	12	尖椒味	2.5	12	加工奶酪味	2.5
4	小茴香味	3.0	4	龙蒿味	2.0	13	油腻味	3.0	13	尖椒味	2.0
5	肉味	5.0	5	姜黄味	2.0	14	烧烤味	2.5	14	烧烤味	5.5
6	斑豆味	10.0	6	黑胡椒味	2.5	15	咸味	7.0	15	咸味	8.0
7	小麦味	4.0	7	鸡肉味	5.0	16	酸味	2.5	16	酸味	2.5
8	面团味	4.5	8	斑豆味	4.0	17	苦味	3.0	17	苦味	2.5
9	新鲜洋葱味	4.0	9	干洋葱味	3.0						

注：牛至和龙蒿均为有特殊香味的草本植物。

从上面的结果可见，无论从产品的各种风味还是风味出现的顺序来看，该公司目前产品和市场该类畅销产品之间都是存在差别的。从总体风味的差别可以看出，目前产品与畅销产品相比，风味平淡，特点不够突出，而且有热油味道。市场畅销产品的特点是有香气的草本植物的味道比较浓，如牛至、龙蒿、姜黄、黑胡椒等。目前产品有生面团的味道，而畅销产品没有生面团味，而有烘烤味道。

从收集到的资料来看，10 年以前还有人使用风味剖析法，但由于该方法的结果不进行统计分析，现在使用的人已经越来越少了。可以将这种方法同后面要讲到的系列描述方法结合起来使用。

8.3.2 质地剖析法

国际标准组织将食品质地定义为：通过机械、触觉、视觉和听觉感受器所感受到的产品的所有流变学和结构（几何和表面上的）上的特性（ISO，1981）。这个定义包含的内容有下面几个：

① 质地是一种感官性质，只有人类才能够感知并对其进行描述，质地测定仪器能够检测并定量表达的仅是某些物理参数，要想使它们有意义，必须将其转变成相应的感官性质；

② 质地是一种多参数指标，它包括很多方面，而不只是某一项性质；

③ 质地是从食品的结构衍生出来的；

④ 质地的体会要通过多种感受，其中最重要的是接触和压力。

虽然不能像颜色和风味那样可以被消费者作为判断食品安全的指标，质地却可以用来表示食品质量，在一些食品当中，能被人感知到的质地是产品最重要的感官特征，对这些产品而言，能够感知到的质地上的缺陷会对产品产生很负面的影响，比如，湿乎乎的薯片、软塌塌的炸牛排、发蔫的青椒，没有一个消费者愿意购买这样的产品，因此，对消费者来讲，食品质地也是十分重要的。

从分类上讲，质地可分为听觉质地、视觉质地和触觉质地。听觉质地有脆性和易碎感，脆性一般是指含水分的食品，比如水果、蔬菜，而易碎感是指干的食品，比如饼干、薯片。视觉质地是指食品的表面质地，如粗糙度、光滑度，也包括一些表面特征，如光泽度、孔隙大小多少等。品评人员可以根据自己以往的经验通过视觉对产品做出质地评价，有实验表明，通过口腔接触来对蛋糕的水分进行的评价和蛋糕表面切开的视觉评价之间相关性是很高的。触觉质地包括口腔触觉质地（食品的大小、形状）、口感、口腔中的相变化（即熔化，如冰激凌和巧克力）和触觉手感。

质地剖析法（Texture Profile）从时间上来讲，是在风味剖析法之后另一个具有重要意义的描述方法。在风味剖析法的原理基础上，质地剖析法由通用食品公司的"产品评价和质地技术组"于 20 世纪 60 年代创立。Brandt 和他的同事将质地剖析法定义为：是对食品质地、结构体系从其机械、几何、脂肪、水分等方面的感官分析，分析从开始咬食品到完全咀嚼食品所感受到的以上这些方面的存在程度和出现的顺序，具体来说有下面几个阶段，第一，咀嚼之前；第二，咬第一口；第三，第一次咀嚼；第四，咀嚼；第五，剩余阶段。也有人将其简化为，咬第一口，咀嚼和剩余阶段。早期对质地评价涉及的活动概括如图 8.1。

Szczesniak，这位美国食品质地领域的女元老创立了一种质地分类系统，将消费者常用的质地描述词汇和产品流变学特性联系起来，将产品能被感知到的质地特征分为 3 类，即力学特征、几何特征和其他特征（主要指食品的脂肪和水分含量），形成了质地剖析法的基础（表 8.9）。

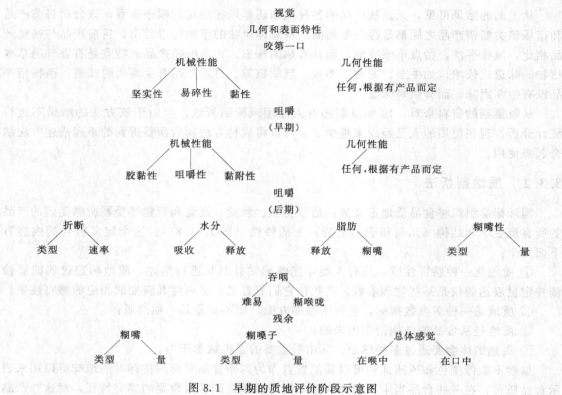

图 8.1　早期的质地评价阶段示意图

表 8.9　描述质地的词汇

机械特性			几何特性		其他特性		
主要特征	次要特征	常用词汇	分　类	举　例	主要特征	次要特征	常用词汇
硬度		柔软、坚实、硬	a. 颗粒形状和大小	粗糙的、颗粒状的、沙粒状的	含水量		干燥、湿润、潮湿、水淋淋的
黏着性	易碎程度	易碎的、易碎程度	b. 颗粒形状和排列	细胞状的、晶状的、纤维状的	脂肪含量	油性	油的
	咀嚼性	柔软度、坚韧的				脂性	腻的
	胶质性	短的、粉状的、软弱的、胶状的					
弹性		有塑性的、有弹性的					
黏度		稀的、稠的					

　　在发展这种方法的时候，为了降低品评人员之间的差异，使用了特定参照物作为标尺，还固定了每个术语的范围和概念，比如，硬度标度测定的是臼齿之间对产品的压力，并明确评价的具体方法（参见 8.3.6）。质地剖析法的标度有各种长度，如咀嚼标度的 7 点法、胶质标度的 5 点法、硬度标度的 9 点法，还有 13 点法、14 点法、15 点法等，除此之外，还有最近使用的类别标度、线性标度和度量估计标度，具体方法根据试验的具体情况而定。特定的标尺、参照物和对术语的定义是质地分析的 3 个重要工具。

　　品评人员的筛选要通过质地差别的识别试验，然后进行面试。培训时使用足够的样品和参照物,并向品评人员讲授一些该试验涉及的质地知识原理,比如什么是脆性,它的产生原理,如何作用能够得到这个参数等,通过这个学习可以使品评人员掌握规范一致的测量各种质地的方法,这样一来,随后的讨论也会进行得很顺利,从而确定出合适的描述词汇及其定义和品评的方法。培训中使用的参照尺度可以在正式试验中使用,这样也会减少品评结果的不一致性。同风味剖析法一样,进行质地剖析的品评员也要对选择的描述词汇进行定义,同时规定样品品尝的具体步骤。试验结果的得出方式有两种,最初是同风味剖析法一样,由大家讨论得出,这种方式就不需要准备共同使用的描述词汇表,试验结果是多次集体品尝、讨论的结果;而后来的情况发展成,在培训结束之后形成大家一致认可的描述词汇、定义,供进行正式评价用,正式评价时由每个品评员单独品尝,最后通过统计分析得到结果,从收集到的资料来看,采用统计分析得到最后结果的占多数。

【例 4】 对"风味剖析法"中的例 2 的淡水鱼进行质地研究。

样品:同例 2。

品评员:品评小组由 5 名受过培训并有过类似品评经验的品评人员组成,在正式试验前进行大约 5h 的简单培训,对各种参照物和可能出现的各种质地词汇进行熟悉。

试验步骤:使用 1~10 点标尺,1 表示刚刚感觉到,10 表示程度非常大。品尝时,首先对样品进行观察,然后咬第一口,评价口感,再咬第二口,评价各项指标出现的顺序,然后再咬 3 口来确定各项质地指标的强度。个人评价结束后,进行小组讨论。以上过程重复3~4 次,得出最终结果。

试验结果:质地描述词汇、定义、参照物见表 8.10,最终质地剖析结果见表 8.11。

表 8.10 部分淡水鱼的质地评价描述词汇、定义及参照物

质地指标	定 义	参 照 物
咀嚼次数	是样品在口腔中破碎速度的指标。按照 1 次/秒的速度咀嚼,只用一侧牙齿。每个品评员找出自己的咀嚼次数同 1~10 点标尺的对应关系	
食物团的紧凑性	咀嚼过程中,食物团聚集在一起(成团状)的程度	棉花软糖=3,热狗=5,鸡胸肉=8
纤维性	咀嚼过程中,肌肉组织成丝状或条状的感觉	热狗=2,火鸡=5,鸡胸肉=10
坚实性	将样品用白齿咬断所需的力	热狗=4,鸡胸肉=9
自我聚集力(口感)	将样品放在口腔中咀嚼,用舌头将丝状的样品分开所需的力	鸡胸肉=1,火鸡=6
自我聚集力(视觉/手感)	用工具,如叉子,将样品分成小块所需的力	火鸡=2,罐装金枪鱼=5
胶黏性	黏稠而又光滑的液体性质	Knox 牌的明胶水溶液=7
多汁性(起始阶段)——水分的释放	咬样品时释放出的水分情况	热狗=5
多汁性(中间阶段)——水分的保持性	咀嚼 5 次之后,食物团上的液体情况	火鸡=4,热狗=7
多汁性(终了阶段)——水分的保持和吸收情况	在吞咽之前,食物团上的液体情况	Nabisco 无盐苏打饼干=3,热狗=7
残余颗粒	咀嚼和吞咽结束之后,口腔中的颗粒情况,可能是颗粒状、片状或纤维状	蘑菇=3,鸡胸肉=8

注:参照样品的准备方法如下。

1. 鸡胸肉:新鲜鸡胸肉用微波炉加热到 80℃。

2. 火鸡:Dillons' 牌子的无盐、低脂鸡胸肉,切成 1.3cm 见方的小丁。

3. 明胶:1 勺 Knox 牌的明胶用 3 杯水溶解,冰箱过夜,室温呈送。

4. 热狗:热水煮 4min,切成 1.3cm 的片,温热时呈送。

5. 蘑菇:生的口蘑,切成 1.3cm 见方的小丁。

表 8.11　部分淡水鱼的质地剖析结果①

质地指标	红鳟	鳕鱼	草鱼	银鲑	河鲶	大口鲈鱼
自我聚集力（视觉/手感）	4	6	8	6	4	5
胶黏性	2	3	1~3	2	7	2
多汁性						
初始阶段	5	5	8	7	8	6
自我聚集力（口感）	6	7	9	6	8	6
坚实性	8	8	7	6	4	6
纤维性	7	6	8	8	4	8
多汁性						
中间阶段	5	5	8	7	8	6
食物团的紧凑性	7	6	8	8	7	7
多汁性						
终了阶段	3	4	8	5	7	5
残余颗粒	6	4	6	7	4	4
咀嚼次数	7	6	7	6	7	8

① 1＝刚刚感到，10＝强度极大。

【例5】　对3种乳清分离蛋白胶体进行质地评价。

样品：3种乳清分离蛋白胶体A，B，C（准备过程略）（原例中共16种产品，这里只选3种）。

品评员：从本系选取11名品评员（3名男性、8名女性），平均年龄在18～40岁之间，对质地剖析有过一定经验。

培训：在试验前，品评员接受10次每次为期1h的培训，培训用样品为能代表所有试验样品的各种胶体物质。首先由每个品评员对所提供样品进行品尝，形成一份描述词汇表及定义，然后大家一起讨论，在培训结束时，形成一份正式描述词汇及定义表（表8.12）。

表 8.12　乳清分离蛋白胶体的质地描述词汇及定义

质地指标	定　义
表面光滑度	在咀嚼之前舌头感受到的样品的光滑程度
表面滑度	在咀嚼之前舌头感受到的样品的滑溜溜的程度
弹性	样品在受到舌和上腭之间的部分挤压后恢复到原来形状的程度
可压缩性	样品在受到舌和上腭之间的挤压发生断裂之前变形的程度
坚实性	用白齿将样品咬断所需的力
水分释放	在用白齿对样品咬第一口时，样品中水分释放的程度
易碎性	在用白齿对样品咬第一口时，样品断裂成小碎片的程度
颗粒大小	在咀嚼8～10次之后，样品颗粒的大小
颗粒大小的分布	在咀嚼8～10次之后，样品颗粒大小的分布情况
颗粒形状	在咀嚼8～10次之后，不规则形状样品颗粒的存在程度
光滑性	在咀嚼8～10次之后，样品团的光滑程度
食物团的紧凑性	在咀嚼过程中，食物团聚集在一起的程度
样品断裂速度	样品断裂成越来越小部分的速度
粗糙感	在咀嚼过程中感到的样品的发渣性
黏着性	咀嚼过程中，样品粘牙的程度
湿度	完全咀嚼后，口腔中的水分含量
咀嚼次数	在样品能够被吞咽前，需要咀嚼的次数
咀嚼时间/s	在样品能够被吞咽前，需要咀嚼的时间

正式评价：每个品评员在单独的品评室内进行单独评价，每个品评员得到的样品规格皆一致，呈送顺序和品评顺序皆随机。试验所用标尺为 15cm 长的直线，直线的端点分别为"没有"和"非常大"。

试验结果：将直线用专门处理软件转换成数值，并将结果进行统计分析，见表 8.13。

表 8.13　三种[①]乳清分离蛋白胶体的质地剖析结果

质地指标	样品 A	样品 B	样品 C	质地指标	样品 A	样品 B	样品 C
咬的过程				易碎性	0.8[g]	8.6[d]	2.9[e]
表面光滑性	12.1[a]	2.8[f]	8.9[c]	颗粒大小	11.2[a]	4.5[c]	10.6[ab]
表面滑度	12.4[a]	2.9[e]	8.4[d]	颗粒大小分布	2.6[ef]	8.8[d]	2.0[f]
弹性	11.7[ab]	2.9[e]	6.8[d]	颗粒形状	9.1[c]	3.8[d]	11.2[a]
可压缩性	10.6[a]	2.4[g]	4.3[e]	食物团的光滑性	11.5[a]	2.3[f]	8.1[c]
坚实性	3.4[g]	10.5[a]	11.0[a]	食物团的紧凑性	1.9[f]	8.4[b]	1.7[c]
				断裂速度	2.2[ef]	7.4[d]	1.6[f]
嚼的过程				粗糙性	0.7[ef]	9.0[bcd]	1.5[e]
水分释放	1.2[de]	4.7[c]	1.7[de]	黏着性	0.8[cd]	9.5[b]	1.2[c]

① 该结果节选自 16 种乳清分离蛋白胶体的质地分析结果。

注：同一行中上标不同的数值之间具有显著差别。

质构仪（Texture Analyzer）是对产品的质地进行测量的常用仪器，也可以说是经典仪器，一些人在对产品的质地进行测量时，将仪器测得的数据同品评小组测得的数据进行比较，研究二者的相关性，尽管从发表一些论文来看，质构仪测定的质地数据和感官评价得到的数据具有一定的相关性，但专家指出，这种研究方法的使用要谨慎，现在更多的做法是将仪器得到的数据同感官评价得到的数据进行对比或互为参考。

8.3.3　定量描述分析法

质地剖析法的创立，刺激了更多的人研究新的描述分析方法的兴趣，尤其是旨在克服风味剖析法和质地剖析法缺点的方法，比风味剖析法（包括早期的质地剖析法）不用统计分析，提供的只是定性的信息，使用的描述词汇都是学术词汇等，在这种情况下，美国的 Targon 公司于 20 世纪 70 年代创立了定量描述分析法（Quantitative descriptive analysis，QDA），该方法克服了风味剖析法和质地剖析法的一些缺点，同时还具有自己的一些特点，而它最大的特点就是利用统计方法对数据进行分析。

所有的描述分析方法都使用 20 个以内的品评人员，对于定量描述分析方法来说，建议使用 10～12 名品评人员，这是根据大量的实践经验总结出来的适用于所有产品的定量描述分析的最佳品评员人数。

根据第 7 章对品评人员进行筛选，参评人员要具备对试验样品的感官性质的差别进行识别的能力。在正式试验前，要对品评人员进行培训，首先是描述词汇的建立，召集所有的品评人员，对样品进行观察，然后每个人都对产品进行描述，尽量用他们熟悉的常用的词汇，由小组组长将这些词汇写在大家都能看到的黑板上，然后大家分组讨论，对刚才形成的词汇进行修订，并给出每个词汇的定义。这个活动每次 1h 左右，大约要重复 7～10 次，最后形成一份大家都认可的描述词汇表。同风味剖析法相同的是，在制定描述词汇时，也可以使用标准参照物，一般使用的都是产品中的单一成分。标准参照物和词汇的定义有助于描述词汇的标准化，对新的品评人员和对产品某项性质描述有困难的原有品评人员尤为适用。通过以上过程形成的描述词汇有时会达到 100 多个，虽然对描述词汇的数量没有限制，在实际当中，还是会通过合并等方式将描述词汇减少到 50%，因为不同的人对相同性质的描述可能用的是不同的词汇，这时就有必要根据定义进行合并，避免重复。

在这个建立描述词汇的过程当中，品评小组组长只是起到一个组织的作用，他不会对小组成员的发言进行评论，不会用自己的观点去影响小组成员，但是小组组长可以决定何时开始正式试验，即品评小组组长可以确定品评小组是否具有对产品评价的能力。

有时描述词汇是现成的，如在食品公司，对其主要产品已经形成了一份描述词汇表，这种情况下，只需使参评人员对描述词汇及其定义进行熟悉即可，这个过程较快，一般只要 2~3 次，每次历时 1h。对于正式试验前的培训时间，没有严格的规定，可以根据品评人员的素质和评定的产品自行决定。

培训结束后，要形成一份大家都认同的描述词汇表，而且要求每个品评人员对其定义都能够真正理解。这个描述词汇表就在正式试验时使用，要求品评人员对产品就每项性质（每个词汇）进行打分。使用的标度是一条长为 15cm 的直线，起点和终点分别位于距离直线两端 1.5cm 处，一般是从左向右强度逐渐增加，如弱到强，轻到重。品评人员的任务就是在这条直线上做出能代表产品该项性质强度的标记。

正式试验时，为了避免互相干扰，品评人员在单独的品评室对样品进行评价，试验结束后，将标尺上的刻度转化成数值输入计算机，也可以使用类别标度法。和风味剖析法不同，QDA 的结果不是通过讨论综合大家意见而得到的一种一致性的结果，而是经过统计分析得到的。

QDA 的结果通过统计分析得出，一般都附有一个蜘蛛网形图表，由图的中心向外有一些放射状的线，表示每个感官特性，线的长短代表强度的大小。比如，对新鲜草莓和用保鲜剂处理的草莓进行感官评价，所得结果见图 8.2，另外，目前的 QDA 都使用 PCA（Principal Component Analysis）分析。QDA 法使"以人作为测量仪器"的概念向前前进了一大步，而且，图表的使用使结果更加直观。

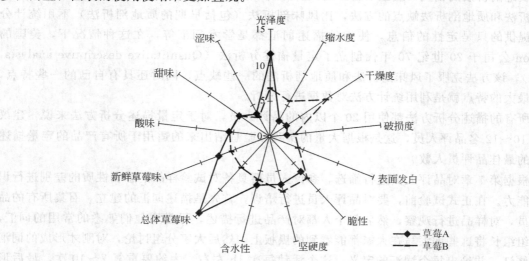

图 8.2　两种不同处理的草莓风味的 QDA 数据的蜘蛛网图示例

【例 6】　草莓涂膜之后在存放期间的感官分析。

试验样品：新鲜草莓；未经处理存放 1、2 周的草莓；涂膜剂 1 处理后存放 1、3 周的草莓；涂膜剂2处理后存放1、2、3周的草莓，用QDA方法对产品进行分析。

品评人员的筛选：按照第7章对描述分析品评人员的筛选方法，选出9名合格并且经常食用草莓的教工及学生作为该试验的品评人员。

品评人员的培训：选取具有代表性的草莓样品，由品评人员对其观察，每人轮流给出描述词汇，并给出词汇的定义，经过4次讨论，每次1h，最后确定草莓的描述词汇表（表8.14）。使用0～15的标尺进行打分。

正式试验：在试验开始前1h，将样品从冰箱中取出，使其升至室温，每种草莓样品用一次性纸盘盛放（2个/盘），并用3位随机数字编号，同答题纸一并随机呈送给品评人员。品评人员在单独的品评室内品尝草莓，对每种样品就各种感官指标打分。试验重复2次进行。

表8.14　草莓涂膜之后在存放期间的感官分析部分描述词汇表

指　　标	定　　义
外观	
光泽度	表面反光的程度
干燥情况	表面缩水的程度
表面发白情况	表面有白色物质覆盖的程度
质地	
坚实度	用白齿将样品咬断所需的力
多汁情况	将样品咀嚼5次之后,口腔中的水分含量
风味/基本味道	
总体草莓香气	总体草莓风味感觉(成熟的,未成熟的,草莓酱,煮熟的草莓)
甜度	基本味觉之一,由蔗糖引起的感觉
酸度	基本味觉之一,由酸(乙酸、乳酸等)引起的感觉
余味	
涩度	口腔表面的收缩、干燥、缩拢感

将每名品评人员的两次试验的结果进行平均，得到每名品评人员对各种草莓样品评价的平均分，试验结果和具体分析方法见第12章中PCA部分。

8.3.4　时间-强度描述分析

某些产品的感官性质的强度会随时间而发生变化，因此，对这些产品来说，感官性质的时间-强度曲线更能说明问题。这种方法有的需要几天，比如观察使用了某护肤品后皮肤干燥情况的变化；有的需要几个小时，比如观察唇膏颜色的变化；而有的只需要几分钟，比如口香糖质地的变化。所需最短的时间在1～3min，比如甜味剂的甜度变化情况，啤酒的苦味变化情况，止痛药的作用情况等。试验一般使用专门的仪器，形式有多种，有的是滚筒式记录仪，有的则直接使用计算机。试验的时候，品评人员是不许看形成的曲线的，

样品111

请将样品放入口中,咀嚼样品;
点击"开始"(Start);
当样品中的甜味(Sweetness)发生变化时,左右移动游标;
试验结束点击"完成"(Done)。

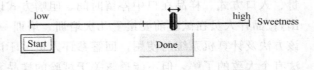

图8.3　用计算机操作的甜味的"时间-强度"测定

因为这样会影响试验结果。使用计算机的"时间-强度"测试见图8.3和图8.4，试验结果示例见图8.5。

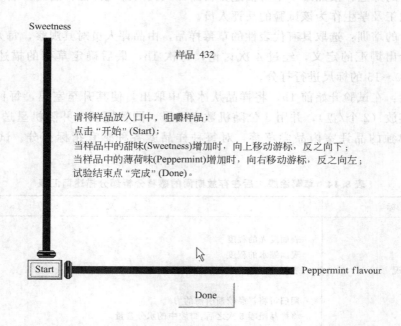

图 8.4　用计算机操作的甜味和薄荷味的"时间-强度"测定

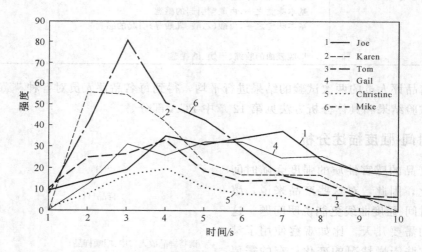

图 8.5　某样品中薄荷味的"时间-强度"测定结果
（不同的曲线代表不同的品评人员）

　　使用这种方法要注意的问题是：各个品评人员使用的品评方法要相同，包括样品的数量、入口方式、样品在口中停留时间、咀嚼方式以及品尝之后对样品的处理方式（吞咽或吐出）；品评人员在试验前要接受几次培训，培训一般可以分三步进行，首先向参评人员介绍该方法及计算机系统的使用，回答参评人员关于试验本身和步骤的问题，使参评人员对该方法有个大致的了解，但不能透露关于试验的样品和曲线形状的信息；第二步可以用试验样品以外的其他样品进行培训，如要进行风味的品评，可以用4种基本味觉物质作初步培训，使参评人员熟悉计算机的使用，并练习、掌握对单一感官性质进行捕捉的技能；第三步可以使用真实的试验样品进行培训，如果培训人员三次重复试验得出的强度误差在 40％ 以内，则可以认为达到了试验标准。

8.3.5　自由选择剖析法

自由选择剖析法（Free choice profiling，FCP）是由 Williams 和 Arnold 于 1984 年创立的一种新的感官品评方法。这种方法和前面的其他描述分析方法有许多相似之处，但它还有其自身 2 个明显特征。第一，描述词汇的形成的方法是一种全新的方法，这种方法是由品评人员用自己的语言对样品进行描述，从而形成一份描述词汇表，而不像前面的方法，对品评人员进行训练，制定出一份大家都认可的词汇表。每个品评人员用自己发明的描述词汇在相同的标度上对样品进行评估，这些独立产生的术语只需要它们的发明者理解就可以了，而不必要求所有的品评人员都理解。在评价产品时，品评人员必须从始至终一直使用这些词汇。

自由选择剖析法的另外一个特征是它的统计分析使用一种叫做普洛克路斯忒斯分析法（Generalized Procrustes Analysis，GPA）的分析过程，最后得到反映样品之间关系的一致性的图形。普洛克路斯忒斯是希腊神话中的人物，他邀请旅游者住在他的房子里，如果来访者不适合他的床，他就将他们的腿拉长或者锯短，以使他们适合他的床。

试验开始时，品评人员可以选用任何他们认为可以对样品进行描述的语言，然后形成一份试验用正式品评表，这种方法与以前介绍的描述分析方法的不同之处在于，对品评人员提出的描述性词语不进行取舍，每个人的词汇表都是自己形成的那份，与其他人的都不相同。这种方法的初衷是使用未接受过培训的品评人员，旨在降低费用，但后来，也经常使用受过培训的人员，至于使用的品评人员要不要经过培训这一点，并没有统一的规定。这种方法惟一统一之处就是品评人员自己选择用来描述样品特性的词语。与其他描述分析方法比较，这种方法的优点是克服了其他描述分析方法的一些缺点，比如，品评人员不必使用那些他们并不理解的词汇及其定义，而其缺点就是这种方法的结果要通过 GPA（Generalized Procrustes Analysis）来分析，这种分析方法的使用不是很普遍，大家对其了解有限，另外一点，如果使用受过培训的品评人员，那么试验费用与时间是不会降低和减少的。

【例 7】　用自由选择剖析法分析不同 pH 值条件下乳酸、苹果酸、柠檬酸和乙酸的风味特征。

试验样品：3 种 pH 值（3.5、4.5、6.5）条件下的 4 种单一酸（柠檬酸、苹果酸、乳酸和乙酸）和 2 种混合酸（乳酸/乙酸，1：1，乳酸/乙酸，2：1）溶液，共 18 个样品。

品评人员：从本系（食品系）招募 7 名男性和 5 名女性教工和学生作为品评人员。

培训：共进行 8 次培训。在开始的 2 次，提供给品评人员不同浓度的柠檬酸、NaCl、蔗糖、咖啡因和明矾，让品评人员熟悉 4 种基本味道（甜、酸、苦、咸）和涩。练习使用 16 点标度法（0＝没有，7＝中等，15＝非常强烈）对不同强度的溶液进行标度打分，这个标度法将在下面的正式试验中一直使用。要求品评人员对样品用自己的语言进行描述，形成一份描述词汇表，并对每个词汇进行定义。

试验步骤：在室温下进行，品评人员对样品的品尝方式为：吸入-吐出，即吸入样品，使其在口中停留 5s，对样品进行评价，然后吐出，然后再次对样品进行评价。在品尝两个样品之间，用清水漱口。

试验结果：各品评人员对样品的描述词汇见表 8.15。

表 8.15　用自由选择剖析法（FCP）分析各种酸的各品评员的描述词汇表

序　号	品评员 1#	品评员 2#	品评员 3#	品评员 4#	品评员 5#	品评员 6#
1	总体强度	总体强度	总体强度	总体强度	总体强度	总体强度
2	酸	酸	酸	酸	酸	酸
3	涩	涩	涩	涩	涩	涩
4	咸	咸	咸	咸	咸	咸
5	苦	苦	苦	苦	苦	苦
6	甜	甜	甜	甜	甜	甜
7	总体强度	金属味	醋酸	柑橘	金属味	醋酸
8	酸 *	肥皂味	总体强度 *	醋酸	水果味	总体强度 *
9	涩 *	柑橘	酸 *	总体强度 *	醋酸	酸 *
10	苦 *	醋酸	涩 *	酸 *	总体强度 *	涩 *
11		总体强度 *	苦 *	涩 *	酸 *	苦 *
12		酸 *		苦 *	涩 *	
13		涩 *		咸 *	苦 *	
14		苦 *			咸 *	
15		咸 *			肥皂味 *	
16		肥皂味 *			醋酸 *	
17		醋酸 *				

序　号	品评员 7#	品评员 8#	品评员 9#	品评员 10#	品评员 11#	品评员 12#
1	总体强度	总体强度	总体强度	总体强度	总体强度	总体强度
2	酸	酸	酸	酸	酸	酸
3	涩	涩	涩	涩	涩	涩
4	咸	咸	咸	咸	咸	咸
5	苦	苦	苦	苦	苦	苦
6	甜	甜	甜	甜	甜	甜
7	肥皂味	醋酸	柑橘	总体强度 *	尖酸	醋酸
8	总体强度 *	总体强度 *	肥皂味	酸 *	酸橙	柠檬
9	酸 *	酸 *	醋酸	涩 *	肥皂味	脏
10	涩 *	涩 *	总体强度 *	苦 *	总体强度 *	尖酸
11	苦 *	苦 *	酸 *	肥皂味 *	酸 *	总体强度 *
12		醋酸 *	涩 *		涩 *	酸 *
13		咸 *	苦 *		苦 *	涩 *
14		肥皂味 *			尖酸 *	苦 *
15		醋酸 *			醋酸 *	
16					咸 *	

注：带"＊"为吐出之后的感受。

将品评员所打分数收集、整理，通过 SensTool 软件（或其他软件）中的 GPA 分析，得到 3 个主轴（AXIS），它们对变化的解释分别为 72％、8％和 6％。在各个轴（AXIS）上，各品评员对描述词汇的输入（loadings）的分布如表 8.16，输入因素衡量各变量在各轴上的重要性，数值在−1 和＋1 之间，接近−1 和＋1 的表明该变量在该轴上占有重要位置（见第 11 章）。对各描述词汇的输入值（loading）进行统计，如果在每个主轴上有超过半数的品评员对某个描述词汇的输入值＞0.3，或绝对值＞0.3（可根据实际情况设定，一般的标准为 0.3 或 0.4），那么这个词汇就是这个轴上的主要描述词汇。需要注意的是，正负值要单独统计，不能混淆。比如，在主轴 1 上，有超过半数的品评员给"酸"打分的输入值的绝对值＞0.3，因此，主轴 1 的左侧（负数区）的特征之一便是"酸"，与之对应的正数区域的特征则为"不酸"（图 8.6）。通过统计，得到主轴 1 的特征是：总体强度、酸、涩，主轴 2 的特征是醋酸味和咸，主轴 3 的特征是涩。3 个主轴上各样品的平均值如表 8.17。

表 8.16　各种酸的描述词汇的输入因素（loadings）在 3 个主要轴中的分布

品评员	主轴 1
1	总体强度（−0.59），酸（−0.56），总体强度 *（−0.38），酸 *（−0.30）
2	总体强度（−0.55），酸（−0.59）
3	总体强度（−0.61），酸（−0.63）
4	总体强度（−0.54），酸（−0.55），涩（−0.33），总体强度 *（−0.32）
5	总体强度（−0.56），酸（−0.66）
6	总体强度（−0.43），酸（−0.47），涩（−0.43），总体强度 *（−0.30）
7	总体强度（−0.51），酸（−0.72），涩（−0.31）
8	总体强度（−0.49），酸（−0.42），涩（−0.40），醋酸（0.49）
9	总体强度（−0.43），酸（−0.55），涩（−0.30），酸 *（−0.34），醋酸 *（−0.35）
10	总体强度（−0.43），酸（−0.55），涩（−0.30）
11	酸 *（−0.34），醋酸 *（−0.35）
12	总体强度（−0.66），酸（−0.70）

品评员	主轴 2
1	总体强度（0.36），咸味（0.63），甜味（0.43），涩 *（−0.35）
2	总体强度（0.34），涩（−0.33），咸（0.55），醋酸（0.34）
3	涩（−0.48），甜味（−0.37），醋酸（0.67），涩 *（−0.33）
4	咸（0.36），醋酸（0.73），柑橘（−0.46）
5	涩（−0.33），醋酸（0.63），水果味（−0.54）
6	咸（0.67），甜（−0.36），醋酸（0.56）
7	涩（−0.53），苦（−0.33），酸 *（0.49），涩 *（−0.36）
8	咸（0.79）
9	醋酸（0.55），酸 *（−0.39），醋酸 *（0.58）
10	咸（0.35），苦（0.57），酸 *（−0.33），涩 *（−0.58）
11	咸（0.90）
12	涩（−0.52），醋酸（0.58），涩 *（−0.33），醋酸 *（0.49）

品评员	主轴 3
1	涩（−0.74），涩 *（−0.55）
2	涩（−0.65），咸（−0.35），涩 *（−0.32）
3	涩（−0.49），甜（−0.65），涩 *（−0.41）
4	酸（0.41），涩（−0.43），苦（−0.30），醋酸（0.40），柑橘（0.40），苦 *（−0.32）
5	涩（−0.66），苦（−0.34），甜（0.39）
6	酸（0.38），涩（−0.50），咸（0.45），醋酸（−0.39），苦味 *（−0.33）
7	苦（−0.32），总体强度 *（−0.45），酸 *（−0.49），涩 *（−0.46），苦 *（−0.31）
8	酸（0.37），涩（−0.53），酸 *（0.67）
9	酸（0.48），涩（−0.77），醋酸（−0.31）
10	涩（−0.86）
11	涩（−0.52），酸 *（0.42），涩 *（−0.64）
12	总体强度（−0.35），醋酸（−0.31），柠檬（−0.38），总体强度 *（0.49），酸 *（0.49）

注：带 "*" 为吐出之后的感受。

表 8.17　3 个主轴上各样品的平均得分

样品名称	pH 值	主轴 1	主轴 2	主轴 3
乳酸	6.5	0.377a *	−0.019fg	−0.014bcdefg
苹果酸	6.5	0.367a	0.021def	−0.020defgh
乳酸/乙酸（1∶1）	6.5	0.350a	0.033cde	−0.016cdefgh

样品名称	pH 值	主轴 1	主轴 2	主轴 3
乳酸/乙酸（2∶1）	6.5	0.347a	0.033cde	−0.020defgh
柠檬酸	6.5	0.340a	0.010defg	−0.027efgh
乙酸	6.5	0.310ab	0.053bcd	−0.014bcdefgh
乳酸	4.5	0.260b	−0.027fg	−0.005bcdefg
柠檬酸	4.5	0.110c	−0.033g	0.0047abcd
苹果酸	4.5	0.013d	−0.013efg	0.053ab
乳酸/乙酸（2∶1）	4.5	−0.047d	−0.014efg	0.022abcdef
柠檬酸	3.5	−0.127e	−0.103h	0.040abcde
乳酸/乙酸（1∶1）	4.5	−0.167ef	0.080ab	0.057a
乳酸	3.5	−0.267fg	−0.153i	−0.060gh
苹果酸	4.5	−0.260g	−0.096h	0.050abc
乙酸	4.5	−0.273g	0.127a	0.063a
乳酸/乙酸（2∶1）	3.5	−0.370h	−0.030g	−0.046fgh
乳酸/乙酸（1∶1）	3.5	−0.447i	0.040cd	−0.083h
乙酸	3.5	−0.563j	0.090ab	−0.019cdefgh

注：带"∗"表示不同的数值之间具有显著差异。

根据上面得到的数据，分别用主轴 1 对主轴 2 和主轴 3 做散点图，得到各样品的 GPA图（图 8.6）。这是自由选择剖析法的特征图形，该图形分 4 个区域，每个区域有不同的特征，如图 8.6（a）的左上方的特征是具有"醋酸味和咸味"，落在这个区域的样品的特征就是具有"醋酸味和咸味"，而左下方的特征则正好相反，即不具有"醋酸味和咸味"。

最后，GPA 分析还会给出表示品评员对样品的评价情况的图形（图 8.7），阴影部分代表品评员之间意见一致，非阴影部分代表意见不一致。如从图 8.7 可以发现，各品评员对pH 值为 3.5 的乙酸和乳酸/乙酸（1∶1）混合液的评价意见一致程度比较高。

描述分析是一项重要的感官检验方法，通过这方法可以定性、定量、全面地反映产品的各项感官性质。在使用时，可以只使用其中的一种，更可以将几种方法结合起来使用，因为各种方法之间并没有十分严格的界限。感官检验的方法不是一成不变的，正如我们看到的一样，在原来方法的基础之上，总是不断有新的、更能说明问题的方法出现。根据需要，研究新的感官检验方法也是新一代感官检验工作者的任务。

8.3.6 系列描述分析法

该方法由 Civille 于 20 世纪 70 年代创立，其主要特征是不必由品评人员来形成用于对样品进行描述的词汇，而是使用叫做"词典"的标准术语，其目的是使结果更趋于一致，通过这种方法得到的结果不会因试验地点和试验时间的变化而改变，从而使其实用性更强。系列描述分析方法主要使用的工具见本节 8.3.6.1、8.3.6.2 和 8.3.6.3 的内容，每次进行感官试验之前都要进行品评人员的筛选和培训，品评人员可以只对某一种感官性质进行品评，也可以对所有感官性质进行品评。

根据试验目的，描述词汇的选择可宽可窄，可以只是香气特征，也可以是所有感官特性。但是品评人员要对所选用词汇的内部含义有着明确的理解，比如，进行颜色描述的品评人员要对颜色强度、色彩和纯度有所了解，涉及口感、手感和纤维质地评价的感官评定人员要对这些感觉产生的原理有所了解。化学感应对品评人员的要求就更高，因

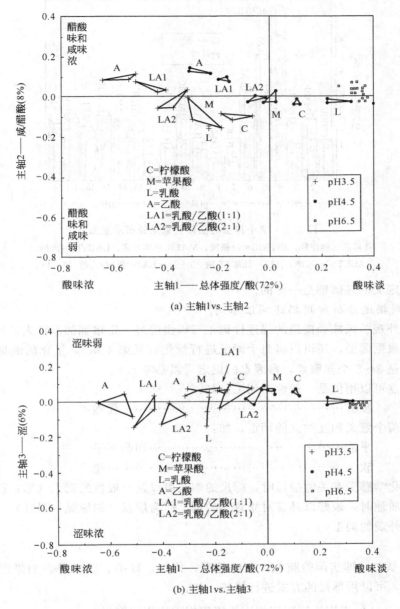

图 8.6　不同 pH 值条件下各种酸的 GPA 图形

（3 点代表 3 次重复试验的结果）

为他们要求品评员能够识别出由于成分和加工过程的变化而引起的化学感应（见第 2 章）的变化。

　　并不是所有的产品都有描述词典，在对一个新的产品形成描述词汇时，首先提供给品评人员大量的样品要和待测产品属于同一类型，可以是市场上购买到的该产品，也可以是其他生产商生产的产品，在他们对这些产品熟悉之后，每个品评人员对该产品形成一份描述词汇表，可以借用一部分参考资料上的词汇，然后将大家的词汇综合成一份词汇表，去掉其中重复的部分。这个过程包括用参照物来确定描述词汇和对词汇的定义，以保证所有品评人员对

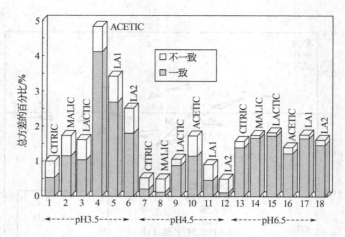

图 8.7　18 个样品的品评员意见分布示意图

各样品名称注释：CITRIC＝柠檬酸；MALIC＝苹果酸；LACTIC＝乳酸；

ACETIC＝乙酸；LA1＝乳酸/乙酸（1∶1）；LA2＝乳酸/乙酸（2∶1）

描述词汇及其定义的理解都是一样的。

8.3.6.1　系列描述分析所用描述词汇示例

下面关于外观、风味和质地的描述性词汇可以由经过一定培训的品评人员用来对产品进行定性评价。根据需要，还可以将每个词汇进行量化（见第 4 章），量化后的标尺上至少要有 2 个，最好是 3～5 个参照点，参照点的设定可以参考 8.6。

标尺的端点可以用仅是一般性的词汇，如：

没有……………………………………………………强烈

也可以是两个意义相互对立的词汇，如：

平滑……………………………………………………凹凸不平

软……………………………………………………………硬

在度量与化学感受有关的指标时，标尺的端点可以是一般性的词汇（如：没有—强烈），而度量外观和质地时，最好以具有对立意义的词汇作为端点（如细腻—粗糙）。

（1）描述外观的词汇

① 颜色

a. 什么是颜色　即实际的颜色，也叫色彩，比如，红的、蓝的等。如果产品当中包含一种以上色彩，可以用标尺的方式进行描述，如：

［红……………………………………………………橘黄］

b. 颜色的强度　指颜色从浅到深的强度或程度：

［浅……………………………………………………深］

c. 颜色的亮度　指颜色的纯度，从暗淡的、混浊的、纯的到明亮的。比如救火车的红色就比红葡萄酒的红色要亮。

［暗淡的……………………………………………………明亮的］

d. 均匀度　指颜色分布的均匀性、是否有块状聚集：

［不均匀……………………………………………………均匀］

② 一致性/质地

a. 稠厚/黏稠度　产品的黏度：

[稀薄‧‧‧‧‧‧‧‧‧‧‧‧‧‧‧‧‧‧‧‧‧‧‧‧‧‧‧‧‧‧‧黏稠]

b. 粗糙度　产品表面可见的不规则物、突起、粒子等的数量；由于这些物质的存在，产品表面不光滑：

[光滑‧‧‧‧‧‧‧‧‧‧‧‧‧‧‧‧‧‧‧‧‧‧‧‧‧‧‧‧‧‧粗糙]

小的表面粒子会引起颗粒感：

[光滑‧‧‧‧‧‧‧‧‧‧‧‧‧‧‧‧‧‧‧‧‧‧‧‧‧‧‧颗粒感]

大的表面颗粒引起表面不平/隆起感：

[光滑‧‧‧‧‧‧‧‧‧‧‧‧‧‧‧‧‧‧‧‧‧‧‧‧‧团块感]

c. 粒子间的相互作用　颗粒之间的粘连程度或小颗粒物之间的聚集程度：

（黏度）：[不黏‧‧‧‧‧‧‧‧‧‧‧‧‧‧‧‧‧‧‧‧‧‧黏]

（成块程度）：[松散的粒子‧‧‧‧‧‧‧‧‧‧‧‧‧‧成块]

③ 大小/形状

a. 大小　样品的尺寸或样品中颗粒的大小：

[小‧‧‧‧‧‧‧‧‧‧‧‧‧‧‧‧‧‧‧‧‧‧‧‧‧‧‧‧‧‧‧大]

b. 形状　对颗粒主要形状的描述：如扁平的、圆的、球形的、方形的等：

[没有标尺]

c. 分布均匀性　作为一个整体，产品中颗粒分布的均匀程度：

[不均匀‧‧‧‧‧‧‧‧‧‧‧‧‧‧‧‧‧‧‧‧‧‧‧‧‧均匀]

④ 表面光泽　产品表面反射的光的量：

[暗淡‧‧‧‧‧‧‧‧‧‧‧‧‧‧‧‧‧‧‧‧‧‧‧‧‧‧‧发光]

（2）描述风味的词汇（一般食品和焙烤食品）　由于香气和风味的描述词汇非常多，仅用于描述香气的词汇就有 1000 多个，因此，这里仅以描述焙烤食品香气的词汇为例。

我们常说的风味是由物质对口腔进行刺激而产生的下面几种感受的综合体会：

• 香味
• 味道/滋味
• 化学感觉

对于焙烤食品，可以将其香味分成以下几类：

• 谷物香味
• 与谷物有关的气味
• 奶制品香味
• 其他与加工过程有关的香味
• 甜味
• 添加香料的气味
• 起酥油的味道
• 其他香气

焙烤食品风味描述词汇如下。

① 香气（焙烤食品）

a. 谷物香气　来自各种谷物的气味，是一个泛泛的描述谷物气味的词，不特指哪一类谷物。这里所说的谷物包括玉米、小麦、燕麦、大米、大豆和黑麦。下面是这些谷物的描述词汇：

生玉米	熟玉米	烤玉米
生小麦	熟小麦	烤制小麦
生燕麦	熟燕麦	烤制燕麦
生大米	熟大米	烤制大米
生大豆	熟大豆	烤制大豆
生黑麦	熟黑麦	烤制黑麦

用来描述加工谷物词汇的定义如下。

生（具体谷物名称）面粉味：指没有经过热加工的谷物的气味。

熟（具体谷物名称）面粉味：经过轻微加热或蒸煮的谷物的气味，如燕麦粥就有熟燕麦味道。

烤制（具体谷物名称）面粉味：谷物经充分加热使其中的一些糖和淀粉焦糖化后产生的气味。

b. 与谷物有关的气味

生青味：未经过加工的植物的气味，比如水果和谷物；该词汇与"生的"相联系，它的其他特征还有己烷味、树叶味、青草味。

青草味：像刚刚割过的草地，烘干的谷物或植物的气味。

大麦味：烘烤过的大麦的气味。

c. 奶制品的香味　牛奶、白脱油、奶酪，以及其他发酵奶制品的气味，具体包括：

奶制品：牛奶、白脱油、奶酪，以及其他发酵奶制品的气味。

牛奶味：比奶制品更具有专一性，是指普通或熟牛奶的味道。

白脱油：脂肪含量很高的新鲜奶油、白脱油、奶酪的气味；不含有酸败、丁酸或双乙酰的味道。

奶酪味：用凝乳酶将脂肪水解的奶制品的气味，具有丁酸或异戊酸的特征味。

d. 其他与加工有关的气味

焦糖味：用于描述被加热至发生褐变的淀粉和糖的气味；比如描述烘烤的玉米的甜味就可以使用该词汇。

烧焦味：将产品中的淀粉、糖过度加热、烘烤而产生的气味。

e. 添加香料的气味　下列词汇用来描述添加到焙烤制品当中赋予其特殊香气的特殊成分的气味，这些词汇都需要参照物。

坚果味：花生、杏仁、核桃等。

巧克力味：牛奶巧克力、可可、巧克力类似物等。

调料味：肉桂、丁香、豆蔻等。

酵母味：天然酵母的味道，而不是化学起发剂的味道。

f. 来自起酥油的气味　与油或焙烤制品当中的起酥油有关的气味。

白脱油味：见奶制品部分的描述。

食用油味：蔬菜油的气味。

大油味：提炼的猪油的气味。

牛油味：提炼的牛油的气味。

g. 其他气味　这些气味通常不是（焙烤）产品气味，也不是由产品正常成分或加工过程而产生的气味。

112

维生素味：产品中添加的维生素产生的气味。

纸箱味：用于包装的纸箱的味道，可能由包装引起，也可能由陈面粉引起。

酸败味：氧化油脂的气味，有的资料也称其为油漆味和腥味。

硫醇盐味：由硫醇盐类硫化物产生的气味，品评人员还可能用下面的词汇来描述由硫化物引起的气味，如硫味、橡胶味。

② 基本味道

a. 甜　由蔗糖和其他糖类，比如果糖、葡萄糖或其他甜味物质，比如糖精、阿斯巴甜等刺激而产生的味道。

b. 酸　由酸类物质，如柠檬酸、苹果酸、磷酸等刺激而产生的味道。

c. 咸　由钠盐，如氯化钠和谷氨酸钠和部分其他盐类，如氯化钾，刺激而产生的味道。

d. 苦　由奎宁、咖啡因和蛇麻草等刺激而产生的味道。

③ 化学感觉因素　是触觉神经对化学刺激的反应结果。

a. 涩　由鞣质或明矾等物质引起的舌表面的收缩感。

b. 灼热感　由一些特定物质，比如红辣椒中的辣椒素，或黑胡椒中的胡椒碱引起的口腔中的灼烧感。一些棕色的调味料能使人口腔产生温暖的感觉，但不是灼热感。

c. 冷　由薄荷等引起的口腔和鼻子中发凉的感觉。

（3）描述半固体物质口感的词汇　这些是专门用于描述半固体质地的词汇，用于描述固体质构的词汇也可以用来描述半固体。每一套用于描述质地的词汇都包括品尝样品的方式和步骤。

① 第一口　将样品的 1/4 放入口中并在舌和上腭之间进行挤压。

a. 光滑感　样品在舌头上面滑动的程度。

[有拖曳感⋯⋯⋯⋯⋯⋯⋯⋯⋯⋯⋯⋯⋯⋯滑]

b. 坚实度　在舌头和上腭之间挤压样品所需的力。

[软的⋯⋯⋯⋯⋯⋯⋯⋯⋯⋯⋯⋯⋯⋯⋯坚硬的]

c. 黏弹性　样品变形但没有断裂的程度。

[断裂⋯⋯⋯⋯⋯⋯⋯⋯⋯⋯⋯⋯⋯⋯⋯变形]

d. 紧密度　样品断面的紧密程度。

[松散的⋯⋯⋯⋯⋯⋯⋯⋯⋯⋯⋯⋯⋯紧密的]

② 咀嚼　将样品咀嚼 3～8 次，感觉下列特性。

a. 颗粒状物的数量　口腔中颗粒的相对数量。

[没有⋯⋯⋯⋯⋯⋯⋯⋯⋯⋯⋯⋯⋯⋯⋯许多]

b. 颗粒状物的大小　总体上颗粒的大小。

[非常小⋯⋯⋯⋯⋯⋯⋯⋯⋯⋯⋯⋯⋯非常大]

③ 食后（吞咽或吐出）感觉　糊嘴性：食用之后，留在口腔表面的膜的感觉。

[没有⋯⋯⋯⋯⋯⋯⋯⋯⋯⋯⋯⋯⋯⋯⋯许多]

半固体物质地描述词汇——花生酱的口感举例如下。

① 表面情况　取 1/4 勺花生酱，用舌头舔其表面，感觉它的以下特征。

油性/湿度：表面含油情况和湿润情况。

[干燥⋯⋯⋯⋯⋯⋯⋯⋯⋯⋯⋯⋯⋯⋯⋯湿润]

黏度：产品附着在舌头上的数量。

[滑……………………………………………………黏]

粗糙度：表面颗粒的数量。

[光滑…………………………………………………粗糙]

② 第一口　将1/4勺的花生酱样品送入口中，在舌头和上腭之间挤压，感觉以下性质。

光滑感：样品在舌头上滑动的程度。

[有拖曳感…………………………………………滑]

坚实度：咬样品所需的力。

[软的………………………………………坚硬的]

黏弹性：样品变形而不断裂的程度。

[断裂………………………………………………变形]

黏着性：将样品从上腭剥离所需的力。

[不用力…………………………………………很费力]

黏度：样品依附在口腔表面的程度。

[不黏……………………………………………非常黏]

③ 咀嚼　将样品咀嚼7次，用舌头和上腭感觉样品以下性质。

水分吸收情况：与样品混合的唾液量。

[不混合…………………………………完全混合]

半固体紧凑性：样品整体聚集的程度。

[松散………………………………………………紧凑]

附着性：样品依附上腭的程度或将样品从上腭剥离所需的力。

[不用力…………………………………………用很大力]

④ 残留感觉　在产品被吞咽或被吐出之后，用舌头感觉口腔表面和牙齿，进行以下评价。

糊嘴情况：留在口腔表面的样品颗粒的量。

[没有……………………………………………很多]

油膜感：口腔表面感觉油腻的程度。

[没有……………………………………………很大]

对牙齿的附着程度：留在牙齿表面的样品量。

[没有……………………………………………很多]

(4) 描述固体物质口感的词汇（包括样品的操作程序）

① 表面结构　用嘴唇和舌头感觉样品的表面。

a. 表面的几何情况　表面大小颗粒的总体数量。

[平滑……………………………………………粗糙]

大的颗粒：表面团块/隆起的数量。

[平滑…………………………………………有团块感]

小的颗粒：表面小的粒状物的数量。

[平滑…………………………………………有颗粒感]

b. 易碎情况　表面松散，游离的碎屑的数量。

[没有……………………………………………许多]

c. 干湿情况　表面湿润情况。

[干燥……………………………湿润/油腻]

② 部分咬压　部分咬压（用舌头、门牙或臼齿）样品，但不咬断也不要松开。

弹性：一段时间之后样品回复到原来状态的程度。

[没有回复……………………弹性很好]

③ 第一口　用门牙咬下期望大小的样品。

a. 硬度　将其咬断所需的力。

[很软…………………………很硬]

b. 黏弹性　样品不断裂而变形的程度。

[断裂…………………………变形]

c. 易碎度　样品断裂所需的力。

[碎屑…………………………片]

d. 咬的均匀性　将样品咬断用力的均匀性。

[不均匀………………………均匀]

e. 水分释放情况　从样品中释放出来的水分/汁液的量。

[没有…………………………非常多汁]

f. 碎屑的几何情况　由于被咬食而产生的或者存在样品内部的碎屑的量。

[没有………………颗粒状的/片状的碎屑]

④ 第一次咀嚼　用臼齿咬下事先预计大小的样品。

a. 硬度　将其咬断所需的力。

[很软…………………………很硬]

b. 弹性/易碎度　样品变形而不断裂的程度。

[断裂…………………………变形]

[碎屑…………………………片]

c. 黏附性　将样品从臼齿上剥离所需的力。

[不黏…………………………很黏]

d. 紧密性　所经区域的紧密性。

[松……………………………紧]

e. 脆性　样品断裂的声音和所需的力。

[不脆…………………………很脆]

f. 碎屑的几何情况　由于被咬食而产生的或者存在样品内部的碎屑的量。

[没有………………颗粒状的/片状的]

g. 水分释放情况　从样品中释放出来的水分/汁液的量。

[没有…………………………非常多汁]

⑤ 咀嚼　用臼齿将样品咀嚼一定次数，至唾液与样品混合成团。

a. 水分的吸收　被样品吸收的唾液的量。

[没有…………………………全部]

b. 成团性　样品聚集成团的程度。

[松散…………………………紧密]

c. 黏着性　样品团粘贴在上腭或牙齿上的程度。

<pre>
                    [不粘·······················非常粘]
</pre>

d. 尖锐碎片情况　团块中锋利的碎片的量。

<pre>
                    [没有·························许多]
</pre>

⑥ 溶解的速度　样品在咀嚼一段时间之后溶解的量。

<pre>
                    [没有·························全部]
</pre>

a. 团块的几何情况　粗糙度/颗粒感/成团性：样品中颗粒的量。

<pre>
                    [没有·························许多]
</pre>

b. 团块的湿润度　团块的湿润程度。

<pre>
                    [干燥·····················湿润/油腻]
</pre>

c. 崩解所需咀嚼次数　统计样品崩解所需咀嚼次数。

⑦ 食后残留感　将样品吞咽或吐出之后：

a. 几何情况　留在口中的颗粒的量。

<pre>
                    [没有·························很多]
</pre>

b. 油腻感　残留在口腔表面的油腻感。

<pre>
                    [没有·························很多]
</pre>

c. 黏嘴情况　用舌头舔上腭时的感到的粘连程度。

<pre>
                    [不黏·························很黏]
</pre>

d. 粘牙情况　残留在牙齿上的样品量。

<pre>
                    [没有·························很多]
</pre>

曲奇饼干的质地描述词汇举例如下。

① 表面情况　将饼干放在双唇之间，感受以下指标。

粗糙度：表面不均匀的程度。

<pre>
                    [光滑·························粗糙]
</pre>

松散颗粒：表面松散的颗粒状物。

<pre>
                    [没有·························许多]
</pre>

干燥度：表面缺油的程度。

<pre>
                    [含油·························发干]
</pre>

② 第一次咬　将饼干的 1/3 放在前牙之间并咬下去，进行以下评价。

易碎程度：样品断裂所需的力。

<pre>
                    [碎屑··························片]
</pre>

硬度：将样品咬断所需的力。

<pre>
                    [软···························硬]
</pre>

颗粒大小：碎屑的大小。

<pre>
                    [小···························大]
</pre>

③ 第一次咀嚼　将饼干的 1/3 放在臼齿处，咬断，进行以下评价。

紧密性：所经区域的紧密程度。

<pre>
                    [松散·························紧密]
</pre>

咀嚼的一致性：咀嚼时用力的均匀性。

<pre>
                    [不均匀························均匀]
</pre>

④ 咀嚼　将样品的 1/3 放在臼齿处咬断，咀嚼 10～12 次，进行以下评价。

水分的吸收情况：被样品吸收的唾液量。

［没有……………………………………………许多］

食物的成团性：食物团聚集在一起的程度。

［松散的……………………………………………紧密］

粘牙性：粘在臼齿上的样品的量。

［没有……………………………………………许多］

颗粒感：咀嚼过程中，牙齿之间的小的、硬的颗粒的量。

［没有……………………………………………许多］

⑤ 食后残留情况　将样品吞咽下去，评价口中以下感觉。

油腻感：口腔感到油腻的程度。

［干燥……………………………………………含油］

颗粒感：留在口中的颗粒状物的量。

［没有……………………………………………许多］

粗糙感：口腔中的发渣的感觉。

［不粗糙……………………………………很粗糙］

（5）护肤液和护肤霜的描述词汇

① 外观　将样品以螺旋形倒入表面皿中，把一个一分硬币大小的圆环，用样品从边缘到中心将其涂满。

a. 形状的完整性　样品保持形状的程度。

［完全失去形状……………………………保持形状］

b. 10s 之后形状的完整性　10s 之后样品保持其完整性的程度。

［完全失去形状……………………………保持形状］

c. 光泽度　样品反射的光的程度。

［暗淡……………………………………………有光泽］

② 摩擦　用自动移液管将 1mL 的样品滴在大拇指或食指的指尖上，将拇指和食指摩擦一次，评价下列指标。

a. 坚实度　将样品在拇指和食指指尖充分摩擦所需的力。

［不费力……………………………………很费力］

b. 黏性　将手指分开所需的力。

［不黏……………………………………………很黏］

c. 黏着性　手指分开时样品呈丝而不是完全断开的程度。

［没有丝……………………………………很多丝］

d. 出峰情况　样品在指尖上呈现尖峰的程度。

［没有峰……………………………………有尖峰］

③ 涂抹　用自动移液管将 0.05 mL 的样品在前臂内侧滴成一个直径大约 5cm 的圆。用食指或中指在圆内轻轻涂抹，速度大约为 2 下/秒。

涂抹 3 次之后，评价下列指标。

a. 湿润性　涂抹过程中感到的含水情况。

　　　　　　　　　　　[没有……………………………………………大量]

b. 分散性　样品在皮肤上运动的难易程度。

　　　　　　　　　[困难/有拖曳感…………………………容易/滑]

涂抹 12 次之后，评价下列指标。

c. 黏性　皮肤和手指间感受的产品的量。

　　　　　　　　　　[几乎没有产品………………………产品量很高]

涂抹 15～20 次之后，评价下列指标。

d. 含油情况　在涂抹过程中感受的样品中的含油情况。

　　　　　　　　　　　[没有……………………………………极高]

e. 含蜡情况　在涂抹过程中感受的样品中的含油情况。

　　　　　　　　　　　[没有……………………………………极高]

f. 含脂情况　在涂抹过程中感受的样品中的含脂情况。

　　　　　　　　　　　[没有……………………………………极高]

继续涂抹，评价下列指标。

g. 收敛性　样品失去湿润性，不能继续涂抹的涂抹次数。

（最多涂抹次数：120）。

④ 涂抹之后的效果（即刻评价）

a. 光泽度　皮肤反射的光的量或者程度。

　　　　　　　　　　　[暗淡………………………………有光泽]

b. 黏性　手指上沾有样品的程度。

　　　　　　　　　　　[不黏…………………………………很黏]

c. 光滑程度　手指在皮肤上移动的难易程度。

　　　　　　　　　[困难/有拖曳感…………………………容易/光滑]

d. 残余量　皮肤上产品的量。

　　　　　　　　　　　[没有……………………………………大量]

e. 残余物类型　油状物、蜡状物、油脂物、粉末状物、白灰状物。

（6）描述纤维或纸的词汇

① 聚集力　将样品朝手掌方向聚集所需的力。

　　　　　　　　　　[小……………………………………………大]

② 压迫力　将聚集的样品朝手掌挤压所需的力。

　　　　　　　　　　[小……………………………………………大]

③ 坚硬性　样品具有突出、皱褶、不平、不圆的程度。

　　　　　　　　　[平的/圆的…………………………………坚硬的]

④ 饱满性/质感　手中感到的样品的质量。

　　　　　　　　　[轻/没有质感………………………………重/饱满]

⑤ 压缩弹性　样品对握起的手的作用力。

　　　　　　　　　　[出褶的………………………………………原形]

⑥ 压缩深度　当受到向下的力时，样品被压缩的深度。

　　　　　　　　　[没有被压缩………………………………完全被压缩]

⑦ 压迫弹性　在压力撤走之后，样品回复到原来形状的速率。

　　　　　[慢……………………………………快/有弹力的]

⑧ 拉伸性　样品从原来形状能够拉伸的程度。

　　　　　[不能拉伸……………………………拉伸能力很强]

⑨ 拉伸伸长　当拉伸力撤掉之后，样品回复到原来形状的能力（通过视觉进行评价）。

　　　　　[不能回到原形……………………………完全回复]

⑩ 手掌摩擦力　手掌在样品表面移动所需的力。

　　　　　[滑/没有拖曳感……………………………有拖曳感]

⑪ 纤维摩擦力　纤维在其表面互相移动所需的力。

　　　　　[滑/没有拖曳感……………………………有拖曳感]

⑫ 粗糙感　表面含有颗粒状、成团块状物质的总体情况，不光滑。

　　　　　[光滑………………………………………粗糙]

⑬ 尖锐颗粒感　样品表面的小的、磨手的、尖锐的颗粒状物的含量。

　　　　　[光滑/没有尖锐颗粒………………………有尖锐颗粒]

⑭ 团块成团感　样品中团块状物、突出、大的纤维束的含量。

　　　　　[光滑/没有团块感……………………………有团块感]

⑮ 小颗粒感　样品中小的、圆的颗粒的含量。

　　　　　[光滑/没有颗粒感……………………………有颗粒感]

⑯ 绒毛感　表面含有纤维、绒毛的情况。

　　　　　[光秃的………………………………………有绒毛感]

⑰ 厚度　样品在拇指和其他手指之间被感受到的距离。

　　　　　[薄………………………………………………厚]

⑱ 湿润度　样品内部和表面的湿润程度。

　　　　　[干的……………………………………………湿的]

⑲ 温暖度　纤维/纸和手之间的温度差距。

　　　　　[凉的……………………………………………暖的]

⑳ 声音强度　样品产生声音的大小。

　　　　　[柔软的…………………………………………大的]

㉑ 声音的音高　样品产生声音的频率。

　　　　　[低………………………………………………高]

8.3.6.2　系列描述分析的强度标尺示例

　　不同的试验目的需要的强度的度量范围是不同的，可以使用 15cm 的标尺，30 点的类别标度，也可以使用量值估计标度，目前常用的是 16 点（0～15）标度法。系列描述分析还使用大量的参照点，这些点是经许多个品评小组的多次试验得到的。无论使用哪种标度，都至少有 2 个参照点，最好是 3～5 个，参照点选得好，可以减少品评人员之间的差异，使得数据具有可比性和可重复性。以下强度标尺范围均为 0～15，可以作为培训和正式试验时的标准参照物使用，以对品评员的打分进行控制，避免各品评人员之间给出的分值出入过大。以不同的方式食用食品可能会对食品的各种强度有不同感受，试验所用食品的数量、生产厂家不同，所感受的同一指标也会有所差异，因此，在进行试验时，要明确食用方式、食用数量，并标明生产厂商。以下标度（表8.18、表8.19、表8.20、表8.21、表8.22）并不完全，也不绝对，仅供参考使用，具体应用时，可以根据实验的具体内容、目的和要求，制定相应的标准。

表8.18　常见气味的强度标度（0～15）

词　汇	参　照　物	标　度　值
涩	葡萄汁（Welch's）	6.5
	浸泡1h的茶包	6.5
烘烤的小麦	含糖曲奇饼干（Kroger）	4
	曲奇饼干（Nabisco）	5
烘烤的白小麦	饼干（Nabisco）	6.5
焦糖	B曲奇饼干（Nabisco）	3
	含糖曲奇饼干（Kroger）	4
	Social茶（Nabisco）	4
	Bordeaux曲奇饼干（Pepperidge Farm）	7
芹菜	V-8蔬菜汁（Campbell）	5
奶酪	美式奶酪（Kraft）	5
桂皮	大红口香糖（Wrigley）	12
煮熟的苹果	苹果酱（Mott）	5
熟牛奶	黄油硬糖布丁（Royal）	4
煮熟的橘子	冷冻橘汁浓缩液（Manute Maid）	5
熟小麦	煮熟的意大利面条（De Cecco）	5.5
鸡蛋	蛋黄酱（Hellmann's）	5
鸡蛋风味	带皮煮的鸡蛋	13.5
谷物综合体	小麦糊（Nabisco）	4.5
	煮熟的通心粉（De Cecco）	4.5
	Ritz饼干（Nabisco）	6
	全麦通心粉（De Cecco）	6.5
	苏打饼干（Nabisco）	8
	Wheatina谷物食品	9
葡萄	Kool-Aid	5
	葡萄汁（Welch's）	10
葡萄柚	瓶装葡萄柚汁（Kraft）	8
柠檬	Brown Edge曲奇饼干（Nabisco）	3
	柠檬汽水（Country Time）	5
乳制品综合体	美式奶酪（Kraft）	3
	奶粉（Carnation）	4
	全牛乳	5
薄荷	薄荷口香糖（Wrigley）	11
食用油	马铃薯片（Pringles）	1
	马铃薯片（Frito-Lay）	2
	加热的食用油（Crisco）	4
橘子综合体	橘汁饮料（Hi-C）	3
	冷冻橘汁浓缩液（Minute Maid）	7
	新榨的橘汁	8
	橘子浓缩液（Tang）	9.5
橘子皮	苏打（Orange Crush）	2
	冷冻橘汁浓缩液（Minute Maid）	3
	橘子浓缩液（Tang）	9.5
花生（烘烤程度中等）	Planters	7
马铃薯	马铃薯片（Pringles）	4.5

词　汇	参　照　物	标　度　值
烘烤的	咖啡（Maxwell House）	7
	蒸煮咖啡（MedagliaD'Oro）	14
烘焙用苏打	含盐的（Nabisco）	2
调味料综合体	加调料的蛋糕（Sara Lee）	7.5
金枪鱼	金枪鱼罐头（Bumble Bee）	11
香草	含糖曲奇饼干（Kroger）	7

注：括号内代表该产品的生产厂商。

表 8.19　4 种基本味觉的强度标度（0～15）

物　质	甜	咸	酸	苦
美式奶酪（Kraft）		7	5	
天然苹果酱（Mott）	5		4	
普通苹果酱（Mott）	8.5		2.5	
大红口香糖（Wrigley）	11.5			
Bordaux 曲奇饼干（Pepperidge Farm）	12.5			
5％蔗糖/0.1％柠檬酸	6		7	
5％蔗糖/0.55％NaCl	7	9		
0.1％柠檬酸/0.55％NaCl		11	6	
5％蔗糖/0.1％柠檬酸/0.3％NaCl	5	5	3.5	
5％蔗糖/0.1％柠檬酸/0.55％NaCl	4	11	6	
咖啡因水溶液				
0.05％				2
0.08％				5
0.15％				10
0.20％				15
芹菜籽				9
巧克力（Hershey）	10		5	4
柠檬酸水溶液				
0.05％			2	
0.08％			5	
0.15％			10	
0.20％			15	
可口可乐	9			
NaCl 水溶液				
0.2％			2.5	
0.35％			5	
0.5％			8.5	
0.7％			15	
新榨的橘汁	6		7.5	
蔗糖水溶液				
2.0％	2			
5.0％	5			
10.0％	10			
15.0％	15			
浸泡 1h 的茶包				8

物　质	甜	咸	酸	苦
生菜				7
葡萄汁（Welch's）	6		7	2
葡萄（Kool-Aid）	10		1	
瓶装葡萄柚汁（Kraft）	3.5		13	2
清洁茴香泡菜		12	10	
柠檬汁（Real Lemon）			15	
柠檬汽水（Country Time）	7		5.5	
蛋黄酱（Hellmann's）		8	3	
苏打水（Orange Crush）	10		2	
冷冻橘汁浓缩液（Minute Maid）	5.5		5	
马铃薯片（Frito-Lay）		9.5		
马铃薯片（Pringles）		8.5		
Riza 曲奇饼干（Nabisco）	4	8		
苏打饼干（Premium）		5		
通心粉调味酱	8	12		
甜泡菜（Vlasic）	8.5		0.8	
橘汁浓缩液（Tang）	9.5		4.5	
苏打饼干（Nabisco）		9.5		
V-8 蔬菜汁（Campbell）		8		
Wheatina 谷物食品		6		2.5

注：括号内代表的是该产品的生产厂商。

表 8.20　半固体食品的口感指标强度标度（0～15）

强度值	参照物	品牌/种类/生产厂商	样品数量或大小
1.光滑感			
2.0	牛肉（婴儿用）	Gerber	28g
3.5	豌豆（婴儿用）	Gerber	28g
7.5	香草酸奶	Whitney's	28g
11.0	酸奶油	Breakstone	28g
13.0		Krafts Foods	28g
2.坚实度			
3.0	充气搅打奶油	Redi-Whip	28g
5.0	搅打的面包涂抹品	Kraft	28g
8.0	含奶酪的面包涂抹品	Kraft	28g
11.0	花生酱	CPC Best Foods	28g
14.0	奶油奶酪	Kraft	28g
3.黏弹性			
1.0	即食明胶甜点果冻	Krafts-General Foods	1cm³ 的方块
5.0	即食香草布丁果冻	Krafts-General Foods	28g
8.0	香蕉（婴儿用）	Gerber/Beechnut	28g
11.0	木薯布丁	罐装	28g
4.紧密度			
1.0	充气搅打奶油	Reddi-Whip	28g
2.5	棉花软糖	Fluff	28g
5.0	牛轧糖的中心	Mars	1cm³ 的方块
13.0	奶油奶酪	Kraft	1cm³ 的方块
5.颗粒状物含量			
0	搅打的面包涂抹品	Krafts-General Foods	28g

强 度 值	参 照 物	品牌/种类/生产厂商	样品数量或大小
5.0	酸奶油	Breakstone	28g
	即食小麦糊	Nabisco	28g
10.0	蛋黄酱或玉米粉	Hellmann's Argo	28g
6.颗粒状物大小			
0.5	低脂奶油	Sealtest	28g
3.0	玉米淀粉	Argo	28g
10.0	酸奶油	Breakstone	28g
15.0	即食小麦糊	Nabisco	28g
15.0	大米花及其制品	Gerber	28g
7.糊嘴情况			
3.0	熟的玉米淀粉	Argo	28g
8.0	土豆泥		28g
12.0	牙粉		28g

表 8.21　固体物质口感指标的强度值（0～15）

强 度 值	参 照 物	品牌/种类/生产厂商	样品量
		1.粗糙度标准标度	
0.0	明胶布丁	果冻	半勺
5.0	橘子皮	新鲜橘子的皮	1cm
8.0	马铃薯片	Pringles	5 片
12.0	棒状花生糖	Quaker Oats	半根
15.0	黑麦华孚饼干	Finn Crisp	$1cm^3$ 的方块

操作要点:将样品放入口中,用嘴唇和舌头感受表面状况。

定义:样品表面的颗粒状物的含量。

[光滑‥‥‥‥‥‥‥‥‥‥‥‥‥‥‥‥粗糙]

		2.湿润程度的标准标度	
0.0	无盐梳打饼干	Nabisco	1块
3.0	胡萝卜	新鲜的,未煮的,未去皮的	1cm 的长条
7.5	苹果	Red Delicious,新鲜的,未煮的,未去皮的	1cm 的长条
10.0	火腿	OscarMayer	1cm 的长条
15.0	水	室温下的过滤水	半勺

操作要点:将样品放入口中,用嘴唇和舌头感受表面状况。

定义:样品表面含水分情况。

[干燥‥‥‥‥‥‥‥‥‥‥‥‥‥‥‥‥湿润]

		3.对嘴唇的黏着度的标准标度	
0.0	樱桃番茄	新鲜的,未煮的,未去皮的	1cm 的长条
4.0	牛轧糖	M&M-Mars	1cm 的长条,去掉表面的巧克力
7.5	Breadstick	Stella D'oro	半棒
10.0	椒盐饼干	Bachmans	1 片
15.0	大米花及其制品	Kellogg's	1 勺

操作要点:将样品放在嘴唇中间,轻轻闭上嘴唇然后松开。

定义:样品表面黏附在嘴唇上的程度。

[没有‥‥‥‥‥‥‥‥‥‥‥‥‥‥‥‥很大]

		4.标准弹性标度	
0.0	奶油奶酪	Kraft	$1cm^3$ 的方块
5.0	法兰克福香肠	蒸煮 10min	1cm 的片
9.5	棉花软糖	Miniature marshmallow/ Kraft	3 个

强度值	参照物	品牌/种类/生产厂商	样 品 量
15.0	明胶甜点	果冻(见注释)	1cm³ 的方块

操作要点:将样品放在臼齿之间,部分咬下,不使样品断裂,然后松开。

定义:(1) 样品恢复到原来形状;

   (2) 样品恢复到原来形状的速率。

[没有弹性 ……………………………………………… 弹性很高]

注释:将 1 个包装的果冻用 1.5 杯的水溶解,然后冷藏 24h。

5. 硬度的标准标度

强度值	参照物	品牌/种类/生产厂商	样 品 量
1.0	奶油奶酪	Kraft	1cm³ 的方块
2.5	鸡蛋蛋白	带皮煮的鸡蛋	1cm³ 的方块
4.5	奶酪	Land O'Lakes	1cm³ 的方块
6.0	橄榄	Goya Foods/大个的,饱满的	1 个去皮的橄榄
7.0	法兰克福香肠	大的,加热 5min/Herbew National	1cm 的片
9.5	花生	真空锡铁罐装的混合型/Planters	1 整粒
11.0	胡萝卜	新鲜的,未煮的,未去皮的	1cm 长的片
11.0	杏仁	去皮的/Planters	1 整粒
14.5	硬糖	LifeSaves	同种颜色的 3 块

操作要点:对于固体样品,将其放在臼齿之间,然后用力均匀地咬,评价用来压迫食品所需的力。对于半固体样品,评价用舌头将样品往上腭挤压所需的力。

定义:达到某种变形所需的力,比如:

- 在臼齿之间压迫样品的力
- 在舌头和上腭之间压迫样品的力
- 用门牙将样品咬断的力

[软 …………………………………………………… 硬]

6. 黏弹性的标准标度

强度值	参照物	品牌/种类/生产厂商	样 品 量
1.0	玉米松糕	Pepperidge Farm	1cm³ 的方块
5.0	奶酪	Land O'Lakes	1cm³ 的方块
8.0	椒盐饼干	软椒盐饼干	1cm 长
10.0	干果	日光晒干的无籽葡萄干/Sun-Maid	1 勺
12.5	求斯糖果	Starburst/M&M/Mars	1 粒
15.0	口香糖	Freedent	1 块

操作要点:将样品放在臼齿之间,完全咬下(也可以用门牙)

定义:样品变形而不是崩解、破碎或断裂的程度。

[断裂 …………………………………………………… 变形]

7. 易碎性的标准标度

强度值	参照物	品牌/种类/生产厂商	样 品 量
1.0	玉米松糕	Thomas'	1cm³ 的方块
2.5	面包	Stella D'oro	1cm³ 的方块
4.2	全麦饼干	Nabisco	1cm³ 的方块
6.7	烘脆的薄面包片	普通长方形的/Devonsheer,Melba Co.	1cm² 的方片
8.0	姜味曲奇饼干	Nabisco	1cm² 的方片
10.0	黑麦华孚饼干	Finn Crisp/Shaffer, Clark&Co.	1cm² 的方片
13.0	花生薄片糖	Kraft	糖上 1cm² 的方片
11.0	杏仁	去皮的/Planters	1 整粒
14.5	硬糖	片状薄荷糖	1 块

操作要点:将样品放在臼齿之间,均匀用力,咬下去,直到样品断裂。

定义:使样品断裂所需的力。

[松软的 …………………………………………………… 脆的]

8. 黏度的标准标度

强度值	参照物	品牌/种类/生产厂商	样 品 量
1.0	水	瓶装的 Mountain Spring	1 勺
2.2	分离稀奶油	Sealtest Foods	1 勺

强度值	参照物	品牌/种类/生产厂商	样品量
3.0	重力分离稀奶油	Sealtest Foods	1 勺
3.9	淡炼乳	Carnation Co.	1 勺
6.8	枫叶糖浆	Vermont Maid, R. J. Reyonlds	1 勺
9.2	巧克力糖浆	Hershey Chocolate	1 勺
11.7	半勺加糖炼乳+半勺重力分离稀奶油	Magnolia/Borden Foods	
14.0	加糖炼乳	Magnolia/Borden Foods	1 勺

操作要点:(1) 将 1 勺样品放在嘴边,轻轻吹气,使液体流动,评价下面的力。(2)当样品入口后,用舌头使样品在口中缓缓流动,衡量流动速率。

定义:将双唇从勺子上面移动下来所需的力。

样品在舌头上流动的速率。

[不黏 ………………………………………………… 黏]

9. 紧密性的标准标度

0.5	搅打面包涂抹制品	Brids Eye/General Foods	2 勺
2.5	棉花软糖	Fluff-Durkee-Mower	2 勺
4.0	牛轧糖	Three Musketeers/M&M/Mars	1cm³ 的方块,去掉巧克力
6.0	糖球/麦乳精球	Whopper, Leaf Confectionary	5 块
9.0	法兰克福香肠	煮 5min,Oscar Mayer	5 片 1cm 长的片
13.0	水果果冻	Chunckles/Hershy	3 个

操作要点:将样品放在白齿之间进行咬。

定义:样品断面的紧密程度。

[有孔洞的/不紧密的…………………………………紧密的]

10. 标准脆性标度

2.0	棒状花生糖	Quaker 低脂咀嚼香肠	1/3 根
5.0	苏打饼干	Keeblers Partner Club Craker	半片
6.5	全麦饼干	Honey Maid	2cm² 的方片
7.0	燕麦片	Cheerios	28g
9.5	麸皮脆片	Kellogg's Bran Flakes Cereal	28g
11.0	奶酪饼干	Pepperidge Farm Cheddar Cheese Crakers	28g
14.0	玉米片	Kellogg's Bran Flakes Cereal	28g
17.0	烘脆的薄面包片	Devonsheer,Melba Co.	

操作要点:将样品放在白齿之间,均匀用力地咬,直到样品断裂或崩解。

定义:用白齿咬样品断裂而不变形所需的力和声音。

[不脆 …………………………………………… 很脆]

11. 多汁性的标准标度

1.0	香蕉	香蕉	1cm
2.0	胡萝卜	生的胡萝卜	1cm
4.0	蘑菇	生蘑菇	1cm
7.0	嫩荚青刀豆	生的嫩荚青刀豆	5 粒
8.0	黄瓜	生黄瓜	1cm
10.0	苹果	Red Delicious	1cm 长的楔状
12.0	哈密瓜	新鲜的,未煮的,未去皮的	1cm³ 的方块
15.0	橘子	Florida Juice Orange	1cm 长的一瓣
150	西瓜	LifeSaves	1cm³ 的方块(无籽)

操作要点:用白齿将样品咀嚼 5 次。

定义:口腔中的样品的含水量/汁液量。

[没有 ……………………………………………… 很多]

强度值	参照物	品牌/种类/生产厂商	样品量
12. 片层性标准标度			
2.0	玉米片	Bugles Corn Snack	28g
4.0	苏打饼干	Triples Cereal	28g
8.0	带糖霜的麦片	Kellogg's Frosted Flakes	28g
12.5	硬糖	Candy Canes, Ribbon Candy	1块

操作要点:将样品咀嚼 3 次,用舌头感受突出的颗粒状物和尖锐物的存在情况。

定义:咀嚼 3 次之后,样品断裂成碎屑的程度和量。

[没有 ··· 很多]

强度值	参照物	品牌/种类/生产厂商	样品量
13. 水分吸收性的标准标度			
0.0	甘草	Shoesting	1片
4.0	甘草	Twizzlers/Red Licorice/Hershey	1片
7.5	玉米花	袋装/Bachman	2勺
10.0	薯片	Wise	2勺
13.0	蛋糕	Pound Cake,冷冻型/Sara Lee	1片
15.0	苏打饼干	未加盐的 Premium 饼干/Nabisco	1片

操作要点:用白齿将样品咀嚼 15～20 次。

定义:在咀嚼过程中被样品吸收的唾液量。

[没有吸收 ··· 吸收量很多]

强度值	参照物	品牌/种类/生产厂商	样品量
14. 聚集性的标准标度			
0.0	甘草	Shoestring	1片
2.0	胡萝卜	未煮的,新鲜的,未去皮的	1cm 的薄片
4.0	蘑菇	未煮的,新鲜的	1cm 的薄片
7.5	法兰克福香肠	蒸煮 5min/Herbew National	1cm 的薄片
9.0	奶酪	Land O'Lakes	1cm³ 的方块
13.0	软的胡桃巧克力方饼	Archway Cookies	1cm³ 的方块
15.0	面团	Pillsbury/Country Biscuit Dough	1勺

操作要点:用白齿将样品咀嚼 15 次。

定义:被咀嚼 10～15 次之后,样品成团的程度。

[松散的食物团 ······························ 紧密的食物团]

强度值	参照物	品牌/种类/生产厂商	样品量
15. 粘牙性的标准标度			
0.0	蚌肉	Geisha/Nozaki America	3个
1.0	胡萝卜	新鲜,未煮,未去皮的	1cm 的薄片
3.0	蘑菇	新鲜,未煮,未去皮的	1cm 的薄片
7.5	全麦饼干	Nabisco	1cm² 的方片
9.0	奶酪	Land O'Lakes	1cm³ 的方块
11.0	奶酪	Wise-Borden Cheese Doodles	5片
15.0	糖果	果胶软糖	3块

操作要点:当将样品吞咽下去之后,用舌头感觉牙齿表面。

定义:样品粘在牙齿上的程度。

[不粘 ··· 粘了很多]

表 8.22 皮肤感觉的质地指标的强度标度(0～10)

标度值	产品	生产厂商
1. 形状的完整性(即时)		
0.7	婴儿用护肤油	Johnson & Johnson
4.0	治疗用护肤液	Westwood Pharmaceut
7.0	凡士林强化护肤品	Chesebrough-Pond's

标 度 值	产　品	生产厂商
9.2	Lanacane 护肤液	Combe Inc.
2. 形状的完整性（10s 之后）		
0.3	婴儿用护肤油	Johnson & Johnson
3.0	治疗用护肤液	Westwood Pharmaceut
6.5	凡士林护肤品	Chesebrough-Pond's
9.2	Lanacane 护肤液	Combe Inc.
3. 光泽度		
0.5	吉列剃须用液	Gellette Co.
3.6	Fixodent	Richardson Vicks
6.8	Neutrogena 护手霜	Neutrogena
8.0	凡士林强化护肤品	Chesebrough-Pond's
9.8	婴儿用护肤油	Johnson & Johnson
4. 坚实度		
0	婴儿用护肤油	Johnson & Johnson
1.3	玉兰油	Olay Company, Inc.
2.7	凡士林强化护肤品	Chesebrough-Pond's
5.5	庞氏 Cold 面霜	Chesebrough-Pond's
8.4	凡士林	普通的
9.8	羊毛脂蜡	Amerchol
5. 黏度		
0.1	婴儿用护肤油	Johnson & Johnson
1.2	玉兰油	Olay Company, Inc.
2.6	凡士林强化品	Chesebrough-Pond's
4.3	芦荟羊毛脂	Jergens Skin Care Laboratories
8.4	凡士林	普通
9.9	羊毛脂蜡	Amerchol
6. 黏着性		
0.2	Noxema 护肤品	Noxell
0.5	凡士林强化护肤品	Chesebrough-Pond's
5.0	Gergens 芦荟羊毛脂	Jergens Skin Care Laboratories
7.9	氧化锌	普通的
9.2	凡士林	普通的
7. 出峰性		
0	婴儿用护肤油	Johnson & Johnson
2.2	凡士林强化护肤品	Chesebrough-Pond's
4.6	Curel 护肤品	S. C. Johnson & Son
7.7	氧化锌	普通的
9.6	凡士林	普通的
8. 湿润性		
0	滑石粉	Whitaker, Clark & Daniels, Inc.
2.2	凡士林	普通的
3.5	婴儿用护肤油	Johnson & Johnson
6.0	凡士林强化护肤品	Chesebrough-Pond's
8.8	芦荟胶	Nature's Family
9.9	水	—
9. 分散性		
0.2	AAA 羊毛脂	Amechol
2.9	凡士林	普通的
6.9	凡士林强化品	Chesebrough-Pond's
9.7	婴儿用护肤油	Johnson & Johnson

标 度 值	产 品	生产厂商
10. 黏性		
0.5	异丙醇	普通的
3.0	凡士林	普通的
6.5	凡士林强化品	Chesebrough-Pond's
8.7	Neutrogena 护手霜	Neutrogena
11. 残余物含量		
0	未处理的皮肤	—
1.5	凡士林强化品	Chesebrough-Pond's
4.1	治疗用 Keri 护肤品	Westwood Pharmaceut.
8.5	凡士林	普通

8.3.6.3　各种产品全面描述词汇示例

A. 白面包风味

（1）气味

a. 谷物混合味：生白小麦（面团）、熟白小麦、烘烤、玉米淀粉、总体谷物。

b. 酵母/发酵味。

c. 奶制品 COMPLEX：牛奶、白脱油。

d. 鸡蛋。

e. 甜味体系：焦糖、蜂蜜、大麦糖、水果。

f. 矿物质：金属，石头，陶瓷。

g. 苏打。

h. 植物油。

i. 其他气味包括：发霉，胡萝卜，土味，醋酸，塑料，纸箱，化学醒发。

（2）基本味道：咸、甜、酸、苦。

（3）化学感觉因子：金属、涩、磷酸、苏打。

B. 白面包质地

（1）表面

a. 面包屑质构：粗糙度、松散颗粒、湿润度。

b. 面包外壳质构：粗糙度、松散颗粒、湿润度。

（2）第一次咀嚼：面包屑紧密度、面包屑的黏性、面包屑坚实性、面包壳硬度、面包壳紧密度。

（3）部分咬压：面包屑的弹性。

（4）咀嚼：水分的吸收、食物团的湿润度、对上颚的黏附度、食物团的聚集性、颗粒感、块状感。

（5）残留：松散的颗粒、粘牙情况、留在牙齿上的量、黏度。

C. 马铃薯片的风味

（1）气味

a. 土豆综合体系：生土豆、熟土豆、脱水的。

b. 土味/土豆皮。

c. 甜土豆。

d. 油体系：加热的蔬菜油、过热的油。

e. 甜焦糖。

f. 纸箱。

g. 油漆。

h. 调料味。

（2）基本味道：咸、甜、酸、苦。

（3）化学感应因素：灼烧感、涩。

D. 马铃薯片的质构

（1）表面：含油性、粗糙度、松散的碎屑。

（2）第一口咬：硬度、脆性、紧密性、咀嚼 4～5 次之后的颗粒情况。

（3）咀嚼：水分的吸收、成团所需的咀嚼次数、脆性的持久性、食物团的湿润度、食物团的光滑度、食物团的紧密度。

（4）残留：牙齿残留、油腻感、口腔中的发渣感。

E. 蛋黄酱风味

（1）气味：食醋、熟鸡蛋、奶制品、芥末、葱、蒜、柠檬、胡椒（黑/白）、水果（葡萄/苹果）、棕色调味料（丁香）、红辣椒、植物油。

其他气味有：纸箱（陈旧的油），淀粉，纸，木头，硫，油漆（酸败），焦糖，鱼腥。

（2）基本味道：咸、甜、酸、苦。

（3）化学感应因子：涩、舌尖灼热感、刺痛感。

F. 蛋黄酱质构

（1）表面压力：弹性。

（2）第一次咬：坚实度、对上颚的黏性、本身的紧密性。

（3）咀嚼：食物的成团性、食物团的块状感、食物团的黏着性、咬时用力的均匀性。

（4）残留：油膜感、糊嘴感、粗糙感。

G. 奶酪的风味

（1）气味

a. 综合奶制品：熟牛奶、奶油、酸的、脱脂奶粉、双乙酰。

b. 烟熏。

c. 木头。

d. 水果。

e. 降解蛋白质。

f. 塑料。

（2）基本味道：甜、酸、咸、苦。

（3）化学感应因子：涩、灼热感、刺痛感。

H. 奶酪质构

（1）表面：块状情况、颗粒状情况、湿润度、出油性、碎屑情况。

（2）第一口：坚实度、硬度、紧密度、黏着度、粘牙情况。

（3）部分挤压：弹性。

（4）咀嚼：与唾液混合情况、溶解速率、食物的成团性、食物团的湿润度、食物团的黏着性、食物团的块状感、颗粒感、粘牙情况。

（5）残留：粘牙情况、糊嘴情况、油膜感、发渣感、奶制品、残留颗粒。

I. 玉米片的风味

（1）气味

a. 玉米综合体：生玉米、熟玉米、烘烤玉米、发酵。

b. 焦糖味道。

c. 食用油综合体：加热油、加热玉米油、氢化油。

d. 其他谷物。

e. 焦煳味。

f. 泥土味/生玉米皮味。

（2）基本味道：甜、酸、苦、咸。

（3）化学因素：涩、焦煳味。

J. 玉米片的质地

（1）表面：粗糙度（大的）、粗糙度（小的）、手感油腻性、嘴唇上油腻性、游离的颗粒状物。

（2）咬第一口：硬度、脆性、紧密性、颗粒状物的量。

（3）嚼：水分吸收、成团所需咀嚼的次数、脆性的、食物团的紧凑性、食物团的颗粒感。

（4）残余物：粘牙、小的颗粒状物、口腔中的发渣感、油腻感。

K. 太妃糖风味

（1）气味

a. 焦糖化的糖。

b. 乳制品综合体：烘烤的奶油、熟的牛奶。

c. 甜的味道：香草。

d. 二乙酰。

e. 烧烤味。

f. 酵母味（生面团）。

g. 其他（赛璐玢）。

（2）基本味道：甜、酸、苦、咸。

（3）化学因素：舌头的灼烧感。

L. 太妃糖质地

（1）表面：粘唇性、湿润性、粗糙度。

（2）咬第一口：硬度、紧密性、黏着性、粘牙性。

（3）嚼：成团所需咀嚼的次数、和唾液的混合情况、食物团的紧凑性、食物团的湿润性、食物团的粗糙度、从牙齿上剥离情况、粘上颚情况、溶解所需咀嚼次数。

（4）残余物：油腻感、粘牙性。

M. 巧克力手指饼干风味

（1）气味

a. 白小麦综合体系：生小麦、熟小麦、烘烤小麦。

b. 巧克力/可可综合体系：巧克力、可可。

c. 奶制品综合体系：脱脂奶粉、熟奶油、熟牛奶。

d. 甜味综合体系：红糖、香草、焦糖、椰子。

e. 坚果。

f. 水果。

g. 烤鸡蛋。

h. 起酥油。

i. 苏打。

j. 纸箱。

（2）基本味道：甜、酸、苦、咸。

（3）化学因素：舌头的灼烧感。

N. 巧克力饼干的质地

（1）表面：粗糙性（小的）、粗糙性（大的）、游离的颗粒状物、油腻感、表面水分。

（2）咬第一口：硬度、脆性、紧密性、黏着性、易碎性。

（3）咀嚼：咀嚼成团所需次数、水分的吸收、食物团的紧密性、食物团的含水性、片状感、食物团的粗糙感、脆性的持久性。

（4）残留：粘牙、牙齿残留物、油、颗粒、碎屑、糊嘴。

O. 意大利面条调味酱的风味

（1）气味

a. 西红柿综合体系：生的、熟的。

b. 西红柿特征：籽/皮、水果味、发酵味、葡萄酒味、硫味。

c. 焦糖味。

d. 蔬菜综合体系：青椒、蘑菇等。

e. 洋葱/大蒜。

f. 绿色植物综合体系：罗勒、百里香。

g. 黑胡椒。

h. 意大利奶酪。

i. 其他：鱼，肉，金属味。

（2）基本味道：甜、酸、苦、咸。

（3）化学因素：涩、灼热感、刺痛感。

P. 意大利面条调味酱的质地

（1）表面：湿润性、油性、含有颗粒物情况。

（2）咬第一口

a. 黏度。

b. 黏着性。

c. 果肉情况：数量、体积。

d. 大的颗粒的数量。

e. 小的颗粒的数量。

（3）咀嚼

a. 颗粒状物的数量：大的、小的。

b. 咀嚼感到的颗粒物的：硬度、脆性、纤维性（蔬菜和其他植物）。

c. 咀嚼5次：与唾液的混合、颗粒状物的数量。

(4) 残留：嘴唇上的油腻感、松散的颗粒状物。

Q. 牙膏的风味

(1) 吐出之前

a. 气味。

b. 薄荷综合体系：胡椒薄荷、绿薄荷、冬青。

c. 粉笔感。

d. 小苏打。

e. 茴香。

f. 水果味。

g. 褐色调料味。

h. 肥皂味。

(2) 漱口之后：香气、薄荷味、水果味、褐色调味料味、茴香味。

(3) 基本味道：甜、酸、苦、咸。

(4) 化学因素：灼烧感、小苏打、凉风感、涩、金属味。

R. 牙膏的质地

(1) 在前面牙齿上刷 10 次以上：坚实性、黏度、出沫所需刷的次数、分散的难易性。

(2) 吐出之后：粉笔感、牙齿的光滑感。

(3) 在后面的牙齿上刷 20 次以上：牙齿之间的颗粒感、泡沫的数量、泡沫的润滑性、泡沫的紧密性。

(4) 漱口：牙齿的光滑感。

S. 花生的风味

(1) 气味

a. 烘烤的花生味。

b. 烤糊的花生味。

c. 生花生味/生豆味。

d. 干草，花生壳。

e. 甜味：水果味、香草味、糖蜜、太妃糖味。

f. 酚类物质味/塑料或烧焦的塑料味。

g. 生草味。

h. 潮湿的泥土味。

(2) 基本味道：甜、酸、苦。

(3) 化学因素：涩、灼烧感。

T. （花）蜂蜜的风味

(1) 气味：花香、水果味、植物/青草味、木头/蜡/松香味、烟熏味、甜味、动物皮革味、发酵味。

(2) 基本味道：甜、酸、苦。

(3) 化学因素：涩、凉、辛辣性。

(4) 风味的持续性。

(5) 余味。

U. （花）蜂蜜的质地

黏稠性、胶黏性、结晶物质的颗粒性（大小、形状）。

V. 豆奶的风味

（1）气味：熟大豆味、熟谷物（面条）味、生大豆味、生青刀豆味、烘烤的坚果味、酸败味、纸板味、烘烤大豆味、淀粉味、熟牛奶味、麸皮味、糖浆味、Caramel 糖浆味、麦乳精味、新鲜牛奶味、熟土豆味、香草味。

（2）基本味道：甜、酸、苦、咸。

（3）化学因素：涩。

W. 酱油的风味

（1）气味：乙醇味、化学物质味（人工添加物质）、烘烤大豆味、焦糖味、发霉味、发酵味、刺激性气味（如芥末）、谷氨酸钠味。

（2）基本味道：甜、酸、苦、咸。

（3）化学因素：涩。

（4）其他：金属味、灼热感。

X. 充 CO_2 汽水的感官评价

（1）基本味道：甜、酸、苦、咸。

（2）化学感觉：涩、凉、发热感、针刺感。

（3）起泡情况：起泡性、气泡的大小、气泡在口腔中破裂的声音、气泡气体释放速度。

（4）其他：粗糙感、气泡持续性。

Y. 干红葡萄酒的风味

（1）气味：柠檬、橘子、姜、丁香、苹果、香草、无盐奶油、仙桃、甜瓜、橡树味、花香、葡萄、梨。

（2）基本味道：酸、苦、甜。

（3）化学因素：涩。

（4）余味：葡萄、奶酪。

Z. 茄达奶酪的风味

（1）气味：煮熟的牛奶、乳清、二乙酰、乳脂肪、水果味、硫味、脂肪酸、坚果味、肉汤味、牛羊味、酵母、发霉味、氧化味、粪便、青椒、花香（玫瑰）、牛乳蛋白的烧烤味、鲜味。

（2）基本味道：甜、酸、苦、咸。

（3）化学感觉：刺痛感。

8.3.6.4 系列描述分析的培训练习举例

（1）基本味道组合练习

① 应用范围　如果把品评小组看作是一个测量工具的话，这个练习就可以看作是这个测量工具的校正。由于产品的风味通常是两种或三种味道的组合，将咸味、酸味、甜味进行组合可以对品评小组进行培训，来培养其对各种强度的味觉进行识别的能力，使其在对风味的分析中不会出现很大偏差。

② 试验设计　首先配置 6 种不同浓度的单一成分溶液，按照味道和浓度的不同，在盛放溶液的杯子外面做好标记，如"甜 5"、"酸 10"等，其中 5 表示味道弱，10 表示味道中等，而 15 则表示味道强烈，将这 6 种溶液作为参照物，要求品评人员对其进行熟悉。在整

个培训过程当中，这些参照物一直备用。

然后对品评人员进行 2 个或 3 个味道组合的练习，每次组织人员发给大家一个组合，由品评人员对其中的各种味道进行打分。

试验结束之后，将各种试验样品的各种味道的平均值统计出来，发给每个品评员，为样品打的分应该在此平均分附近。

③ 试验用材料　假设参加试验的人数是 15，每人品尝的样品量是 10 mL，将每种参照物准备 1L。所需溶质为白糖 150g、盐 8.5g、柠檬酸 3g，其他材料为：300 个体积为 50mL的一次性塑料杯、15 个托盘、15 个不透明的带盖大塑料杯（如 1 斤装）、15 个漱口杯（150mL左右）、6 个盛水杯、1 包面巾纸、60 个品尝用勺子。

④ 参照物　按照表 8.23 准备 6 种参照物质。

表 8.23　基本味道培训的参照物

标　记	内　容
盐 5	0.3%NaCl
盐 10	0.55%NaCl
甜 5	5%蔗糖
甜 10	10%蔗糖
酸 5	0.1%柠檬酸
酸 10	0.2%柠檬酸

以上参照样品可以在试验开始前 24～36h 准备，使用的水要不含有任何气味，样品准备好之后可以放在冰箱中冷藏备用。在开始试验前，将样品取出，使其升至室温（20℃左右）。并将每种样品为每个参评人员准备 10 mL，以做参考。

⑤ 试验用样品　按照表 8.24 准备试验用样品，每个样品是两个或三个味道的组合，如样品 232 是甜味和酸味的组合，样品 627 是甜味、酸味和咸味的组合。

准备方式和时间同参照样相同。按照一定的组合方式发给每个品评员进行品尝并按表 8.25 打分，每种样品的品尝用量为 10 mL。

表 8.24　基本味道培训练习使用试验样品

样品编号	蔗糖含量/%	柠檬酸含量/%	NaCl 含量/%
212	5	0.1	
717	5	0.2	
116	10	0.1	
872	5		0.3
909	5		0.55
265	10		0.3
376		0.1	0.3
432		0.2	0.3
531		0.1	0.55
673	5	0.1	0.3
042	10	0.2	0.55
217	10		0.3
610	5	0.2	0.3
338	5		0.55

表 8.25　基本味道培训练习打分表

参评人员姓名：_____　　日期：_____

样品编号	甜	酸	咸
212			
717			
116			
872			
909			
265			
376			
432			
531			
673			
042			
217			
610			
338			

（2）饼干变化练习

① 应用范围 该试验通过使用成分不断增加（每次增加一种）的饼干来训练品评人员形成描述词汇的能力。可以借鉴该试验进行其他含有多种成分的食品的品评人员的培训。

② 试验设计 参评人员首先对 1[#] 饼干（只含有面粉和水）进行评价。由每个人提出对该样品的描述词汇，结束之后，大家一起讨论，去除掉意义重复的词汇，挑选出具有代表能力的词汇。品评人员将每次结果下列形式记录下来。然后进行 2[#] 饼干的描述，依此类推。最终形成一份针对这类饼干的全面的描述词汇。

饼干变化词汇填写表

1. 面粉，水＿＿＿＿＿＿＿＿＿＿＿＿＿＿＿＿＿＿＿＿＿＿＿＿＿＿＿＿＿＿＿＿＿＿＿＿

2. 面粉，水，奶油＿＿＿＿＿＿＿＿＿＿＿＿＿＿＿＿＿＿＿＿＿＿＿＿＿＿＿＿＿＿＿＿

3. 面粉，水，人造奶油＿＿＿＿＿＿＿＿＿＿＿＿＿＿＿＿＿＿＿＿＿＿＿＿＿＿＿＿＿＿＿＿＿＿＿＿＿＿

4. 面粉，水，起酥油＿＿＿＿＿＿＿＿＿＿＿＿＿＿＿＿＿＿＿＿＿＿＿＿＿＿＿＿＿＿＿＿＿＿＿＿＿＿

5. 面粉，水，起酥油，食盐＿＿＿＿＿＿＿＿＿＿＿＿＿＿＿＿＿＿＿＿＿＿＿＿＿＿＿＿＿＿＿＿＿＿＿＿＿＿

6. 面粉，水，起酥油，苏打＿＿＿＿＿＿＿＿＿＿＿＿＿＿＿＿＿＿＿＿＿＿＿＿＿＿＿＿＿＿＿＿＿＿＿＿＿＿

7. 面粉，水，白砂糖＿＿＿＿＿＿＿＿＿＿＿＿＿＿＿＿＿＿＿＿＿＿＿＿＿＿＿＿＿＿＿＿＿＿

8. 面粉，水，红糖＿＿＿＿＿＿＿＿＿＿＿＿＿＿＿＿＿＿＿＿＿＿＿＿＿＿＿＿＿＿＿＿＿＿

9. 面粉，水，奶油，白砂糖＿＿＿＿＿＿＿＿＿＿＿＿＿＿＿＿＿＿＿＿＿＿＿＿＿＿＿＿＿＿＿＿

10. 面粉，水，人造奶油，白砂糖＿＿＿＿＿＿＿＿＿＿＿＿＿＿＿＿＿＿＿＿＿＿＿＿＿＿＿＿＿＿

11. 面粉，水，起酥油，白砂糖＿＿＿＿＿＿＿＿＿＿＿＿＿＿＿＿＿＿＿＿＿＿＿＿＿＿＿＿＿＿＿＿

12. 面粉，水，白砂糖，鸡蛋，人造奶油＿＿＿＿＿＿＿＿＿＿＿＿＿＿＿＿＿＿＿＿＿＿＿＿

13. 面粉，水，白砂糖，鸡蛋，人造奶油，香草香精＿＿＿＿＿＿＿＿＿＿＿＿＿＿＿＿＿＿

14. 面粉，水，白砂糖，鸡蛋，人造奶油，杏仁香精＿＿＿＿＿＿＿＿＿＿＿＿＿＿＿＿＿＿

当所有样品的描述工作都结束之后，为了检验所形成的描述词汇的有效性，可以任意挑选两个样品来用刚才的词汇进行描述，看两个样品是否能够被全面、准确地描述，是否能将二者之间的差别分别开来。检验通过之后，所形成的最终词汇可以用来对任何该类饼干进行描述。

③ 参照饼干样品成分组成（表 8.26）

表 8.26　饼干样品组成

样品编号	成分组成	样品编号	成分组成
1	面粉、水	8	面粉、水、红糖
2	面粉、水、奶油	9	面粉、水、奶油、白糖
3	面粉、水、人造奶油	10	面粉、水、人造奶油、白糖
4	面粉、水、起酥油	11	面粉、水、起酥油、白糖
5	面粉、水、起酥油、盐	12	面粉、水、白糖、鸡蛋、人造奶油
6	面粉、水、起酥油、焙烤用苏打	13	面粉、水、白糖、鸡蛋、人造奶油、香草香精
7	面粉、水、白糖	14	面粉、水、白糖、鸡蛋、人造奶油、杏仁香精

④ 配方　参照表 8.27 的配方制备面团，将面团放在烤盘当中，事先切成方块，在 176.67～187.78°C 下烘烤 35min。样品可以在试验 24～48h 之前准备。

表 8.27　试验用饼干参考配方（质量份）

样品编号	面　粉	水	奶　油	人造奶油	起酥油	食　盐	小苏打	白砂糖	红　糖	鸡蛋(个)	香草香精	杏仁香精
1	10	4										
2	10	1	3									
3	10	1		3								
4	10	1			3							
5	10	1			3	0.5						
6	10	1			3	0.2						
7	10	3						4				
8	10	3							4			
9	10	1	3					4				
10	10	1		3				4				
11	10	1			3			4				
12	10	1		3				4		4		
13	10	1		3				4		4	0.5	
14	10	1		3				4		4		0.5

⑤ 每人所需物品　一次性漱口用纸杯、清水、面巾纸、品尝用勺。

⑥ 试验用材料　面粉、奶油、人造奶油、起酥油、白砂糖、红糖、鸡蛋、食盐、苏打、香草香精、杏仁香精、纸杯、托盘、面巾纸、盛清水用杯。

⑦ 结果举例

a. 变化词汇练习结果

1. 面粉、水生小麦/生面团/生面粉

　　　　　熟小麦/面条/小麦糊/面包屑

2. 面粉、水、奶油同 1#，加上：奶油/烘烤奶油/烘烤小麦

3. 面粉、水、人造奶油同 1#，加上：加热的食用油，烘烤小麦

4. 面粉、水、起酥油同 1#，加上：加热的油脂

5. 面粉、水、起酥油、食盐同 4#，加上：咸

6. 面粉、水、起酥油、苏打同 5#，加上：苏打味，咸味

7. 面粉、水、白砂糖同 1#，加上：焦糖味，甜味，烘烤小麦味

8. 面粉、水、红糖同 7#，加上糖蜜

9. 面粉、水、奶油、白砂糖同 2#，加上甜，焦糖味

10. 面粉、水、人造奶油、白砂糖同 3#，加上甜，焦糖味

11. 面粉、水、起酥油、白砂糖同 4#，加上甜，焦糖味

12. 面粉、水、白砂糖、鸡蛋、人造奶油同 11#，加上：烤熟的鸡蛋味

13. 面粉、水、白砂糖、鸡蛋、人造奶油、香草香精同 12#，加上：香草/蛋糕味

14. 面粉、水、白砂糖、鸡蛋、人造奶油、杏仁香精同 12#，加上：樱桃/杏仁

b. 饼干完全描述词汇举例

- 白小麦综合体系：生的、熟的、烘烤的。

- 鸡蛋。

- 起酥油体系：烘烤奶油、加热蔬菜油。

- 甜味：焦糖味、香草、杏仁/樱桃、糖蜜。

- 其他风味（苏打等）：甜、咸、苏打感觉。

9 情感试验

情感试验的主要目的是估计目前和潜在的消费者对某种产品、某种产品的创意或产品某种性质的喜爱或接受程度。应用最多的情感试验是消费者试验，近几年来，消费者试验被应用的领域和数量都在不断扩大，除了生产厂家，消费者试验的应用还延伸到医院、银行等服务行业，甚至在部队也有应用，它已经成为产品设计和服务行业的一项主要工具。

可能许多人都有过参加消费者试验的经历，比如在某一超市，有人请你品尝一种食品，然后填写一份问卷。比较典型的消费者试验需要来自3～4所城市的100～500名消费者，比如，某次消费者试验的参加对象是从18～34岁，在最近2周内购买过进口啤酒的男性。试验人员的筛选可以通过电话或者消费场所直接询问，被选中而且愿意参加试验的人每人得到几种不同的啤酒和一份问答卷，问题涉及他们对产品的喜爱程度及原因、过去的购买习惯和一些个人情况，比如年龄、职业、收入等，结果以消费者对产品的总体和各单项（颜色、口感、气味等）喜好分数进行报告。

一项有效的消费者试验要求具备3个条件：试验设计合理、参评人员合格、被测产品具有代表性，而试验方法和试验人员的选择则要根据试验目的而定。消费者试验的费用一般比较大，因为需要的人数多，样品也多，相应的各项开支都会增加，在美国，每人进行试验的报酬以前通常为＄5/h，而现在提高到了＄10/h。在室内进行的消费者试验花费同样很大，一项由20～40人参加的为时20min的消费者试验的各项开支总计为400～2000＄。

9.1 消费者试验的目的

（1）产品质量维护　在食品公司或化妆品公司，研发和市场部门的主要工作之一就是保持产品目前的质量和它们的市场占有率和销售额。研发部门的任务可能是降低成本、替换成分、改变工艺或配方、或者改进包装，但每种情况都不能影响产品性质和总体接受性。通过前面的学习，我们知道以上情况经常使用的感官检验方法有区别试验和描述分析，但是当改变之后的产品无法做到和原产品相同时，就有必要将这些新产品提供给消费者，通过消费者试验来确定这些经过改变的产品同目前的产品，或者和其他厂家的同类产品的消费者接受程度是否一样。

在产品质量控制和储存期间产品的质量维护也是很重要的一方面，首先要建立标准产品的消费者接受程度，这样就可以衡量因时间、条件、生产地点、原料来源等条件改变而引起的产品接受程度发生的变化（包括程度和种类），然后仍然通过消费者试验来确定能够引起消费者接受性发生改变的因素，如储存期、风味、质地等，并确定这些因素的界限，如储存多长时间的饼干会引起消费者接受性降低，哪一种风味或质地的变化会使消费者接受性降低等。

（2）提高产品质量、对产品进行优化　由于市场竞争的日益激烈，各生产厂家都在寻找提高产品质量的方法，产品质量的提高主要在于改善或更新消费者有所反应的原有产品的某几项性质，比如，在原产品中增加一种主要气味或风味，如柠檬味、花生味、咖啡香气、巧克力香气等；降低产品的异味，如陈旧气味、人工香精味；提高原产品的一种重要质地，如脆性、湿润性等；降低原产品的负面性质，如水分含量过高、口感粗糙、干燥易碎的质地等；或提高产品的总体性质，如延长香气持续时间、增加光亮度、增加表面湿润度等。产品的优化也是就产品的成分或者加工工艺进行最优化组合，来提高产品的某些性质，从而提高消费者的接受度。

产品的改进和优化都需要使用良好的描述品评小组，该小组的作用一个是用来确定消费者的需要，第二是用来描述新产品的性质。在操作以提高产品质量为目的的项目时，首先要做出产品模型，经品评小组评价，确定新产品与原来产品之间的确存在差别，再通过消费者试验来确定产品质量提高的程度及其对消费者喜爱程度的影响。产品优化中，先由品评小组对产品经过改变的品质进行识别，然后经消费者试验确定这些性质的改变是否能够提高产品的接受度。

对产品性质改变的研究加上通过消费者试验得出的消费者对产品的接受度能够使生产厂商对那些对消费者喜爱程度起着主导作用的产品的性质、成分和加工工艺有着更深层次的了解。

（3）新产品的开发　在新产品开发的环节中，情感试验会在几个关键环节中多次使用，如对新产品概念或产品模型进行评价而采用的集中小组讨论；将新产品呈现给消费者让其观察、触摸而进行的可行性试验；在产品开发阶段为确定产品在竞争中的优势地位而进行的中心地点试验；在市场试验阶段进行的与竞争产品的控制对比试验；在产品增长期为确定产品成功程度进行的中心地点和家庭使用试验等。

根据各阶段的结果和研发小组的能力，新产品开发所需的时间会从几个月到几年不等，这个过程中会使用多种情感试验，每一次情感试验的使用都可以被看作是前面提到的以提高产品质量或进行产品优化为目的而进行的小项目。

（4）市场潜力的预测　一般来讲，市场预测是市场部门的任务，但在设计调查问卷时，他们会向感官评价部门征求关于问卷内容、形式和有关试验方法等方面的意见。

（5）产品种类调查　当一个公司想了解它的产品在市场竞争中的地位或者为一种新产品寻求市场机会的时候，就应该进行产品种类的消费者调查。对最广泛范围内的该类产品进行描述分析就会得到一个该类产品的种类图谱，利用多变量分析技术，就可以得到表示产品性质及各产品相对位置的图形（见第12章的PCA技术），通过这个图形可以使研究人员了解以下信息：①产品及性质的相对位置；②新产品的发展空间；③产品的主要性质。

（6）对广告的支持　以印刷、广播、电视或网络形式出现的各种广告都需要有效的数据来支持，而感官方面的用词，如"同样"（味道同某知名品牌一样）或"超过"（效果比某知名品牌更好）等也都要有事实根据，通过消费者试验得到的数据可以成为以上两种类型言论的最有力的依据。

9.2　情感试验当中的参评人员/消费者

9.2.1　人群样本

进行感官检验时，参评人员可以被看作是一个大的人群的样本，通过这些人员的表现可以预测大批人群的反应。在区别检验中，感官分析人员选择的参评人员是那些具有平均或平均水平以上区别能力的人，如果这些人不能发现其中的差别，那么可以认为普通人群是不会觉察出产品之间的差别的。但在情感试验中，仅从大批人群中选择参评人员还不够，这些人员还应该是被测产品的目标消费者，测试地点也应是该产品一般被消费的地点，因为每种消费品都有其特定的消费对象和消费地区，比如甜的零食的目标消费者就是4~12岁的儿童，豆瓣酱的目标消费地应该是北方，价格较高的珠宝用品、衣服或汽车的消费群体应该是25~35岁之间，具有一定社会地位，从事高收入职业的单身或已婚的年轻人。

在进行消费者试验时，我们都希望使用具有代表性的消费者，但也必须考虑到严格精确的样本需要高额费用这一实际问题，有时就要在两者之间进行权衡、综合考虑。下面描述的是消费者人群的严格的样本模型的各项要求，在必要的时候可以进行适当变化。

（1）使用人群　按某产品被使用的频率，使用者经常被分为低频、中频、高频使用者。这些词汇的使用在很大程度上同产品种类有关（表9.1），如咖啡1杯/天是低频，而毛毯除臭剂1次/月就是高频。而那些特殊制品或新产品，它们的消费者试验费用就会很高，因为这些产品的使用/食用不是很普遍，通常需要同大量人员联系、询问之后，才能最终找到合适的消费者。

表9.1　各种消费品的典型使用频率

使用者类别	咖　啡	花生酱,空气清新剂	通心粉和奶酪	毛毯除臭剂
低　频	≤1杯/天	1~4次/月	1次/2个月	1次/年
中　频	2~5杯/天	1~6次/周	1~4次/月	2~4次/年
高　频	5杯/天	1次以上/天	2次以上/周	1次/月或更多

（2）年龄　4~12岁的儿童选择的是玩具、甜食和谷物食品；12~19岁的少年爱买的东西是衣服、杂志、零食、软饮料和娱乐工具；20~35岁的年轻人是消费者试验最关心的对象，因为①他们的人数；②没有家庭负担，使得他们对消费品的支出增加；③人一生的生活习惯一般都会在这一阶段形成；35岁以上的人要买房子并有了家庭负担；65岁以上的人更关心的是健康。如果某种产品的消费群很广，比如软饮料，那么它的试验消费者就应该按比例从各个年龄段的使用人群中挑选，而不能只选一个年龄段的人。

（3）性别　虽然一般认为女性容易购买衣服和消费用品，男性容易购买汽车、酒类，进行娱乐活动，对某种产品而言不同性别在购买习惯上的差异还是要通过试验来说明，而不能凭经验。对于方便食品、零食、个人用品和葡萄酒这些产品的使用者的性别，研究人员也要用最新的数字来说明，而不能凭经验或使用以前的数据。

（4）收入　下面这些分类可以表示一般美国家庭的年收入情况，由于中国还没有正式的感官检验方法和相应的标准，可以把这些信息作为日后我们进行感官检验的参考资料。

　　＄20000以下

　　＄20000到＄40000

　　＄40000到＄70000

　　＄80000以上

（5）地理位置　因为对许多产品的喜好都有地区差异，一种产品的试验应该在不同的地区进行，并且要避免为一般人群设计的产品在具有特殊喜好习惯的地区进行试验，比如嗜辣、嗜酸、嗜咸的地区。

（6）地区、民族、宗教、教育和职业　消费者试验人群的使用还和这些及其他一些因素（比如婚姻状况、家庭中子女人数、是否有宠物、住所大小等）有关，也应该仔细考虑。

9.2.2　试验人群来源：雇员、当地居民、一般人群

为了准确地选取试验人群样本，从原则上讲，公司雇员，公司所在地的居民都不应该纳入被选之列，但是由于如果这样做的话费用会较高，加上消费者试验的间隔时间较长，公司出于方便考虑，还是部分使用这些人来进行情感试验。

如果试验目的是产品质量维护，公司职员和当地居民作为试验对象就没有什么风险；如果试验目的是保持某产品目前的"感官强度"，公司雇员和当地居民作为试验对象就不合适，普通消费者认为很好的一项指标在他们看来可能就不那么好，因为他们对产品很熟悉，对产品的要求就会更苛刻。在这种情况下，可以使用公司雇员和当地居民来确定试验样品和某著名产品或对照样品之间接受性或喜好程度的差异。

如果使用得当并仅限于维护试验上，公司雇员的接受性试验还是非常有价值的，因为对产品和试验本身都很熟悉，他们一次能够评价更多的样品，对产品之间的差异也会识别得更好，答题也会很快，而且，这样的费用也比较低。雇员的接受性试验可以在工作时间在试验室内以中心地点试验的形式进行，也可以拿回家进行。

但是，对于新产品开发、产品优化或以提高产品质量为目的的试验，公司雇员和当地居民就不应该被用作试验人群，下面是使用公司雇员进行情感试验可能会产生的试验误差。

（1）公司雇员希望他们或他们同事生产的产品受青睐，或者他们心态不好，就想办法找原因来拒绝这些产品，这种情况下，就一定要将被测产品伪装起来，如果无法进行伪装，就要使用消费者品评小组。

（2）公司雇员和消费者在对产品性质的重视程度上有所不同，比如，公司雇员知道最近改进了工艺使得产品的颜色比较淡，这就会使他们给颜色淡的产品打分比较高，而忽略了其他性质。这种情况下，要把产品的颜色屏蔽掉之后才能进行试验，否则，只能进行公司外试验。

（3）当公司为不同市场分别生产产品时，比如肯德基针对中国市场、韩国市场和日本市场设计生产的三明治，一定要使用公司外的目标消费者进行试验，而不能使用本公司雇员。因为公司职员可能会知道这是为某市场设计的产品，这就违反了"盲目"试验（即试验人员对产品信息一无所知）的原则。

总之，试验的组织者要考虑充分，熟知每个可能产生误差的环节，而且，试验结果要和同类产品的真正消费者试验相对比，以确保试验的有效性。这样，试验组织者和员工品评小组就会逐渐了解市场需求，反过来这也可以更容易地发现并避免出现各种漏洞。

9.3　试验地点的选择

试验场所和地点会对感官检验的结果有多种影响，因为地理位置、场地内的一些因素会对产品的取样和测试有所影响。同一批消费者在不同的场所进行同一个试验，得到的结果却很可能不同，造成这些结果不同的主要原因有以下几点：

① 试验时间不同；

② 产品对照样品的准备和通常使用样品的准备方法的不同；

③ 家庭成员的影响；

④ 在中心地点（超市）得到一个单独的样品进行品尝与在家里和其他产品一起对样品进行品尝的不同；

⑤ 问卷的长短和难易程度不同。

根据试验地点，情感试验分类如下。

(1) 试验室试验　也叫公司内试验，这种试验的优缺点如下。

优点：

① 产品的准备和呈送可以严格控制；

② 容易通知雇员来参加试验；

③ 颜色和其他视觉因素可以被屏蔽掉，以便使参评人员集中精力对风味或质地进行评价。

缺点：

① 由于参评人员对产品的熟悉，会对结果有所影响；

② 非正常意义上的食用（比如，只是少量食用而不是食用整个产品）会影响对产品品质的评价；

③ 在准备和使用中产品的耐受性可能和家庭使用的产品有所不同。

(2) 中心地点试验　中心地点试验通常在消费者比较集中或者比较容易召集的地点进行，比如集市、购物区、教堂、学校操场等地。对试验有兴趣的人可以经过筛选被带到试验区，也可以事先通过电话筛选然后到达指定地点。每个场地参加的人数一般在 50～300 人，准备样品时要回避参评人员，准备好的样品用统一的容器盛装，并用 3 位随机数字进行编号。试验指令和问卷的问题要清楚明了，以防产生误导或分散注意力，问卷示例见 9.8。中心地点试验的优缺点如下。

优点：

① 参评人员在试验组织者的控制下品评产品，因此对试验中发生的问题会及时解决，得到反应的真实性很高；

② 产品由真正的消费者品评，试验结果的有效性很高；

③ 问卷的回收率高（同将样品带回家的试验相比）；

④ 可以由一个消费者品尝多个产品，试验开支会降低。

缺点：

① 从产品的准备、每人消费量和食用时间等条件来说，产品进行试验的环境是人工的，而不是食用该产品的自然条件，如家里、聚会或饭店等地；

② 能被问到的问题总是有限的，总有一些问题问不到，这就会限制信息量的获得。

(3) 家庭试验　家庭试验是消费者试验的终点，因为在家庭试验中，产品是在最自然的条件下被消费。参评人员要能够代表该产品消费群体，这种试验得到的结果是整个家庭的观点，而且家庭成员之间的相互影响也会被充分考虑。除了产品本身，家庭试验还会对产品的包装、产品说明等提供意见。一般来讲，家庭试验的规模是每个城市 75～300 个家庭，3～4 所城市。一般是比较两种产品，先提供第一种产品，4～7d 后提供第二种产品。两种产品不要同时提供，以免误导或者填错问卷。问卷示例见 9.8。

这种试验的优缺点如下。

优点：

① 产品在自然条件下使用；

② 有关产品喜好程度的信息是反复体会、品尝的结果，而不是中心地点试验那样仅凭第一感觉就得出的结果；

③ 可以充分实施统计取样计划；

④ 因为完成问卷的时间可以更长，因此有机会充分考虑产品的各项性质、包装、价格等，得到的信息量会更大。

缺点：

① 家庭试验耗时，一般要 1～4 周才能完成；

② 使用的品评人员范围较小，不像中心地点那样广泛；

③ 试验完成情况不好，有的家庭干脆是忘记试验的事，有的在最后阶段想起来，于是匆匆完成问卷；

④ 最多只能进行 3 个样品的比较，如果数目再多，对产品的使用条件就将是不自然的，这就违反了选择家庭作为试验地点的初衷；因此，有多个样品的试验，比如产品优化试验，就不能进行家庭试验；

⑤ 产品的准备可能没有按照标准进行，会对试验结果产生潜在影响。

9.4 情感试验方法：定性法

9.4.1 应用领域

定性情感试验是测定消费者对产品感官性质的主观反应的方法，由参加品评的消费者以小组讨论或面谈的方式进行，应用领域如下。

（1）揭示和了解没有被表现出来的消费者需求 一个典型问题是：为什么生活在城市，每天走柏油路的人却喜欢购买 4 轮驱动车？由包括人类学家在内的研究人员设计一些开放式的谈话内容，通过这种方式可以帮助市场人员了解消费者行为和产品使用的趋势。

（2）估计消费者对某种产品概念和产品模型的最初反应 当产品研究人员需要确定某种概念或者某种产品早期模型是否能被一般消费者接受，或者存在哪些明显的问题时，可以使用此方法。谈话可以使研究人员更好地了解消费者的最初反应，项目的方向可以依此做适当的调整。

（3）研究消费者使用的描述词汇 在设计消费者问卷和广告时，使用消费者熟悉的词汇要比使用市场部门和开发部门使用的词汇效果要好，定性情感试验可以使消费者用他们自己的话对产品性质进行自由讨论。

（4）研究使用某种特殊产品的消费者的行为 当产品研究人员希望确定消费者如何使用某种特殊产品或他们对使用过程的反应时，定性情感试验可以提供帮助。

下面谈到的几种定性情感试验需要受过高度培训的面试（谈话）人员，他们要做到在进行谈话/面试时不带个人感情色彩，同时还要具有洞察力，对事物进行综合、总结和汇报的能力。

9.4.2 分类

（1）集中小组讨论（Focus Group） 由 10～12 名消费者组成，进行 1～2h 的会面谈话/讨论，谈话/讨论由小组负责人主持，尽量从参加讨论的人员中发掘更多的信息。一般来讲，这样的讨论要进行 2～3 次。最后，讨论的纪要和录音、录像材料都作为试验原始材料收集起来。

（2）集中品评小组（Focus Panel）　这是集中小组讨论的一种变形，面试人还是利用（1）中使用的讨论小组，只是进行讨论的次数要多 2～3 次。这种方法的目的是先同小组进行初步的接触，就一些话题进行讨论，然后发给他们一些样品回家使用，使用产品之后再回过头来讨论使用产品的感受。

（3）一对一面谈　当研究人员想从每一个消费者那里得到大量信息，或者要讨论的话题比较敏感而不方便进行全组讨论时，可以采用一对一面谈的方式。面谈人可以连续对最多50 名消费者进行面谈，谈话的形式基本类似，要注意每个消费者的反应。

这种方法的一种变形是让一个人在面试地点或回到家中准备或使用某种产品，并对整个过程做书面记录或录制下来，然后就此过程由面试人员与该消费者进行讨论。和消费者进行交谈会给公司提供一些与他们想像完全不同的信息。

一对一交谈或对消费者的行为进行观察，可以使研究人员更深入地了解消费者的深层需要，这样才能开发新产品或开展新的服务业务。

9.5　情感试验方法：定量法

9.5.1　应用领域

定量情感试验是确定数量较多的消费者（50 人到几百人）对一套有关喜好、喜爱程度和感官性质等问题的反应的方法，一般应用在以下几方面：

① 确定消费者对某种产品的总体喜好情况；

② 确定消费者对产品的全面感官品质（气味、风味、外观、质地）的喜好情况；对产品的品质进行全面研究有助于理解影响产品总体喜好程度的因素；

③ 测定消费者对产品某一特殊性质的反应。使用强度、喜好等标度对产品性质进行定量测定能够积累一些数据，然后将它们同喜好程度打分和描述分析得到的数据联系起来。

9.5.2　定量方法的种类

按照试验任务，定量试验可以分成两大类，见表 9.2。

表 9.2　定量情感试验的分类

任　务	试验种类	问　题
选　择	喜好试验	你喜欢哪一个样品？
		你更喜欢哪一个样品？
分　级	接受试验	你对产品的喜爱程度如何？
		产品的可接受性有多大？

除了以上问题外，还可以以其他方式进行提问，试验设计中，在喜好或接受性问题之后经常有第二个问题，就喜好或接受的原因进行提问。

（1）喜好试验　某项情感试验是用喜好试验还是用接受试验要根据课题的目标来确定，如果课题的目的是设计某种产品的竞争产品，那么就要使用喜好试验。喜好试验是在两个或多个产品中一定选择一个较好的或最好的，但是它没有问消费者是否所有的产品他都喜欢或者都不喜欢。喜好试验分类见表9.3。

表9.3　喜好试验分类

试验种类	样品数量	喜　　好
成对喜好试验	2	从2个样品中挑出一个更好的(A-B)
排序喜好试验	3个以上	对样品喜好的顺序(A-B-C-D)
多对喜好试验 (所有样品都组对)	3个以上	一系列成对样品，每个样品都和其他样品组成一对(A-B,A-C,A-D,B-C,B-D,C-D)
多对喜好试验 (有选择的组对)	3个以上	一系列成对样品，由1、2个样品和2个以上样品组成一对(A-C,A-D,A-E,B-C,B-D,B-E)

【例1】　成对喜好试验——改良的花生酱

问题：应消费者的要求，提高产品的花生香气会使产品风味得到改善，研究人员研制出了花生香味浓度更高的产品，而且在差别试验中得到了证实。市场部门想进一步证实该产品在市场中是否会比目前已经销售很好的产品还受欢迎。

试验任务：确定新产品是否比原产品更受欢迎。

试验设计：筛选100名花生酱的消费者，进行中心地点试验。每人得到两份样品，50人的顺序是A-B，另50人的顺序是B-A，产品都以3位随机数字编号。要求参加试验人员必须从2份样品中选出较好的一个，$\alpha = 0.05$。试验卷如图9.1所示。

花生酱消费者试验

姓名：＿＿＿＿＿＿　　日期：＿＿＿＿＿＿

试验指令：

1. 首先品尝左侧的花生酱，然后品尝右侧的。

现在两个花生酱你都品尝了，哪一个你更喜欢？请在你喜欢的样品的编号上划钩。

□　　　　　　　　　　□

464　　　　　　　　169

2. 请简单陈述你的选择的原因。

＿＿＿＿＿＿＿＿＿＿＿＿＿＿＿＿＿＿＿＿

＿＿＿＿＿＿＿＿＿＿＿＿＿＿＿＿＿＿＿＿

图9.1　花生酱成对喜好试验问卷

试验结果：有62人选择新样品，根据附录一表8，新产品确实比原产品受欢迎。

结果的解释：新产品可以上市，并标明"浓花生香型"。

（2）接受试验　当产品研究人员想确定消费者对某产品的"情感"状态时，即消费者对产品的喜爱程度，应该应用接受试验。试验是将样品同某知名品牌产品或者是竞争对手的产品相比较，用图9.2所示的喜好标度来确定从"不接受"到"接受"或"不喜欢"到"喜欢"的各种程度（标度的详细内容可以参见第4章）。

如果用数字表示各种标度（见第4章），从接受分值可以推断出喜好情况，分值越高被喜欢的程度就越高。平衡的标度效果比较好，"平衡"是指正面类和负面类选项的数目一样多，而且各等级之间的跨度一致。图9.3中标度的使用就不是很广泛，因为它们不平衡，或者各等级之间跨度不一致。其中的6点标度法，正面选项所占比例过多，而且从不好到一般

图 9.2 接受试验中使用的各种标度方法举例

之间的跨度显然要比从非常好到优秀的跨度要大得多。类项标度、线型标度或量值估计标度等方法都可以在接受试验中使用。

9点法	6点法
极度喜欢	优秀的
强烈喜欢	特别好
非常喜欢	非常好
很喜欢	好
一般喜欢	一般
有点喜欢	很差
有点不喜欢	
一般不喜欢	
非常不喜欢	

图 9.3 不均匀喜好标度举例

【例 2】 同竞争产品比较的新产品的接受试验。

问题：一家大型谷物食品生产厂决定进军高纤维谷物食品市场，他们准备投入市场的有两种产品。而另外一家生产厂在市场中已经投入了一种产品，并且该产品的销售势头持续看好，已经在高纤维谷物食品中占据了领导地位。研究人员想知道同这种产品相比较，他们的两种新产品的接受度如何。

项目目标：确定这两种新产品和竞争产品相比，是否具有足够的接受度。

试验目标：在高纤维食品使用者中测定这三种食品的接受度。

试验设计：试验由 150 人参加，每人分别得到够食用 1 周的样品（新样品和竞争产品），将产品带回家食用，然后用图 9.3 中的 9 点语言标度法衡量产品的可接受度，填写问卷。一种产品被食用完之后，发放第二种产品，新产品和竞争产品的发放顺序要平衡。

试验的操作：先发放给参加试验人员够 1 周食用的一种产品，1 周结束后上交问卷和剩余样品；发放第二种产品，第二周结束后收齐问卷和剩余样品。

结果分析：分别将两种产品同竞争产品做 t 检验，各产品的平均接受度数值如表 9.4：

表 9.4　高纤维食品的消费者接受性试验结果

项 目	新产品	竞争产品	差 异	p 值
新产品 1	6.6	7.0	−0.4	<0.05
新产品 2	7.0	6.9	+0.1	>0.05

第一种产品同竞争产品的分数差别是 −0.4，p 值<0.05，说明第一种产品的可接受度远远低于竞争产品；第二种新产品同竞争产品的分数差别是 +0.1，p 值>0.05，说明二者之间没有显著差别。

解释结果：该项目负责人得出结论，第二种新产品具有同竞争产品相同的接受度，建议将该产品投入高纤维谷物食品市场。

9.5.3　单项性质评价

作为消费者试验的一部分，研究人员经常通过询问参评人员一些有关感官性质（外观、风味、气味、质地等）的问题来探询消费者接受或拒绝产品的原因，这些问题可以归纳为以下几类。

（1）对感官性质的情感反应

选择/喜好——就香气而言，你喜欢哪一个样品？

喜好——你认为该产品的质地如何？

〔特别不喜欢……………………………………特别喜欢〕

（2）对感官性质强度的反应

强度——该饼干的脆性如何？

〔没有……………………………………………很强〕

（3）强度的适宜程度

刚刚好/正合适——为该谷物产品的甜度定级：

〔没有甜味………………………………………太甜了〕

下面是一些感官性质方面的问题示例。

【例 3】　感官性质喜好性问题

1. 总体来说，你喜欢哪一个样品？463 ＿＿＿　812 ＿＿＿

2. 哪一个样品的颜色更好？463 ＿＿＿　812 ＿＿＿

3. 哪一个样品的可乐的感觉/效果更好？463 ＿＿＿　812 ＿＿＿

4. 哪一个样品的柠檬风味更好？463 ＿＿＿　812 ＿＿＿

5. 哪一个样品的甜度更好？463 ＿＿＿　812 ＿＿＿

上面这个例子就两个样品的各项性质进行了提问，要求受试者在两者之间选择一个。

【例 4】　用喜好标度评价单一产品的各项感官性质。

□　特别喜欢

□　很喜欢

□　一般喜欢

□　有点喜欢

☐ 既不喜欢也不不喜欢
☐ 有点不喜欢
☐ 一般不喜欢
☐ 很不喜欢
☐ 特别不喜欢

利用上面的标度回答下列问题：

认为该饮料的总体感觉如何？ _____

你认为它的颜色如何？ _____

你认为它的可乐感觉/效果如何？ _____

你认为它的柠檬风味如何？ _____

你认为它的调味料风味如何？ _____

你认为它的甜味如何？ _____

你认为它的质地/口感如何？ _____

　这个例子是就一个样品的各项性质进行提问，要求品评人员从"特别不喜欢"到"特别喜欢"为产品的各项性质定级。这样的问答在确定各项感官性质的重要性时，不是非常有效，因为这样评价时，品评人员给出的只是总体感觉，而且，即便某项性质得到了负面的评价，研究人员也无法确定不喜欢的方向，比如某产品的质地得到的评价是"很不喜欢"，那么它是太硬呢，还是太软？是太厚还是太薄？因此，不建议采用这种问答方式。

　【例5】　用"合适程度"评价炖牛肉的各项感官指标。

	☐	☐	☐
汤汁颜色	太浅	正合适	太深
	☐	☐	☐
蔬菜量	太少	正合适	太多
	☐	☐	☐
牛肉风味	太低	正合适	太高
	☐	☐	☐
盐的含量	太低	正合适	太高
	☐	☐	☐
调味料	太低	正合适	太高
	☐	☐	☐
汤汁的浓度	太稀	正合适	太稠

　【例6】　确定可乐各项感官指标的合适程度。

1. 颜色　　　☐ ☐ ☐ ☐ ☐ ☐ ☐
太浅　　　　　　　　　　太深

2. 可乐风味　☐ ☐ ☐ ☐ ☐ ☐ ☐
太淡　　　　　　　　　　太浓

3. 柠檬风味　☐ ☐ ☐ ☐ ☐ ☐ ☐
太淡　　　　　　　　　　太浓

4. 甜味　　　☐ ☐ ☐ ☐ ☐ ☐ ☐
不甜　　　　　　　　　　太甜

5. 稠度　　　☐ ☐ ☐ ☐ ☐ ☐ ☐
太稀　　　　　　　　　　太稠

6. 充气情况　☐ ☐ ☐ ☐ ☐ ☐ ☐
没有　　　　　　　　　　太多

例 5 和例 6 是用"合适程度"来估计各项感官指标的强度，这种方法一般不能通过计算平均值来进行分析，因为各程度之间的跨度是不均等的，但可以用以下方法进行计算。

① 计算品评人员的反应在各个程度的百分比，比如：

程度	太少	有点少	正合适	有点多	太多
反应（%）	5	15	40	25	15

② 利用 χ^2 检验，将被测产品的得分分布情况和知名产品的得分分布情况进行比较（参见第 11 章 11.2 的例 6，两个整体的比较中的 χ^2 检验）。

【例 7】 简单强度试验——指明意大利面条的下列各项感官指标的强度。

```
外观                  □ □ □ □ □ □ □ □
   1. 颜色强度    浅                      深
                      □ □ □ □ □ □ □ □
   2. 表面光滑度  粗糙                    光滑
                      □ □ □ □ □ □ □ □
   3. 碎屑        没有                    许多

风味                  □ □ □ □ □ □ □ □
   4. 熟面条味道  没有                    很浓
                      □ □ □ □ □ □ □ □
   5. 含盐量      没有                    很多
                      □ □ □ □ □ □ □ □
   6. 鸡蛋风味    没有                    很浓
                      □ □ □ □ □ □ □ □
   7. 新鲜风味    没有                    很浓

质地                  □ □ □ □ □ □ □ □
   8. 初始黏度    不黏                    很黏
                      □ □ □ □ □ □ □ □
   9. 坚实度      很软                    很坚实
                      □ □ □ □ □ □ □ □
   10. 弹性       很软                    很有弹性
                      □ □ □ □ □ □ □ □
   11. 僵硬度     没有                    很硬
```

例 7 是对各项指标用没有中点的强度标尺进行标度。为了估计每项指标的合适程度，指标的强度值一定要和该指标的总体可接受程度相联系。

9.6 定量情感试验的设计

（1）问卷的设计　在设计情感试验问卷时，有以下建议供参考。

① 问卷的长度要适当。如果要求回答的问题过多，试验的时间过长，会使参评人员的

注意力不集中。最好用最少的问题达到试验目的。

② 问题清楚，而且形式相似。在同一个问卷中要使用同一种标度，而且标度的方向要一致，都由小到大，或都由大到小。

③ 要就产品之间的主要差别提问，如果要求参评人员就感官性质回答问题，那么各产品的感官性质之间一定存在着差别，否则，参评人员将无法作答。

④ 问卷上要有开放式的问题，比如，在喜好性和接受性问题之后紧接着要问参评人员他们喜好或接受某产品的原因。

⑤ 将总体接受度或总体印象的问题放在合适的位置，使参评人员对产品的总体印象能有一个比较全面的考虑。许多情况下，感官分析人员喜欢将此类问题放在问卷的一开始，但更好的做法是将该问题放在各单项感官指标问题之后，这样，参评人员就可以将单项感官性质综合考虑，从而得出对产品的总体印象。

（2）试验过程的设计　感官评价试验在试验室内就不太好操控，而在试验室外进行的感官试验，比如中心地点试验和家庭试验，就更难控制，以下是一些建议。

① 试验条件　在中心地点试验中，试验人员和试验负责人员要严格遵守试验操作程序中有关场地大小、便利条件、地点和环境控制的要求，试验场所要选在离目标人群近而且参试人员容易找到的地方。试验环境（灯光、声音、气味等）和准备样品的试验空间要保证。具体负责试验的人和进行面谈的人手要足够。

② 试验负责人　试验负责人要受过培训而且经验丰富，即便这样，也要发给试验执行人员详细的试验说明。

③ 参加试验人员　每个试验都要根据试验目的和产品来选择适当的消费人群，确定好之后，要通知参评人员试验的地点、持续时间、试验产品的类型以及试验报酬的支付方式。

④ 样品　在进行情感试验之前，要对样品进行检查以便确定以下信息：

a. 样品确切来源；

b. 样品在运输和储存期间的存放条件；

c. 储存和运输的包装要求；

d. 运输方法；

e. 样品的描述分析，即文字形式的样品的各项感官性质，因为在设计问题时要用到。

样品的处理：见 9.9。

9.7　用其他感官检验方法辅助情感试验

（1）将情感试验的数据同描述分析的数据联系起来　对于产品开发和市场人员来说，消费者对产品的总体接受程度和购买倾向是执行产品有关决策的基础。尽管研究人员知道情感试验数据的重要性，他们还是经常对消费者的回答持怀疑态度，他们不十分相信消费者的回答是他们感受的真实反应。要解决这个问题就需要用更客观的感官手段来对各项感官性质进行测量，受过培训的描述分析小组或专业品评小组会给出产品的详细的各项感官性质，利用这个感官性质列表可以进行问卷的设计并对结果做出解释。将消费者的试验数据同这些品评小组的数据、产品的成分和加工工艺、或者产品的仪器分析和化学分析结果放在一起进行对比（如果可能的话），研究人员就可以发现产品性质和消费者接受性之间的真正关系。

如果被测样品达到 15～30 个，而且所测的是不同的几个感官性质的强度，那么就可以用统计方法进行分析。图9.4是几个例子，图（a）表示消费者接受性同描述分析小组对颜色的强度的评分之间的关系，这使得研究人员可以理解不同的强度对感官性质的影响，并且找出可接受的界限；图（b）横坐标表示异味的强度，纵坐标是消费者对风味的接受度，斜率很陡表明产品这一性质对产品的接受程度有着重要的影响；图（c）是消费者对脆性的接受程度同品评小组对脆性的强度给分之间的关系，从图可见，消费者对脆性的接受程度同描述分析品评小组的给分相关性很大，只是分值较高处，曲线上升变缓；图（d）横坐标是产品的甜度，纵坐标是消费者对产品的接受程度，将这两项消费者分值联系起来，可以看出消费者接受程度较好的甜度所处的范围。

图9.4中数据之间的关系是单变量的，而消费者数据经常和几个变量（产品、试验主体、一项或多项性质）有交互作用，这种情况下，就要使用多变量统计分析方法进行分析，比如主要因素分析（PCA）或最小二乘法（PLS），具体讲解见第12章。

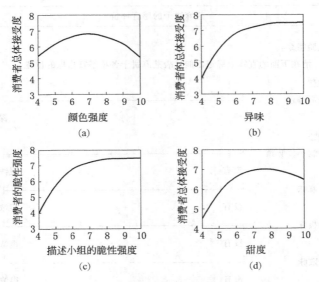

图9.4　感官性质分值同消费者接受度之间的关系

（2）利用情感试验确定货价期或质量期限　在产品质量控制中，经常使用一个描述分析品评小组来对产品的几个主要性质而不是所有的性质进行评价，这个小组的品评人员一般由产品开发部门内部的人组成，因为它和正常意义上的描述分析小组有所不同，因此被称为"修订描述分析小组"。在产品控制中，一般是将新鲜产品发给合适的消费者，由他们进行接受性试验，问卷中的问题是针对产品的某几项主要性质进行的提问。同时，修订描述分析小组也对产品的这几个性质进行评价，而且这种评价在产品的储存期间定期进行，每次都将产品同新鲜样品进行比较。

当修订小组发现储存的产品同新鲜产品在几个主要性质方面出现显著差异时，将样品再次发送给消费者，来确定消费者是否能觉察出这种差别，一旦修订小组品评出的差别能够同消费者的总体接受度的降低联系起来时，我们就认为这个小组具备了进行产品质量监控的能力，就可以在以后的货架期研究中执行常规的产品质量的监控任务了，因为小组的表现被认为可以反映目标消费者的反应。

【例8】　芝麻饼干的货架期

问题：某公司想确定一种新型芝麻饼干的售出时间期限，即产品生产包装上印刷的"×年×月×日之前出售"的期限。

项目目标：确定消费者感觉出产品有异味、不新鲜等不良特征的储存期限。

试验目标：①由公司内部品评小组确定产品在储存期间将被评定的主要感官指标；②将产品发放给消费者进行接受试验，（a）试验开始时；（b）内部品评小组第一次发现显著差别出现时；（c）在（b）之后每隔一定时间，直到消费者感觉出差别。

试验设计：同一批产品分别在 4 种不同的条件下存放 2 周、4 周、6 周、8 周、12 周，这 4 种条件是，标准＝0℃密封的容器；室温＝21℃／相对湿度 75％；潮湿＝29℃／相对湿度70％；热＝38℃／相对湿度 30％。

参加试验人员：25 名具有识别芝麻饼干不良特征的开发部人员，250 名芝麻饼干消费者。

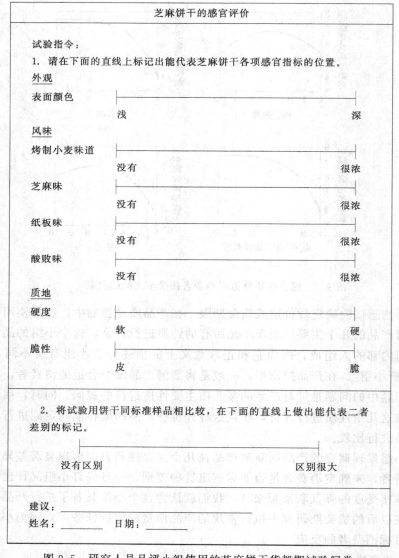

图 9.5　研究人员品评小组使用的芝麻饼干货架期试验问卷

感官方法：经过培训的研究小组使用如图 9.5 所示的问卷进行试验，使用线形标度为产品的主要 7 项指标进行打分，这 7 项指标都与饼干和芝麻的货架期相关。还用图中最后一个线形标度进行"与对照样品差别"试验。试验时，要告诉品评人员这些产品都来自货架期研究试验，但产品中可能含有新鲜样品，这样做的目的是防止品评人员下意识地认为越往后品尝的产品败坏的程度就越大。

每个参加试验的消费者都得到两个样品（一个是标准样品，一个是试验样品，顺序随机）和一份如图 9.6 所示的问卷。

结果分析：在最初的消费者接受试验中，消费者得到的是两个新鲜样品，二者的最低值都是 7.2，其他指标的分值也表明饼干是新鲜的、脆的。同样的两个样品经品评小组的评价，与对照样品的差异是 3.2。2 周和 4 周的样品没有显著差异，6 周时，在潮湿条件下存放的样品与对照样品的差异是 5.9，该值与 3.2 具有显著差异，而且，潮湿条件下的样品在"纸板味"一项上得分是 4.2，在"脆性"上得分是 5.1，而新鲜样品在这两项上的得分分别是 0 和 8.3，根据方差分析，这两项与新鲜样品比较都存在显著差异。潮湿条件存放 6 周的样品经消费者试验得到的接受度是 6.7，新鲜样品的接受度是 7.1，$p < 0.05$，存在显著差异。

```
┌─────────────────────────────────────────────────────────────────┐
│                    芝麻饼干消费者问卷                              │
├─────────────────────────────────────────────────────────────────┤
│ 试验指令：                                                        │
│ 1. 总体评价。请在最能代表你对产品印象的方框中打钩。               │
│   □      □      □      □      □      □      □      □      □       │
│ 特别喜欢 很喜欢 一般喜欢 有点喜欢 无所谓 有点不  一般不  很不喜欢 特别不 │
│                                     喜欢    喜欢            喜欢   │
│ 2. 在你认为能够代表产品各项指标程度的方框中打钩。                 │
│ 外观                                                             │
│ 颜色      □    □    □    □    □                                  │
│          淡                  深                                  │
│ 风味                                                             │
│ 咸味      □    □    □    □    □                                  │
│          不咸                非常咸                              │
│ 芝麻风味  □    □    □    □    □                                  │
│          陈旧,不新鲜          很新鲜                            │
│ 质构                                                             │
│ 脆性      □    □    □    □    □                                  │
│          皮                  脆                                  │
│ 余味      □    □    □    □    □                                  │
│          不好                好                                  │
├─────────────────────────────────────────────────────────────────┤
│ 评语：                                                           │
│ _____                 │
│ _____                 │
├─────────────────────────────────────────────────────────────────┤
│ 姓名：_____              日期：_____                   │
└─────────────────────────────────────────────────────────────────┘
```

图 9.6　芝麻饼干货架期的消费者问卷

产品研究人员决定当品评小组得到的与对照样品的差异大于 5 时，对另外两种产品（室温和热）进行消费者试验。随后的试验证明，只有当品评小组给出与对照样品差异大于 5.5 时，消费者才能觉察出试验样品与对照样品的差异。因此，在以后的货架期试验中，都以与对照差异为 5.5 作为临界值，该值不仅具有统计意义，还具有实际意义。

9.8 消费者试验问卷举例

消费者实验中，问卷的设计非常关键。设计的题目要能够全面反映产品性质，每个问题和问卷总长度又不宜过长，否则，消费者会失去耐心而影响实验效果。因为消费者都是没有经过培训的，涉及食用方式的说明时，要做到简单明了，容易理解。

A. 棒棒糖问卷

姓名：_____

产品编号：_____

棒棒糖

- 请在试验前漱口
- 对你面前的产品进行评价，方法是：先观察再品尝。
- 综合考虑包括外观、风味和质构在内的所有感官特性，在能够代表你对该产品总体印象的方框中打钩。

☐ ☐ ☐ ☐ ☐ ☐ ☐ ☐ ☐ ☐

特别不喜欢　　　　　　　　无所谓　　　　　　　　特别喜欢

评语：请具体写出你对该产品哪些方面喜欢哪些方面不喜欢。

　　　　　喜欢　　　　　　　　　　　不喜欢

☐ _____　　_____

　　_____　　_____

1. 棒棒糖喜好问题

请在相应的方框中打钩，表示你对该产品下列各性质的喜爱程度。如果有必要的话，你可以再次品尝样品。

总体外观

☐ ☐ ☐ ☐ ☐ ☐ ☐ ☐ ☐ ☐

特别不喜欢　　　　　　　　无所谓　　　　　　　　特别喜欢

总体风味

☐ ☐ ☐ ☐ ☐ ☐ ☐ ☐ ☐ ☐

特别不喜欢　　　　　　　　无所谓　　　　　　　　特别喜欢

总体质地

☐ ☐ ☐ ☐ ☐ ☐ ☐ ☐ ☐ ☐

特别不喜欢　　　　　　　　无所谓　　　　　　　　特别喜欢

2. 棒棒糖各项性质具体评价

请在相应的方框中打钩，来表明你对该产品下列各项感官性质的喜爱程度和它们的强度/水平，如有必要，可以再次品尝该产品。

外观　　　　　　　　　　喜爱程度　　　　　　　　　　性质的强度/水平

颜色　　　☐☐☐☐☐☐☐☐☐　　☐☐☐☐☐☐☐☐

　　　　特别不喜欢　　无所谓　　特别喜欢　　　淡　　　　　　深

154

	特别不喜欢　　　无所谓　　　特别喜欢	
颜色的均匀性	☐☐ ☐ ☐ ☐☐ ☐ ☐ ☐☐	☐☐ ☐ ☐ ☐☐ ☐
		不均匀　　　　　　　　均匀
破损气泡的数量	☐☐ ☐ ☐ ☐☐ ☐ ☐ ☐☐	☐☐ ☐ ☐ ☐☐ ☐
	特别不喜欢　　　无所谓　　　特别喜欢	没有　　　　　　　　许多

风味

	特别不喜欢　　　无所谓　　　特别喜欢	
巧克力	☐☐ ☐ ☐ ☐☐ ☐ ☐ ☐☐	☐☐ ☐ ☐ ☐☐ ☐
		没有　　　　　　　　很高
花生	☐☐ ☐ ☐ ☐☐ ☐ ☐ ☐☐	☐☐ ☐ ☐ ☐☐ ☐
	特别不喜欢　　　无所谓　　　特别喜欢	没有　　　　　　　　很高
烤制香味	☐☐ ☐ ☐ ☐☐ ☐ ☐ ☐☐	☐☐ ☐ ☐ ☐☐ ☐
	特别不喜欢　　　无所谓　　　特别喜欢	没有　　　　　　　　很高
甜味	☐☐ ☐ ☐ ☐☐ ☐ ☐ ☐☐	☐☐ ☐ ☐ ☐☐ ☐
	特别不喜欢　　　无所谓　　　特别喜欢	没有　　　　　　　　很高

质地

	特别不喜欢　　　无所谓　　　特别喜欢	
坚实度	☐☐ ☐ ☐ ☐☐ ☐ ☐ ☐☐	☐☐ ☐ ☐ ☐☐ ☐
		软疡　　　　　　　　坚实
坚果的脆性	☐☐ ☐ ☐ ☐☐ ☐ ☐ ☐☐	☐☐ ☐ ☐ ☐☐ ☐
	特别不喜欢　　　无所谓　　　特别喜欢	不脆　　　　　　　　脆
融化速度	☐☐ ☐ ☐ ☐☐ ☐ ☐ ☐☐	☐☐ ☐ ☐ ☐☐ ☐
	特别不喜欢　　　无所谓　　　特别喜欢	慢　　　　　　　　　快
糊嘴性	☐☐ ☐ ☐ ☐☐ ☐ ☐ ☐☐	☐☐ ☐ ☐ ☐☐ ☐
	特别不喜欢　　　无所谓　　　特别喜欢	没有　　　　　　　　糊嘴

B. 面巾纸问卷

姓名：_____

产品编号：_____

面巾纸

■ 请在试验前将手洗净。

■ 对你面前的产品进行评价。

■ 观察你面前的面巾纸，将其展开，并触摸，回答下列问题。

总体印象

综合考虑包括外观、手感等性质在内的因素，给出你对该产品的总体印象分。在相应的分数上画圈。

0　　1　　2　　3　　4　　5　　6　　7　　8　　9　　10

特别　　　　　　　　　　　　无所谓　　　　　　　　　　　特别

不喜欢　　　　　　　　　　　　　　　　　　　　　　　　不喜欢

评语/建议：请具体说明你喜欢或不喜欢该产品的哪些方面。

喜欢　　　　　　　　　　　　　不喜欢

_____　　　　　　_____

_____　　　　　　_____

_____　　　　　　_____

1. 面巾纸喜好问题

请说明你对下列性质的喜好程度，在相应的分数上画圈。

总体外观

0　　1　　2　　3　　4　　5　　6　　7　　8　　9　　10

特别不喜欢　　　　　　喜欢/不喜欢　　　　　　特别不喜欢

总体质地

0　　1　　2　　3　　4　　5　　6　　7　　8　　9　　10

特别不喜欢　　　　　　喜欢/不喜欢　　　　　　特别不喜欢

2. 面巾纸具体评价

就下列性质对面巾纸进行评价，在相应的分数上画圈，表明你对产品各项性质的喜好程度和它们的强度。

	喜好	强度
表面光泽	1 2 3 4 5 6 7 8 9 10	0 1 2 3 4 5 6 7 8 9 10
	特别不喜欢　　无所谓　　特别喜欢	暗淡　　　　　　　　有光泽
颜色	1 2 3 4 5 6 7 8 9 10	0 1 2 3 4 5 6 7 8 9 10
	特别不喜欢　　无所谓　　特别喜欢	发灰　　　　　　　　有亮度
表面印花	1 2 3 4 5 6 7 8 9 10	0 1 2 3 4 5 6 7 8 9 10
	特别不喜欢　　无所谓　　特别喜欢	没有　　　　　　　　有印花
表面斑点	1 2 3 4 5 6 7 8 9 10	0 1 2 3 4 5 6 7 8 9 10
	特别不喜欢　　无所谓　　特别喜欢	没有斑点　　　　　　有斑点
挺刮性	1 2 3 4 5 6 7 8 9 10	0 1 2 3 4 5 6 7 8 9 10
	特别不喜欢　　无所谓　　特别喜欢	不挺刮　　　　　　　挺刮
表面平滑度	1 2 3 4 5 6 7 8 9 10	0 1 2 3 4 5 6 7 8 9 10
	特别不喜欢　　无所谓　　特别喜欢	粗糙　　　　　　　　平滑
质感	1 2 3 4 5 6 7 8 9 10	0 1 2 3 4 5 6 7 8 9 10
	特别不喜欢　　无所谓　　特别喜欢	单薄　　　　　　　　有质感
柔软度	1 2 3 4 5 6 7 8 9 10	0 1 2 3 4 5 6 7 8 9 10
	特别不喜欢　　无所谓　　特别喜欢	不软　　　　　　　　很软

9.9　消费者试验的样品准备程序设计

9.9.1　准备程序包括的内容

由于消费者试验参加人数多，实验用样品数量大，一定要在实验之前进行认真的准备工作，以免出现问题，或者出现了问题，可以及时找到问题原因，从而尽快解决。一般要对以下情况进行记录。

（1）样品自身情况

---

1. 产品的筛选
（1）试验目的：＿＿＿＿＿＿＿＿＿＿＿＿＿＿＿＿＿
＿＿＿＿＿＿＿＿＿＿＿＿＿＿＿＿＿＿＿＿＿＿＿＿＿

（2）样品的选择
a. 变量：＿＿＿＿＿＿＿＿＿＿＿＿＿＿＿＿＿＿＿＿
＿＿＿＿＿＿＿＿＿＿＿＿＿＿＿＿＿＿＿＿＿＿＿＿＿

b. 产品/品牌：＿＿＿＿＿＿＿＿＿＿＿＿＿＿＿＿＿＿
＿＿＿＿＿＿＿＿＿＿＿＿＿＿＿＿＿＿＿＿＿＿＿＿＿

（3）原因：＿＿＿＿＿＿＿＿＿＿＿＿＿＿＿＿＿＿＿
＿＿＿＿＿＿＿＿＿＿＿＿＿＿＿＿＿＿＿＿＿＿＿＿＿

---

2. 样品信息

（1）样品来源：_____

_____

出厂时间：_____

地点：_____

_____

编号：_____

包装条件：_____

_____

（2）样品的存放：_____

_____

（3）其他：_____

（2）样品的存放与呈送情况

3. 产品的准备

总量：_____

其他成分：_____

温度（储存/准备）：_____

准备时间：_____

存放时间：_____

容器：_____

其他：_____

特殊说明之处：_____

4. 产品的呈送

数量：_____

容器/工具：_____

编号：_____

大小：_____

温度：_____

呈送程序：_____

其他：_____

（3）参评人员情况

```
5. 参加试验人员
年龄范围：_____
性别：_____
产品的使用：_____
        _____
食用该产品的频率：_____
可参加实验的时间：_____
```

9.9.2　准备程序设计举例（棒棒糖）

```
1. 产品的筛选
（1）试验目的：
        确定消费者对含有不同巧克力和花生比例以及花生烤制程度的棒棒
        糖的接受度和各感官指标的喜好程度。
（2）样品的选择
a. 变量：棒棒糖表面巧克力糖衣量；花生量；花生的烤制程度。
b. 产品/品牌：选择 18～22 种试验生产样品，2 种其他厂家产品；对每种样品
            进行描述，每种产品待测数量为 12～15 个。
（3）原因：挑选出的 14 个样品在花生/巧克力比例，花生烤制风味以及坚果的
        脆性上表现出了不同。
```

```
2. 样品信息
（1）样品来源：试验生产样品和市售的其他厂家样品。
样品出厂时间：   3 个月
产地：本公司，××厂和×××厂。
编号：本公司编号为 L432-439，其他厂家产品为 489 和 423。
包装条件：所有样品都用铝箔纸包装。
（2）样品的存放：所有样品在试验前都存放 3 周，每 24 个样品放于一个盒子
            中，存放条件为 18℃,50％相对湿度。
（3）其他：   无
```

3. 产品的准备

总量：每个实验地点 250 只（150 个试验地点）

其他成分：　　无

温度（储存/准备）：18～23℃。

准备时间：　　无

存放时间：　　无

容器：塑料盘子

其他：在呈送给参试人员之前才能将样品打开，切忌过早暴露于空气中；不要
呈送折断的、裂开的和有坑注的样品。

特殊说明之处：用手拿样品的时间不要过长，以免融化或有其他损伤。

---

4. 产品的呈送

数量：每个消费者得到一整支

容器/工具：塑料盘子

编号：3 位随机编码。

大小：一整支棒棒糖

温度：18～23℃。

呈送程序：将样品放在直径 15cm 的盘子中间。

其他：呈送顺序另行准备。

---

5. 参加试验人员

年龄范围：12～25 岁占 50％；25～55 岁占 50％。

性别：男性女性各占 50％。

产品的使用：在最近的一个月之内食用过巧克力糖衣的棒棒糖。

食用该产品的频率：每年食用 5 支以上。

可参加实验的时间：下午 3～5 点，或晚上 7～9 点。

10 影响感官判断的因素

从理论上来说，一个好的感官品评人员能够像仪器一样不受自身和外界因素的影响而精确地进行测量工作，但人毕竟不是仪器，还是很容易出现偏差的。为了使偏差降到最低，感官分析人员有必要了解一些影响感官判断的基本的心理和生理学因素。人对外界的接受不是一个被动的过程，而是一个主动的、进行选择的过程。一个观察者能够记录下来的只是他愿意看到并认为有意义的一些因素的综合，而其余的即便从他眼前经过，他也不见得记住。如果希望观察人员按照我们所希望的思路工作，就必须对他们的思想有所限制，就好比把他们的思维放在一个框架里一样，感官检验中的培训工作起到的就是这个作用。通过培训，使品评人员的行为规范、统一（比如同样的进食方法、进食顺序）、思路一致（比如使用同样的问答卷），从而避免了许多在评价过程中可能出现的各种各样的偏差。

10.1 生理因素

（1）适应性 适应是由于长时间地暴露于一种刺激或与之相类似的刺激下而造成的对该刺激的敏感性降低或改变的现象。在阈值确定和感官强度的评价中，这是一项非常重要的误差产生的来源。

来看两个交叉适应的例子，先看第一个：

	适应刺激	试验刺激
A	水	阿斯巴甜
B	蔗糖	阿斯巴甜

在条件 A 下，先品尝水，再品尝阿斯巴甜；在条件 B 下，先尝蔗糖，再尝阿斯巴甜。在条件 B 下，品尝者一定会觉得阿斯巴甜的甜度比实际的低，因为在这之前，他尝的样品是蔗糖，蔗糖降低了他对甜味的敏感性，而在条件 A 下，由于在品尝阿斯巴甜之前品尝的是水，水不会降低对甜味的感觉，或者说不会造成甜味疲劳，因此，对甜味的敏感性不会受到影响。再来看第二个例子：

	适应刺激	试验刺激
A	水	奎宁
B	蔗糖	奎宁

此例中适应刺激物不变，只是试验刺激物发生变化，试验结果是什么呢？在条件 A 下，同样由于适应刺激是水，不会影响对苦味的敏感性，因此，对奎宁苦味的敏感性不会发生改变，而在条件 B 下，由于品尝奎宁之前品尝的是蔗糖，它会增加对苦味的敏感度，因此，在条件 B 下，感觉到的奎宁的苦味一定比实际要高。

（2）增强或抑制作用 增强或抑制效果是由于同时存在的几种刺激相互作用而表现出来

的结果。

增强：由于一种物质的存在而使另外一种物质的感知强度得到增强。

协同：由于一种物质的存在而使得该物质和另外一种物质的混合强度得到增强，即两物质混合的强度比两种物质的强度相加的和要高。

抑制：由于一种物质的存在而使该物质和另外一种或多种物质的混合强度降低。

以上各种作用可以用下面的表达式来体现：

① 混合物的总强度

表达式	效果
MIX＜A＋B	混合抑制
MIX＞A＋B	协同效应

② 可分析的单一成分的强度

表达式	效果
A′＜A	混合抑制
A′＞A	增强效应

其中 MIX 代表混合物，A 表示未混合之前 A 的强度；A′表示成分 A 在混合物中的强度。

10.2　心理物理学因素

（1）期望误差　在对某一样品进行评价时，我们所知道的样品的信息可能会影响对样品的判断，因为我们总会在样品中发现事先期待的东西。比如，在进行阈值测定的试验中，所测定样品的浓度一般是不断增加的，如果品评员意识到了这一点，那么即便他所检测的样品的浓度不是依次递增的，他也会得出浓度递增的结论；如果品评员听说所检测的样品是由于过期而被销售商返回的产品时，他会很容易在样品中感受到与过期食品有关的气味；如果品尝啤酒的品评人员知道啤酒使用的酒花来源，他对啤酒苦味的判断也会受到影响。因此，期望误差能够严重地影响感官检验的有效性，在进行检验时，一定不能向品评人员透露任何关于样品来源的信息。这也是为什么样品要随机编号，而且呈送顺序也要随机的原因。有人曾经说，训练有素的品评员应该可以不受这些信息的干扰，但实际上，品评人员自己也不知道他的判断会在多大程度上受到这些信息的影响，所以，为了保险起见，我们还是应该向品评人员封锁有关试验样品的信息。

（2）习惯误差　人类受习惯的影响非常大，以至于有这样的说法，"人类是习惯的奴隶"，至少这个说法在感官检验中是正确的，而且还可以由于习惯引起另外一种判断误差——习惯误差。习惯误差的表现是对于缓慢递增或递减的刺激给出的是相同的反应，比如，在每天都进行的例行产品评价中，由于这种工作每天都进行，而且每天产品之间的差别确实不是很大，因此品评人员对此已经非常习惯了，即便哪一天真的出现了不一样的产品，品评员还是受习惯的支配，给出和以往产品相同的分数，而不能发现达不到要求的产品。习惯误差是非常常见的，可以通过改变产品种类或将有缺陷的产品故意混到正常样品中去等方法来克服。

（3）刺激误差　刺激误差是由不相关的判断标准引起的误差，比如品评者对饮料风味的判断会受到饮料容器的颜色或类型的影响。如果这种不相关的标准暗示着某种差别的存在，那么品评人员就可能得出产品之间有差别的结论，而实际上，这种差别是不存在的。举一个例子，在美国，拧盖的瓶子装的葡萄酒的价格通常比较低，有人做过这样的实验，由同一批人分别对拧盖装葡萄酒和软木塞装葡萄酒打分，结果是拧盖装的得分比软木塞装的得分要低。再比如，在同一个品尝实验中，后来呈送的样品的风味的得分总是比前面的高，因为品评人员通过以往的经验知道，为了防止感官疲劳，试验的组织者一定将风味差的样品先呈送，风味浓的样品后呈送。为了减少这一类误差，可以在样品的呈送方式和顺序上做一些经常的而又不规律的变化。

（4）逻辑误差　当品评员将样品的两个或多个特性联系起来时，就可能产生逻辑误差。如果品评人员知道颜色浓的啤酒通常风味更好，颜色深的蛋黄酱通常是存放时间比较久时，他们对这两种产品的真实判断都会受到以上两种经验的影响。要想降低逻辑误差，一定要使被评价的产品各方面都一致，比如，啤酒的颜色不能有深有浅，将外观上的差异通过有颜色的眼镜或者灯光屏蔽掉。而有些误差不能屏蔽，但可以通过其他方式做到，比如味道苦的啤酒通常获得的酒花香气的分值较高，为了打破苦味和酒花香气之间的逻辑关系，可以将加入了奎宁的低酒花含量的啤酒混入被检样品中，以示低酒花含量的啤酒的味道同样可以苦。

（5）光环效应　当评价样品一个以上的指标时，这些指标会发生相互影响，这就叫光环效应。这种效应的表现是对产品的几个指标和总体接受性同时打分与对各指标单独打分得到的结果不一样，比如，在对某橘汁进行检验的消费者试验中，要求品评人员对产品的总体喜爱程度和几项指标同时打分，结果是，总体喜爱程度高的样品的其他指标（甜度、酸度、新鲜橘子味道、风味强度、口感）得分也高，而总体喜爱得分低的样品，各项指标的得分都很低。补救方法，如果产品当中的某项指标很重要时，可以对该项指标单独评价。

（6）样品的呈送顺序　样品的呈送顺序至少可以引起5方面的误差。

① 对比效果　如果在一个质量非常好的样品之后呈送的是质量很差的样品，那么这个样品的得分就要比单独评价时低。举个简单例子，进行各种表演比赛时或者演出时，谁都不愿意在实力最强或名气最大的参赛者或者演员后面出场，因为那样结果谁都知道，那就是只能作陪衬。如果把刚才的顺序颠倒一下，在质量很差的样品之后呈送一个质量好的产品，那么它的得分一定比正常情况要高。

② 群体效应　如果将一个质量好的样品放在一组质量差的样品中被一起评价，那么它的得分一定比单独评价要低。这和对比效果的结果正好相反。

③ 中心趋势误差　在一组样品中处于中间位置的样品被选择的机会总是比处于两端的样品的机会大。比如在三角检验中，处于中间位置的产品被选择为"不一样"的样品的机会总是大于其他位置。在标尺的使用上也有同样的问题，即品评员倾向于使用标尺的中间部分的刻度，而较少使用两端的刻度。

④（呈送）方式影响　品评员总会下意识地利用一切可能的线索来猜测呈送方式内在的规律，这对品评员来说是允许的，也是不可避免的。

⑤ 时间效应/位置效应　品评员的态度会随着试验的进行而发生微妙的改变的，可能从对第一个样品的热切期待到最后一个样品的疲惫甚至是漠然。通常，品评员对第一个样品总是最关注的，得出的结论要么是非常喜欢，要么是非常不喜欢。开始两对样品之间的差别总是比其他样品之间的差别要大。短期的品尝（不断的取样、评价）通常会使对第一个样品产

生不利的影响，而长期的品尝（拿回家的为期一周的品尝试验）会对最后一个样品产生不利的影响。

所有以上这些影响都要通过使用随机、均衡的呈送顺序来抵消或降到最低限度。"均衡"的意思是每一种可能的组合被呈送的次数都是一样的，每一个样品在每个试验中，出现在呈送顺序的各位置上的次数都是一样的。"随机"的意思是指样品的编号是按随机号码编排的，而且每一种组合被选择的顺序也是随机的。

（7）相互建议　一个品评员的反应可能受到其他品评员的影响。因为这一点，评价才在单独的品评室进行，这样可以避免哪怕是看到其他品评员的面部表情而受到的影响，用语言交流对产品的观点更是不允许的。试验区还应该保持安静和没有其他可能分散注意力的外界因素的干扰，同时要远离准备区。

（8）缺少积极性　我们都知道，品评员是否能够努力去分辨产品之间细微的差别、为某种感觉找到一个合适的描述方式、或者在为产品打分上做到前后一致，对试验的结果都起着决定性的作用。一个品评小组的组长，或者是该试验的组织者有责任营造一个和谐宽松的工作氛围，使得各品评人员有积极工作的热情，只有对工作有兴趣的品评员才能高效率地工作。为了激发品评员的工作热情，应该做到让他们充分理解所要执行的工作内容，而且对各种规定也要很清楚，同时让他们知道每次品评的结果，应该让品评人员感到他们工作的重要性，这些都有助于提高他们的工作积极性和认真程度。

（9）标尺的使用方式　正如我们多次提到的，有的品评员愿意使用标尺的两侧，使得他们的结果和其他品评员的结果无法比较，而还有的人比较保守，总是使用标尺的中间部分，这样得到的结果就是产品之间的差别很小。为了保证实验结果的有效性、可重复性，小组组长应该对新加入的品评员的打分情况有所掌握，并向他们出示以前评价过的样品的各项指标的得分，如果必要的话，还可以使用人为制造的样品向他们讲述如何正确使用标尺为产品打分。

10.3　不良的身体状况

如果品评人员有下列情况，应该不参加品评工作：①感冒或者高烧，或者患有皮肤系统的疾病，前者不宜从事品尝工作，后者不宜参加与样品有接触的质地方面的评价工作；②口腔疾病或牙齿疾病；③精神沮丧或工作压力过大。

吸烟者可能具有很好的品评能力，但如果要参加品评试验的话，一定要在试验开始30～60min之前不要吸烟。习惯饮用咖啡的人也要做到在试验前1h不饮咖啡。

一般的品尝试验都要安排在三餐之后的2h以后进行。对于每天都要参加品评工作的人来说，工作的最佳时间是上午的10点到午饭之间，对于只参加一次试验的人来说，参加品评的时间可以由他们自己决定，因为这一类的品评工作通常会从早上一直持续到下午，从理论上说，他们工作的最佳时间是他的精神状态最佳、所有的精神系统都处于高峰的时候。

11 感官检验中的基本统计学知识和常用方法

统计学是感官研究的一个重要组成部分，要成为一名专业感官研究人员，必须具备比较全面的统计学知识。那么为什么统计学在感官研究中具有如此重要的地位呢？主要原因是在测定当中存在着不可避免的误差，比如，同一个人对同一对象的重复观察与第一次不一样，不同品评人员对同一样品也会给出不同的分数。在感官检验中，误差产生的根源是什么呢？是它所使用的测量工具，也就是人的不同造成的。首先，人的生理构造不同，因此，不同的人对感官刺激会有不同的敏感度和反应值；第二，环境因素的影响，即使同一个人，在不同的心情和环境下，其感官功能也有差别；第三，人们在语言表达上有所差别，使用标度的方式也不同，比如有的人比较保守，总喜欢使用中间部分的标度，而有的人则喜欢使用较低的数值部分。这就是以人作为测量仪器的特点，与用仪器进行测量的物理或化学方法相比，增加了波动性，这使得统计方法在感官检验中变得非常必要。

统计学对感官数据的分析和阐述有 3 条重要途径，首先是描述功能，是对结果的简单描述，如用平均值和标准偏差来对数据进行概括；其次是推论功能，是为试验提供依据，如不同的组分和工艺条件会引起产品感官性质的变化，这些变化不是偶然的，通过统计学的分析，可以为生产提供进一步的依据；第三是衡量功能，统计学可以衡量试验变量（独立变量）和所得数据（非独立变量）之间的相关程度。

11.1 常用统计数据的计算

(1) 数值的计算 对于一组数据，基本的统计项目包括平均值和样本标准差。

a. 平均值：是对数据分布的中心/中心趋势的估计，公式为：

$$\bar{x} = (\sum_{i=1}^{n} x_i)/n$$
$$= (x_1 + x_2 + x_3 + \cdots + x_n)/n \qquad (11.1)$$

b. 样本标准差（Sample standard deviation, sd）：是对平均值的波动幅度或覆盖范围的估计，公式为：

$$s = \sqrt{\frac{\sum_{i=1}^{n} x_i^2 - (\sum_{i=1}^{n} x_i)^2}{n(n-1)}} \qquad (11.2)$$

c. 中值（Median）：在所有数据中排序处于中间位置的数值。如果数据的个数是奇数，那么排序处于中间位置的数值就是中值。如果是偶数，中值则为排序处于中间位置的两个数字的和的一半。

d. 标准误差（standard error, SE）：

$$\mathrm{SE} = s/\sqrt{n} \tag{11.3}$$

其中 s 为样本标准差。

以上 4 个参数，如果数据数量少，可以通过手工计算，如果数量多，还是建议使用 Excel 计算或者利用相应的统计软件计算。下面让我们看一个例子，在 4 个城市分别由 30 名品评人员对某产品进行了总体喜爱程度试验，所用的标尺是 15cm 长的直线，得到的结果见表11.1。这组数据的综合统计结果见表 11.2。

表 11.1　消费者总体喜爱试验数据

品评员编号	城市 A	城市 B	城市 C	城市 D	品评员编号	城市 A	城市 B	城市 C	城市 D
1	12.6	10.4	7.9	10.3	16	11.9	10.3	5.2	9.9
2	9.8	10.4	7.8	11.7	17	9.9	11.7	7.2	11.9
3	8.6	8.9	6.3	11.5	18	11.3	9.8	8	8.8
4	9.8	8	11.1	9.9	19	10.4	10.2	9.1	12.3
5	15	10.4	5.5	11.7	20	11.8	9.5	8.4	8.6
6	12.7	11	6.5	10.3	21	12.4	12.6	4	11.9
7	12.8	7.4	8.8	11.6	22	8.9	9.5	6.9	9.3
8	9.5	10.5	5.2	12.1	23	11.4	12.9	6.6	10
9	12.4	9.2	7.8	11.6	24	6.9	11.1	7.4	10.2
10	9.6	9.2	7.6	12.3	25	8.8	13.3	7.3	10.8
11	9.2	9.8	6.3	12.4	26	11.6	12.9	7.5	12.7
12	7.1	9.1	7.1	10.5	27	11.3	11.4	9.1	11.1
13	9.9	9.7	8	12.4	28	9.7	9	6.9	11.9
14	12.4	10.3	5.7	14.4	29	10	10.1	8.4	10.2
15	8.7	9.1	5.5	11.1	30	11.2	11.2	6.1	10.1

表 11.2　4 个城市消费者总体喜爱试验数据的综合统计结果

城　市	数据个数	平均值（$\bar{x}$）	中值（Median）	样本标准差（sd）	标准误差（SE）
A	30	10.557	10.2	1.793	0.327
B	30	10.290	10.25	1.401	0.256
C	30	7.173	7.25	1.448	0.264
D	30	11.117	11.4	1.276	0.233

（2）置信区间　置信区间是某参数真实值的可能变化范围，可用来判断数值是否精确。置信区间有三种类型，单边置信度上限区间、单边置信度下限区间和双边置信区间。计算公式见表 11.3。

其中 α 代表的是置信度水平，如果 $\alpha=0.05$，那么置信区间是 $100\times(1-\alpha)=95\%$。$n-1$ 叫做自由度，t 值可由附录一表 3 查得。例如对于上例中的城市 A，$x=10.56$，$n=30$，$n-1=29$，$\alpha=0.05$，从附录一表 3 得 $t_{0.05,29}=1.699$，$s=1.79$，因此，它的置信度下限是：

表 11.3　置信度区间的计算公式

区间类型	计算公式
单边置信上限区间	$x+t_{\alpha,n-1}s/\sqrt{n}$
单边置信下限区间	$x-t_{\alpha,n-1}s/\sqrt{n}$
双边置信区间	$x\pm t_{\alpha/2,n-1}s/\sqrt{n}$

$$10.56-1.699(1.79)/\sqrt{30}$$
$$=10.56-0.56$$
$$=10$$

这表明，研究人员有 95% 的把握，城市 A 的消费者对产品的总体喜爱程度不会低于 10。

现在我们来计算城市 A 的双边置信区间，计算公式为：

$$x \pm t_{\alpha/2, n-1} s / \sqrt{n} \qquad (11.4)$$

从附录一表 3，得 $t_{0.025, 29} = 2.045$。

因此，双边置信区间是：

$$10.56 \pm 2.045(1.79) / \sqrt{30}$$
$$= 10.56 \pm 0.67$$

或者

$$(9.89, \ 11.23)$$

也就是说，研究人员有 95％的信心，城市 A 的消费者对产品的总体喜爱程度在 9.89 和 11.23 之间。

11.2 假设检验

试验研究的目的通常是确定某未知参数的值是否等于一特定值，或者两个未知参数是否相等。这种判断可以通过统计假设检验来确定。假设检验的过程有以下几步：

① 确定否定假设 H_0；

② 确定取代假设 H_a；

③ 收集、整理数据；

④ 计算 t 值；

⑤ 将 t 值同临界值比较，若 t 值大于临界值，拒绝否定假设，接受取代假设。

现在我们举例说明什么是否定假设和取代假设。某食品厂在该厂生产的饼干中使用了一种便宜的甜味剂来代替以前的甜味剂，他们想知道替换以后的产品甜度是否同原来一样。否定假设和取代假设分别是：

H_0：T1＝T2 （T1 代表原产品的甜度，T2 代表新产品的甜度）

H_a：T1≠T2，（T1＞T2，或 T1＜T2）

取代假设有两种，即单边假设和双边假设。具体举例见表 11.4。

表 11.4 单边假设和双边假设举例

单 边 假 设	双 边 假 设
确定新样品更苦	确定哪一个样品更苦
确定新样品更受欢迎	确定哪一个样品更受欢迎
一般形式是：A 比 B 大或小	一般形式是：A 和 B 不同

确定取代假设是单边还是双边，掌握一条原则即可，如果试验目的只关心两个样品是否不同，则是双边，如果想具体知道样品的特性，比如哪一个更好，更受欢迎，则是单边的。

在进行假设检验时，要下一些结论，这些结论可能是正确的，也可能是不正确的。不正确的结论可能发生在下列两种情况：①认为否定假设是错的，而实际上它是正确的（换句话说就是：错误的认为存在差别，实际上没有差别），这类错误叫做第一类错误；②认为否定假设是正确的，而实际上它是错误的（换句话说就是：差别存在，但没有发现），这类错误叫做第二类错误。两种错误的示意图见图 11.1。

我们将通过具体例子讲解如何进行一般的假设检验。

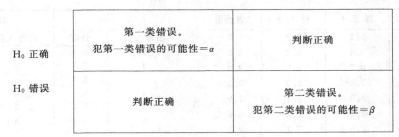

	拒绝 H$_0$	接受 H$_0$
H$_0$ 正确	第一类错误。 犯第一类错误的可能性$=\alpha$	判断正确
H$_0$ 错误	判断正确	第二类错误。 犯第二类错误的可能性$=\beta$

图 11.1　第一类错误和第二类错误

【例 1】　检验某值和一特定值相等

假设在前面的 4 城市消费者总体喜爱程度试验中，研究人员想知道城市 C 的消费者对产品的喜爱程度是否大于 6。那么，这个问题中的否定假设和取代假设分别是：

H$_0$：$\mu=6$

H$_a$：$\mu>6$

我们知道，这个假设是单边的，而且它只是对一个样本进行检验，这类检验叫做单尾、单样本 t 检验，t 的计算公式为：

$$t=(\bar{x}-\mu_{H_0})/(s/\sqrt{n}) \tag{11.5}$$
$$t=(7.17-6)/(1.45/\sqrt{30})$$
$$=4.24$$

将得到的 t 值同 $t_{\alpha,n-1}$ 相比较，由附录一表 3 得，$t_{0.05,29}=1.699$，因此拒绝否定假设，而认为 $\mu>6$。置信度为 95%。

【例 2】　两个平均值的比较——成对样本

在感官检验中，经常由一组品评人员对两个样品进行评价，如果小组中的每个成员都对两个样品进行了评价，就可以使用成对 t 检验，t 值的计算公式是：

$$t=(\delta-\delta_0)/(s_\delta/\sqrt{n}) \tag{11.6}$$

其中 δ 为两个样品差值的平均值，s_δ 为两个样品差值的样本标准差。下面我们来看一个例题，由 10 名品评人员对两组果汁的酸度进行了评价（评价标尺为 0~10），得到的结果见表 11.5。研究人员想知道的是样品 1 的酸度是否比样品 2 高出 2 个单位。

H$_0$：$\delta\leqslant2$

H$_a$：$\delta>2$

$$t=(2.54-2.00)/(0.61/\sqrt{10})$$
$$=2.79$$

由附录一表 3 可知，$t_{0.05,9}=1.833$，因此，拒绝否定假设，得出的结论是样品 1 的酸度比样品 2 高出 2 个单位。

【例 3】　两组平均值的比较——两个独立样本

有 2 组不同的品评人员分别对某个样品进行品评，得到的结果见表 11.6，现在想知道这两组品评人员是否具有相似性，即他们对相同样品的打分是否没有差别。

H$_0$：$\mu_1=\mu_2$

H$_a$：$\mu_1\neq\mu_2$（双边）

表 11.5　两种果汁的酸度			
品评员编号	样品 1	样品 2	二者差值
1	7.3	5.7	1.6
2	8.4	5.2	3.2
3	8.7	5.9	2.8
4	7.6	5.3	2.3
5	8.0	6.1	1.9
6	7.1	4.3	2.8
7	8.0	5.7	2.3
8	7.5	3.8	3.7
9	6.9	4.5	2.4
10	7.4	5.0	2.4
			$\delta = 2.54$
			$s_\delta = 0.61$

表 11.6　不同品评人员对相同样品的打分结果

第 一 组		第 二 组	
品评人员	分数	品评人员	分数
1	6.2	1	6.7
2	7.5	2	7.6
3	5.9	3	6.3
4	6.8	4	7.2
5	6.5	5	6.7
6	6.0	6	6.5
7	7.0	7	7.0
		8	6.9
		9	6.1
$n_1 = 7$		$n_2 = 9$	
$x_1 = 6.557$		$x_2 = 6.778$	
$s_1 = 0.58$		$s_2 = 0.46$	

这种情况下的 t 值计算如下：

$$t = \frac{(\bar{x}_1 - \bar{x}_2) - \delta_0}{\sqrt{\dfrac{(n_1 - 1)s_1^2 + (n_2 - 1)s_2^2}{n_1 + n_2 - 2}}\sqrt{\dfrac{1}{n_1} + \dfrac{1}{n_2}}} \tag{11.7}$$

δ_0 为否定假设中的差值，在本例中是 0。计算结果如下：

$$t = \frac{(6.557 - 6.778) - 0}{\sqrt{\dfrac{(7-1)(0.580)^2 + (9-1)(0.460)^2}{7 + 9 - 2}}\sqrt{\dfrac{1}{7} + \dfrac{1}{9}}}$$

$$= \frac{-0.221}{\sqrt{0.265}\sqrt{0.254}}$$

$$= -0.85$$

由于是双边检验，t 值为 $t_{0.05/2,(7+9-2)}$，由附录一表 3 得，$t_{0.025,14} = 2.145$，t 的绝对值小于 2.145，因此，不能拒绝否定假设，接受否定假设，即两组品评人员对相同样品打分没有差别。

【例 4】　比较两个正态分布总体的标准差

如果想考察上例中两组分数的波动范围是否相同，可以通过比较它们的标准差来完成。

H_0：$\sigma_1 = \sigma_2$

H_a：$\sigma_1 \neq \sigma_2$

计算公式为：

$$F = \frac{s^2_{larger}}{s^2_{smaller}} \tag{11.8}$$

s^2_{larger} 为两个样本中较大的标准差的平方，$s^2_{smaller}$ 为两个样本中较小的标准差的平方。在表 11.6 中，第一组的标准差较大，因此，$s^2_{larger} = s_1^2$，$s^2_{smaller} = s_2^2$，F 值为

$$F = (0.58)^2 / (0.46)^2$$

$$= 1.59$$

然后将 F 值同 F 的临界值比较（$F_{\alpha/2,(n_1-1),(n_2-1)}$），取 $\alpha = 0.05$，由附录一表 6 查得 $F_{0.05/2,(7-1),(9-1)} = 4.65 > 1.59$，因此接受否定假设，不能认为两组打分的变化上有所不同。如果是单边检验，则公式（11.8）变成检验是否存在 $F > F_{\alpha,df1,df2}$。

【例 5】　检验某样本的比例是否等于某特定值

对 A、B 两种样品进行喜好试验，目的是观察消费者对其中一种样品的偏爱是否超过 50%。试验由 200 人参加，将两种样品随机呈送给每个人，要求参试者回答喜欢哪一个产品，如果品评人员没有选择，则将"没有选择"平均分配给两个样品。比如，喜欢样品 1 的记为 1，喜欢样品 2 的记为 2，而没有选择的则记为 0。试验结果是在 200 人当中，有 125 人选择喜欢样品 1，那么喜欢样品 1 的人数比例是 $p_1 = 125/200 = 62.5\%$，这个检验的否定假设和取代假设分别是：

$H_0: p_1 = 50\%$

$H_a: p_1 > 50\%$

$\alpha = 0.01$

检验样本的比例是否等于某特定值，使用下面的公式：

$$z = \frac{p - p_0}{\sqrt{\dfrac{(p_0)(100 - p_0)}{n}}} \tag{11.9}$$

其中 p 为样本比例的观察值（$p = p_1$），p_0 预期值。本例中，

$$z = \frac{62.5 - 50.0}{\sqrt{\dfrac{(50)(100 - 50)}{200}}}$$

$$= 3.54$$

将 z 值和 $z_{\alpha,2} = t_{\alpha,\infty}$（若是双边检验，则 $z_{\alpha,2} = t_{\alpha/2,\infty}$）比较，由附录一表 3 得，$t_{0.01,\infty} = 2.326$，$z(3.54) > 2.326$，因此，拒绝否定假设，得出结论为喜欢样品 1 的人数超过总人数的 50%。

【例 6】 比较两个样本的比例

某公司想将新产品 A 投入到两个地区的市场，他们希望知道在这两个地区消费者对他们的产品 A 和其竞争产品 B 的喜爱程度情况。该公司在两个地区分别进行了参加人数为 200 人的喜好试验，试验结果如表 11.7。

$H_0: p_1 = p_2$

$H_a: p_1 \neq p_2$

（p 为消费者对产品的喜爱情况）

表 11.7 两个地区对两种产品 (A, B) 的喜爱情况调查结果

地 区	产品 A	产品 B	总 计
1	125	75	200
2	102	98	200
总计	227	173	400

这种情况用 χ^2 检验考察：

$$\chi^2 = \frac{\sum\limits_{i=1}^{r}\sum\limits_{j=1}^{c}(O_{ij} - E_{ij})^2}{E_{ij}} \tag{11.10}$$

r，c 分别为行和列的数目，O_{ij} 是观察值，E_{ij} 是期望值。E_{ij} 计算如下：

$E_{ij} =$（i 行的总和）×（j 列的总和）/（全体总和）

因此 $\chi^2 = \dfrac{[125 - (200 \times 227)/400]^2}{(200 \times 227)/400} + \dfrac{[75 - (200 \times 173)/400]^2}{(200 \times 173)/400}$

$\qquad + \dfrac{[102 - (200 \times 227)/400]^2}{(200 \times 227)/400} + \dfrac{[98 - (200 \times 173)/400]^2}{(200 \times 173)/400}$

$\qquad = \dfrac{(125 - 113.5)^2}{113.5} + \dfrac{(75 - 86.5)^2}{86.5} + \dfrac{(102 - 113.5)^2}{113.5} + \dfrac{(98 - 86.5)^2}{86.5}$

$\qquad = 5.39$

将公式 (11.10) 中的 χ^2 同 χ^2 的临界值 $\chi^2_{\alpha,(r-1)(c-1)}$ 比较，取 $\alpha = 0.10$，从附录一表 5 查得 $\chi^2_{0.1,1} = 2.71$，而 $5.39 > 2.71$，因此拒绝否定假设，两个地区对产品 A 的喜爱情况是不同的。

11.3 感官检验中常用的试验方法

(1) 重复试验和多次观察　对设计的试验进行统计分析的目的就是对试验误差有个正确、准确的估计，所有的假设检验和置信度都基于此。试验误差的产生是由研究对象的无法解释的、天然的变化产生的。试验误差可以定量地表示为整个样本的方差或标准差，只对样本的一个个体进行一次测量是不能估计试验误差的，实际上，即便是对同一个个体的多次观察也无法估计试验误差。对一个个体的多次观察之间的差别是由于测量误差引起的，要对同一个样本不同的几个个体进行取样才能有效估计试验误差。对不同的个体进行测量叫做重复。正是"个体-个体"之间的差别才包含样本的可变信息，即试验误差。

感官检验的一般目的是将产品就感受到的某项感官特性进行区分，如果每种产品只有一个样品（同一批次的样品，同一天准备的样品，来自同一包装的样品）参加检验，是不能估计出整个产品的试验误差的。在感官数据的分析中，经常将测量误差，也就是品评员与品评员之间的误差，误认为是试验误差，这是很危险的错误，因为它忽视了试验误差，误将测量误差认为是试验误差，可能错误地得出产品之间存在显著差异的结论，然而实际上，这样的差别也许并不存在。经常发生下列情况，即只对同一批次的产品进行分析，而忽略了不同批次之间的差别，然后将得出的差别作为产品之间的差别，从而认为产品之间存在显著差异。就像对同一个人的身高进行多次测量的结果并不能说明人与人之间身高的差别一样，不论进行评价的人数有多少，对同一批次的产品进行反复测量也不能告诉我们不同批次产品之间有何差别。

正如感官专业人员都清楚的一样，测量误差是真实存在的，但是如果将测量误差误认为是试验误差，就会从统计分析中得出错误、危险的结论。如果在一次品尝试验中，将同一容器内的蛋黄酱分成 20 份，呈送给品评人员，或者将同一次制备的甜味剂溶液分别倒入 20 个杯子当中，由不同的品评人员进行品尝，试验的结果和对同一个人的身高进行反复测量是一样的，估计的只是不同测量之间的差异，而不是产品之间的差异（试验误差），因为并没有将不同的产品（即不同批次呈送给品评员）。从以上这样的试验中能够得出的惟一一个合理的结论就是品评员能否发现他们评价的那一"特定产品"之间存在差别和发现产品之间是否存在差异是不同的，因为现在观察的差别仅是对这一批次的产品而言的，我们无从知道这样的差别能否在将来的不同批次的产品上重现。

为了避免将"样品真正的重复试验"和"同一样品的多次观察"搞混，感官分析人员应该非常理解试验将要使用的样本总体的性质。如果试验目的是比较几种不同牌子的产品，那么就要从不同牌子的产品中分别选取几个样品。如果已知某种成分非常稳定（各批次之间变化极小），在评价含有该成分的样品时，进行试验的样品应该是来自不同制备组（如第一次、第二次或者第一天、第二天制备的工艺相同，而制备的人员、时间等不同），因为对于非常稳定的产品来说，产品之间的差异主要来自不同的制备。

毫无疑问，从每个容器中仅取一个样品确实比从一个容器中取多个样品进行试验要麻烦得多，但如果考虑到试验结果不正确造成的损失，这点不方便还是非常值得的。比如某公司将要改进某产品的配方，通过对同一批次的产品进行试验，得出的结论是新产品比原产品受欢迎，但在新产品投入市场后却发现，消费者并不接受新产品，致使该次产品改进全面失败，造成的损失可想而知。

（2）试验设计中的划块　　对一个试验设计进行划分是用来说明如何将不同的处理方式应用到各个试验物质。为了理解划分结构，必须理解两个概念，"块"和"试验单位"。一个块就是一组性质相同的试验物质，比如一块田地，一批苹果，一批牛肉干等，也可以是一批人。从理论上来讲，一个块的任何单位都可以对给定的处理产生相同的反应。块与块之间反应的水平可能会有所不同，但是任何两个处理在同一块内产生的差别和在所有块内都是一样的。将一个块内的试验物质分成几小组，就叫做"试验单位"。一个试验单位就是整个样本中被应用了"处理"的一部分试验物质。

如果在试验之前清楚块与块之间是存在差异的，会提高试验的敏感度。如果处理应用适当的话，可以将"块"的影响分成"处理的影响"和"试验误差"，这样就可以清楚地分析试验的影响，而同时又降低研究中不可解释的变化因素。

用我们更加熟悉的词汇，在感官检验中，试验物质就是由品评人员进行的大批的评价。根据不同的品评员，这些评价就被分成不同的"块"，对于一个品评员来说，在一个块内，一次评价就是一个试验单位。处理可以看成是将被评价的产品，在每个评价中，它们都应该是独立（不受其他因素干扰）的。这可以通过随机呈送顺序，连续单一呈送，和两个评价之间足够长的休息时间，来帮助反应回到某个初始位置等措施来完成。

① 完全随机设计（CRD）　　最简单的分块结构就是完全随机设计（CRD）。在 CRD 中，所有试验物质都是相同的，也就是说，CRD 包含了一大块试验单位。CRD 设计可以用在单一产品由不同评价人员在不同地点进行评价试验。在这种情况下，由于地点而产生的差异的显著性就由每个地点的变化而决定。

【例7】　表 11.1 的总体喜爱试验适合使用 CRD，对该数据的置信度空间图（图 11.2）表明 4 个城市之间对该产品的喜爱情况可能存在差别，为了进一步证实，可以通过方差分析（analysis of variance，ANOVA）来确定平均喜爱情况之间的差异是否显著不同。方差分析是一种统计学上的分析方法，它用来对一组数据中两对以上数值进行比较，来观察是否存在显著差异。由于 CRD 中只考虑产品一个因素对试验结果的影响，这种 ANOVA 叫做单向 ANOVA，此类情况的 ANOVA 手工计算方法如下。

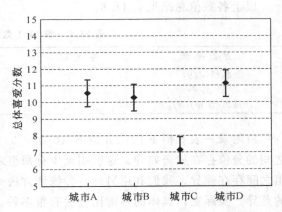

图 11.2　表 11.1 的不同城市的消费者对产品的带有 95% 置信区间喜爱情况平均得分

首先，计算每列总和与全部总和

每列总和：$T_a = 316.70$（城市 A），$T_b = 308.70$（城市 B），$T_c = 215.20$（城市 C），$T_d = 333.50$（城市 D）

全部总和：$T = 1174.10$

$C = T^2/N = (1174.10)^2/120 = 11487.6$　　N 为所有数值个数

$\sum(x^2)=12.6^2+10.4^2+7.9^2+10.3^2+\cdots+11.2^2+11.2^2+6.1^2+10.1^2=12029.15$（所有单独分值平方之和）

(SS total)　　　SS 总和 $=\sum(x^2)-T^2/N=12029.2-11487.6=541.6$

(SS between) SS 产品之间 $=\dfrac{T_a^2+T_b^2+T_c^2+T_d^2}{n}-T^2/N$ （n 为每组数值个数/评价人员数）

$$=(316.7^2+308.7^2+215.2^2+333.5^2)/30-11487.6$$
$$=11770.9-11487.6$$
$$=283.3$$

(SS Error)　　　SS 误差 $=$ SS 总和 $-$ SS 产品之间

$$=541.6-283.3$$
$$=258.3$$

其次，找出自由度 df。总自由度为观察值减 1，处理因素的自由度为处理方式总数减 1，误差自由度为总自由度减处理因素自由度。

df 总和 $=120-1=119$

df 产品 $=4-1=3$

df 误差（df_E）$=df$ 总和 $-df$ 处理

$$=119-3$$
$$=116$$

最后，可以计算每个因素的均方（MSS），即方差和除以相应的自由度 F 值。

MSS 总和 $=541.6/119=4.55$

MSS 产品 $=283.3/3=94.43$

MS_E 误差 $=258.2/116=2.23$

$F=94.43/2.23=42.23$

以上各数值总结见表 11.8。

表 11.8　表 11.1 数据的方差分析结果

方 差 来 源	平方和	自由度	均　方	F 值
总和（df_T）	541.56	119	4.55	
产品间	283.34	3	94.43	42.23
产品内（误差）（df_E）	258.22	116	2.23	

由附录一表 6 得 F 的临界值 $F(0.05,3,116)=2.68$，$42.23>2.68$，因此，各城市之间的分值存在显著差异。这说明至少有两组之间是存在显著差异的，为了进一步检验哪两组之间存在差异，我们利用另外一种统计方法——多重比较法，来检验各组数据平均值之间的差异，实际上，具体的多重比较法有很多种，我们主要介绍 Fisher's LSD（Least Significant Difference）。计算方法如下。

$$\text{LSD}=t_{\alpha/2,df_E}\sqrt{\text{MS}_E}\sqrt{(1/n_i)+(1/n_j)} \tag{11.11}$$

如果试验的两组数据是相等的，以上公式则简化为：

$$\text{LSD}=t_{\alpha/2,df_E}\sqrt{2\text{MS}_E/n} \tag{11.12}$$

式中，n 为每个样品的数据个数，

由附表 3 得，$t_{(0.025,116)}=1.96$。该例中，每组数据的个数都相同，均为 30，

$$LSD = 1.96 \sqrt{2 \times 2.23/30} = 0.76$$

各城市得分的平均值见表 11.9。

如果两值之间的差小于 0.76，则二者之间没有差别；如果大于 0.76，则存在差异。具体过程如下：先将各数值升级排列，计算相邻两数值之间的差。7.17 和 10.29 之间的差：3.12＞0.76，因此二者有差别，分属两个不同

表 11.9　各城市得分平均值

城　　市	A	B	C	D
平均值	10.56	10.29	7.17	11.12

组（a 和 b）；10.29 和 10.56 之间的差：0.27＜0.76，二者无差别，属于同一组（b）；10.56 和 11.12 之间的差：0.56＜0.76，二者无差别，属于同一组，但由于 11.12 和 10.29 之间的差：0.83＞0.76，说明 11.12 和 10.29 之间有差别，分属两个不同组，因此，11.12 应该属于别外一组 c。这样，10.56 就既属于 b 组又属于 c 组，以上过程直观表示如下：

a 组	b 组	c 组
7.17	10.29	
	10.56	10.56
		11.12

将各数值之间的差别以上标的形式表示，7.17 的上标为 a，10.29 的上标为 b，而 10.56 的上标则为 bc，11.12 的上标为 c。因此，最后的结果见表 11.10。

表 11.10　差异比较分析结果

城　　市	A	B	C	D
平均值	10.56^{bc}	10.29^{b}	7.17^{a}	11.12^{c}

注：如果各平均值的上标是相同字母（完全相同或其中一个相同），表示两个值之间没有显著差异，反之，如果上标字母不同，则代表数值之间差异显著。

除此之外，还有 Tukey's Honestly Significantly Difference（HSD），计算公式如下：

$$HSD = q_{a,t,df_E} \sqrt{MS_E/n} \tag{11.13}$$

【例8】　数据数量不同的多重比较

分别对 4 种葡萄酒进行单宁的检验，检验结果采用打分形式，范围在 0～30，0 表示没有单宁，30 表示单宁含量最高。结果见表 11.11。现在要考察各种葡萄酒的单宁含量是否存在显著差异，并指出具体哪两种之间存在显著差异。可以将这些葡萄酒看作是性质相同的样品。

表 11.11　4 种葡萄酒的单宁含量

A	B	C	D	A	B	C	D
8	9	8	1	5	7	8	
6	7	5	2	6	9		
5	6	6	1	7			
7	8	6	0	7			
6	8	7	0	79	77	59	6
7	7	7	2	$n=12$	$n=10$	$n=9$	$n=7$
7	8	7	0	$\bar{x}=6.58$	$x=7.7$	$\bar{x}=6.56$	$\bar{x}=0.86$
8	8	5					

注：$T=221$，$N=38$。

由于各个数据均来自完全不同的酒桶，因此可以认为是完全随机的（CRD）。同例 7—

样，可以将该问题看作是 4 组不同的品评人员对性质相同的样品进行的检验。

$C=T^2/N=(221)^2/38=48841/38=1285.29$

(SS total)　　　　SS 总和 $=\sum(x^2)-T^2/N=1539-1285.29=253.71$

(SS between) SS 产品之间 $=\dfrac{T_a^2}{n_1}+\dfrac{T_b^2}{n_2}+\dfrac{T_c^2}{n_3}+\dfrac{T_d^2}{n_4}-T^2/N$

$\qquad\qquad\qquad=79^2/12+77^2/10+59^2/9+6^2/7-1285.29$

$\qquad\qquad\qquad=1504.90-1285.29$

$\qquad\qquad\qquad=219.61$

总自由度 $df=38-1=37$

产品间自由度 $df=4-1=3$

误差均方差 SS $=$ SS total-SS between

$\qquad\qquad\qquad=253.71-219.61=34.1$

误差自由度 $df=37-3=34$

ANOVA 表见表 11.12。

由附录一表 6 得 F 的临界值

$(df=3,34)=2.88\qquad\qquad\alpha=0.05$

$\qquad\qquad\quad=4.42\qquad\qquad\alpha=0.01$

$\qquad\qquad\quad=7.05\qquad\qquad\alpha=0.001$

表 11.12　4 种葡萄酒单宁试验的方差分析结果

方差来源	平方和	自由度	均　方	F 值
总和(df_T)	253.71	37		
产品间	219.61	3	73.2	73.2
产品内（误差）(df_E)	34.1	34	1.0	

表 11.13　各种葡萄酒单宁含量平均值总结

项　　目	葡萄酒种类			
	D	C	A	B
平均值	0.86	6.56	6.58	7.7
数据个数	7	9	12	10

在任何一种可能下，F 值（73.2）均高于临界值，因此，各葡萄酒之间的单宁含量是有显著差异的。各种葡萄酒单宁含量平均值总结见表 11.13。

我们计算在 $\alpha=0.001$ 情况下的 LSD，在这样高的显著水平下，犯第一类错误的可能性应该是非常小的，根据公式（11.11）：

$$LSD=t_{\alpha/2,df_E}\ \sqrt{MS_E}\ \sqrt{(1/n_i)+(1/n_j)}$$

$$t_{0.0001/2,34}=3.646$$

$MS_E=1.0$

对于 D 和 C，平均值的差为 $6.56-0.86=5.7$

$$LSD=3.646\sqrt{1}\ \sqrt{(1/7)+(1/9)}$$

$$=1.84$$

$5.7>1.84$，因此葡萄酒 D 和 C 的单宁含量有显著差异。

再比较 B 和 C，$7.7-6.56=1.14$

$$LSD=3.646\sqrt{1}\ \sqrt{(1/9)+(1/10)}$$

$$=1.67$$

$1.14<1.67$，因此 B 和 C 的单宁含量没有显著差异。我们会发现，如果 C 和 B 之间没有差别的话，那么 A 和 B、C 之间也应该没有差别。因此，4 种葡萄酒的单宁含量之间差异

性见表 11.14。

表 11.14　差异比较分析结果

CRD 在感官检验中使用比较少，因为每个品评员只品尝一种样品的情况毕竟发生很少，而如果每个品评员对所有样品都进行品尝时，由于品评员之间存

葡萄酒	D	C	A	B
平均值	0.86[a]	6.56[b]	6.58[b]	7.7[b]

在差异，比如，不同的品评员可能使用同一标尺的不同部分进行打分，这种情况下，就必须考虑到品评员对试验结果的影响。考虑到这种情况，在感官检验中，经常使用的是下面 4 种试验方法。

② 随机（完全）分块设计　如果样品的数量不是非常多，不至于引起感官疲劳，就可以考虑使用随机（完全）分块试验设计。品评员就是"块"，样品是"处理"。每个品评员对每个样品都进行评价（因此叫完全分块）。

如果确定所有的品评员在评价样品的时候前后表现非常稳定，但不同的品评员可能会使用标尺的不同部分进行打分时，随机分块试验是非常有效的。随机分块试验考虑到了"品评员-品评员"的差异，因此能够更准确地估计试验误差，对假设的检验也就更敏感。从该类试验中得到的数据一般是以下形式（表 11.15）。

表 11.15　随机分块试验数据形式

		处理				
		A	B	C	...	k
品评员	S_1	×	×	×		T_1
	S_2	×	×	×		T_2
	S_3	×	×	×		T_3
	.					.
	.					.
	.					.
	S_n	×	×	×		T_n
	n	T_a	T_b	T_c	...	T

注：$N=nk$。

$$C=\frac{T^2}{N}$$

总方差和 $SS_T=\sum X^2-C$，$df_T=N-1=(nk-1)$

产品间方差和 $SS_B=\frac{T_a^2+T_b^2+T_c^2}{n}-C$，$df_B=k-1$

品评员方差和 $SS_S=\frac{T_1^2+T_2^2+T_3^2+\cdots+T_n^2}{k}-C$，$df_s=n-1$

误差方差和 $SS_E=SS_T-SS_B-SS_S$，

$df=df_T-df_B-df_s=(N-1)-(k-1)-(n-1)=(k-1)(n-1)$

$$MS_E=\frac{SS_E}{df_E}$$

由于既考虑了产品对结果的影响，又考虑了品评员的影响，这类 ANOVA 叫做双向 ANOVA，双向 ANOVA 表的形式如表 11.16。

【例 9】　由 10 名品评人员对 3 种产品进行评价打分（0~15 分），得到的结果见表 11.17，现在的问题是，这三种产品之间是否存在显著差异。

该题目是 10 名品评员分别对 3 种产品进行评价，由于每个品评员对每个产品都进行了

评价，因此可以认为是随机（完全）分块试验。

手工计算见表 11.18。

表 11.16 随机分块试验方差分析表形式

方差来源	SS	df	均方差（MS）	F
总和（df_T）	SS_T	$N-1$		
产品间	SS_B	$k-1$	$MS_B=\dfrac{SS_B}{k-1}$	$F=\dfrac{MS_B}{MS_E}$
品评员	SS_S	$n-1$	$MS_S=\dfrac{SS_S}{n-1}$	$F=\dfrac{MS_S}{MS_E}$
产品内（误差）（df_E）	SS_E	$(k-1)(n-1)$	$MS_E=\dfrac{SS_E}{(k-1)(n-1)}$	

表 11.17 3 种产品的得分情况

品评员编号	产品 A	产品 B	产品 C	品评员编号	产品 A	产品 B	产品 C
1	6	8	9	6	5	6	9
2	6	7	8	7	7	7	8
3	7	10	12	8	4	6	8
4	5	5	5	9	7	6	5
5	6	5	7	10	1	2	3

表 11.18 表 11.16 手工计算表

品评员编号	产品 A	产品 B	产品 C	∑品评员	（∑品评员）²
1	6	8	9	23	529
2	6	7	8	21	441
3	7	10	12	29	841
4	5	5	5	15	225
5	6	5	7	18	324
6	5	6	9	20	400
7	7	7	8	22	484
8	4	6	8	18	324
9	7	6	5	18	324
10	1	2	3	6	36
总和	54	62	74	190	3928

$C=T^2/N=(190)^2/30=1203.3$

$\sum(x^2)=6^2+8^2+9^2+\cdots+1^2+2^2+3^2=1352$

总和 $\quad SS_T=1352-1203.3=148.7$

产品间 $\quad SS_B=\dfrac{T_a^2+T_b^2+T_c^2}{n}-C,\qquad\qquad df=3-1=2$

$\qquad\qquad =(54^2+62^2+74^2)/10-1203.3$

$\qquad\qquad =20.26$

品评员间方差和 $SS_J=\dfrac{T_1^2+T_2^2+T_3^2+\cdots+T_n^2}{k}-C,\qquad df=10-1=9$

$\qquad\qquad =3928/3-1203.3$

$\qquad\qquad =106$

176

误差方差和 $SS_E = SS_T - SS_B - SS_S$
$$= 148.7 - 20.3 - 106, \qquad\qquad df = 2 \times 9 = 18$$
$$= 22.36$$

误差均方值为：$MS_E / df_E = 22.36/18 = 1.24$

以上结果总结见表 11.19。

表 11.19　结果总结

方差来源	平方和	自由度	均方	F 值
总和(df_T)	148.7	29	16.79	
产品间	20.3	2	10.15	8.19
品评员	106	9	11.7	9.44
产品内（误差）(df_E)	22.36	18	1.24	

$F(0.05, 2, 18) = 3.55$，$8.19 > 3.55$，因此，在 $\alpha = 0.05$ 的水平上，产品之间存在显著差异。现在我们通过多重比较法来计算哪两个数值之间存在显著差异，根据公式（11.12），LSD 的计算公式如下：

$$LSD = t_{a/2, df_E} \sqrt{2MS_E/n}$$

n 为每组进行评价的人数。

$$t_{(0.025, 18)} = 2.101$$
$$LSD = 2.101 \sqrt{2 \times 1.24/10}$$
$$= 1.05$$

因此，如果两个数值之间的差大于 1.05，则表示二者有差别，反之，则没有差别。各产品的平均值为：A：5.4，B：6.2，C：7.4。最后的结果见表 11.20。

表 11.20　分析结果

产品	A	B	C
平均值	5.4[a]	6.2[a]	7.4[b]

具体过程参见本章例 7 中类似情况的解释。

从以上结果可以看出，产品 A 和 B 之间没有显著差异，但产品 A 和 B 与产品 C 之间都存在着显著差异。

如果不考虑品评员对试验结果的影响，只考虑产品类型对得分结果的影响，将该试验看作是完全随机试验 CRD（而不是分块试验），即参加试验的是不同的 30 个人，而不是 10 人进行了 3 组试验。那么试验结果又会是什么样子呢？手工计算方法如下：

每列总和：$T_a = 54$ 　　　$T_b = 62$ 　　　$T_c = 74$
　　　　　（产品 A）　（产品 B）　（产品 C）

全部总和：$T = 190$

$C = T^2/N = (190)^2/30 = 1203.3$ 　N 为所有数值个数

$\sum(x^2) = 6^2 + 8^2 + 9^2 + \cdots + 1^2 + 2^2 + 3^2 = 1352$（所有单独分值平方之和）

总和　$SS_T = 1352 - 1203.3 = 148.7$，$df = 30 - 1 = 29$

产品之间 $SS_B = \dfrac{T_a^2 + T_b^2 + T_c^2}{n} - T^2/N$, 　　　　　$df = 3 - 1 = 2$

$$= (54^2 + 62^2 + 74^2)/10 - 1203.3$$
$$= 20.26$$

误差　$SS_E = SS_T - SS_B$, 　　　　　$df = 29 - 2 = 27$
$$= 148.7 - 20.3$$

$$=128.4$$

$\mathrm{MS_T}=148.7/29=3.009$

$\mathrm{MS_B}=20.3/2=10.15$

$\mathrm{MS_E}=128.4/27=4.76$

$F=10.15/4.76=2.13$

以上各数值总结见表 11.21。

表 11.21　不考虑品评员对试验影响的例 9 的方差分析结果

方差来源	平方和	自由度	均方差	F 值
总和（df_T）	148.7	29	5.13	
产品间	20.3	2	10.15	2.13
产品内（误差）（df_E）	128.4	27	4.76	

由附录一表 6 得 F 的临界值 $F(0.05, 2, 27)=3.35$，$2.13<3.35$，因此各产品之间没有显著差别。从上面的结果我们看到，是否考虑品评员影响得出的结果是完全不同的，那么为什么考虑品评员之后，产品之间就有了显著差异了呢？这是由于品评员标度的使用会造成系统误差，注意例 9 当中的 10 号品评员，他给 3 个产品打分的趋势和其他品评员大致相同，但是分值却很低，这是经常发生的一种情况，即品评人员使用标度尺的不同部分为产品打分，分值的趋势相似，但数值相差较大。在单向方差分析中，人员之间的这一方差会通过产生一个较大的误差相来消除对产品的影响，但是，在双向方差分析中，品评人员的差别会被分离出来，当减去品评人员的方差相后，产品之间的误差相变小，从而使得 F 的比率变大，所以，就"更容易"发现统计的显著性。因此，在进行统计分析时，要使用正确的方法。

如果进行随机分块试验的数据不是上面的打分形式，而是排序的形式，用下面的 T 值进行检验。如果 T 值大于 $\chi^2_{\alpha,(t-1)}$（附录一表 5），则拒绝否定假设。

$$T=\left\{\left[12/nk(k+1)\right]\sum_{j=1}^{k}x_j^2\right\}-3n(k+1) \tag{11.14}$$

其中 n 为品评员人数，k 为样品数，x_j 为各列数据排序之和。该方法要求参加试验的人数在 12 个以上。如果产品之间有显著差异，利用下面的多重比较公式计算 LSD。

$$\mathrm{LSD_{rank}}=z_{\alpha/2}\sqrt{nk(k+1)/6}$$
$$=t_{\alpha/2,\infty}\sqrt{nk(k+1)/6} \tag{11.15}$$

【例 10】 将相同来源的蜗牛用 4 种不同的射线进行处理，一段时间之后，由 9 名品评员对样品表面发霉情况进行考察（从 0 到 10 打分），结果如表 11.22，请讨论品评员、处理（射线种类）及"品评员×处理"的交互作用对结果的影响。

9 名品评员，4 个处理，按处理种类计，评价总数为 $9\times4=36$，对每个处理评价 2 次，所有评价数为 $36\times2=72$ 个数值。

$C=T^2/N=(424)^2/72=2496.89$

总和 $\mathrm{SS_T}=5^2+3^2+6^2+\cdots+8^2+2^2+4^2-C,$ 　　　　　　$df=72-1=71$

$\qquad\qquad=2756-2496.89$

$\qquad\qquad=259.11$

产品之间 $\mathrm{SS_B}=(84^2+125^2+143^2+72^2)/18-2496.89,$ 　　　　$df=4-1=3$

$$=2684.11-2496.89$$
$$=187.22$$

表 11.22　射线种类对蜗牛表面发霉的影响（例 10 结果）

品评员	射线种类								
	A		X		Y		Z		
1	5	3	6	7	8	9	5	3	46
2	5	4	7	5	7	8	3	4	43
3	5	3	6	8	8	7	5	6	48
4	6	6	7	8	8	8	4	5	52
5	7	4	5	7	8	9	4	3	47
6	5	5	6	8	7	9	3	5	48
7	4	6	7	7	8	8	6	4	50
8	5	5	8	8	7	9	4	3	49
9	3	3	7	8	7	8	2	3	41
	84		125		143		72		$T=424$
平 均 值	4.67		6.94		7.94		4.00		

品评员之间 $SS_J=(46^2+43^2+48^2+\cdots+49^2+41^2)/8-2496.89$, $\qquad df=9-1=8$
$$=2508.5-2496.89$$
$$=11.61$$

每种处理被每个品评员评价 $SS_X=[(5+3)^2+(6+7)^2+(8+9)^2$
$$+(5+3)^2+\cdots+(3+3)^2+(7+8)^2$$
$$+(8+7)^2+(2+3)^2]/2-C, \qquad df=36-1=35$$
$$=5440/2-2496.89$$
$$=223.11$$

产品与品评员的交互 $SS=SS_X-SS_B-SS_J$, $\qquad df=35-3-8=24$
$$=223.11-187.22-11.61 \qquad （或者 SS_B\times SS_J=3\times8=24）$$
$$=24.28$$

误差 $SS_E=SS_T-SS_B-SS_J-SS_X$, $\qquad df=71-3-8-24=36$
$$=259.11-187.22-11.61-24.28$$
$$=36$$

ANOVA 表总结见表 11.23。

表 11.23　蜗牛试验方差分析结果

方差来源	平方和	自由度	均方	F 值	临界值($\alpha=0.05$)
总 和	259.11	71	16.79		
品评员	11.61	8	1.45	1.45	2.21
产品间	187.22	3	62.41	62.41	2.86
产品间×品评员	24.28	24	1.01	1.01	1.82
误 差	36	36	1.00		

从以上结果可见，产品之间的差异显著。而品评员之间没有显著差异，产品和品评员的交互作用也没有显著差异。这说明品评员对产品的打分趋势是一致的，即他们对产品的理解是一致的。将每个品评员对每个产品的打分进行平均，然后将分数对产品种类作图，可以观察品评员对产品的理解是否相同。选取本例中 1，4，9 号品评员的结果作图，如图 11.3 所示。

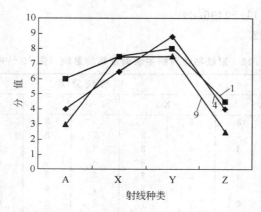

图 11.3 没有"品评员×处理"交互
作用的品评员对各处理的打分情况
(1，4，9表示品评员编号)

从图 11.3 中我们可以看出，各品评员对产品打分的趋势是一致的，都认为处理
A<X<Y>Z，即便不同的品评员使用标尺的不同部分。如 4 号品评员给的分值较高（使用
标尺的右端），而 2 号品评员给的分值较低（使用标尺的左端），但这并不影响总的趋势。说
明这些品评员是很合格的。如果品评员对产品的理解不一致，会出现什么结果呢？我们将表
11.22 的数据做一下改动，将 1 号品评品对处理 A 的打分由原来的 5 和 3，变成 10 和 12，
将他对处理 Z 的打分由原来的 5 和 3 变成 15 和 10（表 11.24）。

表 11.24 做过改动的表 11.12

品评员	射线种类							
	A		X		Y		Z	
1	10	12	6	7	8	9	15	10
2	5	4	7	5	7	8	3	4
3	5	3	6	8	8	7	5	6
4	6	6	7	8	8	7	4	5
5	7	4	5	7	8	9	4	3
6	5	5	6	8	7	7	3	5
7	4	5	7	7	8	8	7	4
8	5	5	6	7	7	9	4	3
9	3	3	7	8	7	8	2	3

按照以上步骤分析，得到的 ANOVA 表见表 11.25。

表 11.25 改动之后的蜗牛试验方差分析结果

方差来源	平方和	自由度	均方差	F 值	临界值($\alpha=0.05$)
处 理	102.375	3	34.125	26.41	2.21
品评员	109.778	8	13.722	10.62	2.86
处理×品评员	123.000	24	5.125	3.968	1.82
误 差	46.500	36	1.292		

可见，在数据变化之后，品评员之间存在显著差异，而且存在处理和品评员的交互关
系。将品评员对各处理的打分平均值作图（图 11.4）。

180

从图11.4中可以明显看出，1号品评员对4种处理产品的打分趋势和其他品评员完全不同，这说明他对产品的理解和其他品评员之间存在很大偏差，这种情况下，如果出现类似问题的品评员较多，说明培训的结果不好，需要重新培训，如果只有少数品评员表现和其他人不同，在不影响整个试验结果的情况下，可以不考虑此人的数据。如果试验已经结束，才发现这种问题，会影响整个试验的进度并打乱原来计划，最好是在培训阶段就能够进行品评员表现的考察，培训一段时间后，将品评员对样品的打分情况按照以上的方式作图，对发生交叉情况的品评员进行重点培训或劝其退出感官品评工作。

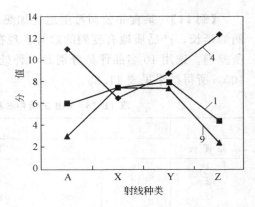

图11.4 具有"品评员×处理"交互作用的品评员对各处理的打分情况
（1，4，9表示品评员编号）

（3）均衡非完全分块设计（Balanced Incomplete Block Design，BIB） 即便由于感官疲劳等原因，不能对所有的样品进行评价，通过均衡非完全分块设计（BIB）也可以得到一致、可靠的数据。在BIB中，品评员只对样品当中的部分样品进行评价，每种样品被评价的次数相同。典型BIB数据分布形式见表11.26。

表 11.26　典型均衡非完全分块设计（BIB）数据分布形式举例

块（品评员）	1	2	3	4	5	6	7	品评员总和
1	X	X		X				B_1
2		X	X		X			B_2
3			X	X		X		B_3
4				X	X		X	B_4
5	X				X	X		B_5
6		X				X	X	B_6
7	X		X				X	B_7
处理总和	R_1	R_2	R_3	R_4	R_5	R_6	R_7	G

表11.26中X代表观察值，B_i代表各行观察值总和，R_i代表各列观察值总和，G代表所有观察值总和。在上表中，处理数$t=7$，被每个品评员评价的样品数$k=3$，参加评价的总人数$b=7$，每种样品被评价的次数$r=3$，整个试验重复的次数$p=1$，所有样品都被一同评价的次数$\lambda=1$。在感官检验中应用BIB时有两种情况：一是品评员的人数比较少，比如4个或者5个，可以多进行几个重复，因此人数少，比较容易集中，从而多次前来试验；二是如果参加人数较多，可以让每个品评员只对某一种样品进行评价。ANOVA的计算方式见表11.27。

表 11.27　BIB 试验设计方差分析结果的一般形式

方差来源	自由度	均方和	均方差
总　和	$N(rt$ 或者 $bk)$	$SS_T=\sum(x_{ij}-\mu)^2$	
块　间	$b-1$	$SS_B=k\sum(\overline{x_j}-\mu)^2$	MS_B
样品间	$t-1$	$SS_S=k\sum Q_i^2/\lambda t$	MS_T
误　差	$N-t-b+1$	SS_E（通过相减获得）	MS_E

注：μ 为所有观察值的平均值。

【例11】 某食品公司希望通过加热灭菌的时间来延长某产品的保质期,但随着加热时间的延长,产品质地有变硬的趋势。现在想知道经过这些处理的产品的消费者接受度是否有所差别。选用10名品评员分别对5种处理的产品中的3种进行硬度评价,打分范围为0~100,所得结果见表11.28。

表11.28 BIB试验中5种处理方式的食品消费者总体喜爱得分

| 品评员 | 加热时间/min | | | | | $y_{\cdot j}$ | $\overline{y}_{\cdot j}$ |
	5	10	15	20	25		
1	16	18	32			66	22
2	19			46	45	110	36.67
3		26	39		61	126	42
4			21	35	55	111	37
5		19		47	48	114	38
6	20		33	31		84	28
7	13	13	34			60	20
8	21	30			52	103	34.33
9	24	10		50		84	28
10		24	31	37		92	30.67
$x_{i\cdot}$	113	110	188	228	311	950	
B_i①	507	542	576	577	648		
Q_i②	−56.0	−70.7	−4.0	35.7	95.0		

①$B_i = y_{\cdot 1} + y_{\cdot 2} + y_{\cdot 6} + y_{\cdot 7} + y_{\cdot 8} + y_{\cdot 9}$

$\quad = (66 + 110 + 84 + 60 + 103 + 84)$

$\quad = 507$

②$Q_i = y_{1\cdot} - \dfrac{1}{3} B_i$

$\quad = 113 - \dfrac{1}{3} \times (507)$

$\quad = -56.0$

处理数 $t=5$,被每个品评员评价的样品数 $k=3$,参加评价的总人数 $b=10$,每种样品被评价的次数 $r=6$,$\lambda = r(k-1)/(t-1) = 6(3-1)/(5-1) = 3$。

根据上面的公式,试验数据的个数一共有 bk (10×3) 或者 rt (6×5) =30

$\mu = 950/30 = 31.67$

总和 $SS_T = (16-31.67)^2 + (18-31.67)^2 + (32-31.67)^2 + \cdots$

$\qquad\qquad + (24-31.67)^2 + (31-31.67)^2 + (37-31.67)^2,$ $\qquad\qquad df = 30-1 = 29$

$\qquad = 5576.67$

块之间 $SS_B = 3(22-31.67)^2 + 3(36.67-31.67)^2 + \cdots + (28-31.67)^2$

$\qquad\qquad + (30.67-31.67)^2,$ $\qquad\qquad df = 10-1 = 9$

$\qquad = 3 \times 464.89$

$\qquad = 1394.67$

产品间 $SS_S = 3[(-56)^2 + (-70.7)^2 + (-4)^2 + (35.7)^2 + (95)^2]/3 \times 5,$ $\quad df = 5-1 = 4$

$\qquad = 3 \times 18449.98/15$

$\qquad = 3689.99$

误差 $SS_E = SS_T - SS_B - SS_S,$ $\qquad\qquad df = 29-9-4 = 16$

$\qquad = 5576.67 - 1394.67 - 3689.99$

$$=49.01$$

以上数据总结成 ANOVA 表（表 11.29）。

表 11.29　灭菌时间对消费者喜爱程度影响的 BIB 试验方差分析结果

方 差 来 源	自 由 度	平 方 和	均 方	F 值
总　和	29	5576.67		
块　间	9	1394.67	154.96	
样 品 间	4	3689.99	922.50	30
误　差	16	492.01	30.75	

由附录一表 6 得 F 的临界值 $F(0.05, 4, 16) = 3.01$，$30 > 3.01$，因此不同加热时间的产品和硬度之间的差别是显著的，LSD 的计算公式如下：

$$\text{LSD} = t_{\alpha/2, df_E} \sqrt{2\text{MS}_E/pr} \sqrt{[k(t-1)]/[(k-1)t]} \tag{11.16}$$

式中　p——基本试验被重复的次数：1；

t——样品数量：5；

k——每人品尝样品数 3；

r——在每个重复中，每个样品被品尝次数：6。

$$\text{LSD} = t_{0.05/2, 16} \sqrt{2 \times 30.75/6} \sqrt{[3(5-1)]/[(3-1)5]}$$
$$= 2.12 \times 3.20 \times 1.1$$
$$= 7.46$$

各种加热条件下样品的得分平均值见表 11.30。

表 11.30　各种加热条件下样品的得分平均值

加热时间/min	5	10	15	20	25
平 均 分	18.83[a]	18.33[a]	31.33[b]	38.00[b]	51.83[c]

注：上标不同的数值之间具有显著差异。

（4）拉丁方设计　进行感官检验时，如果知道有一种来源的误差会对试验结果产生影响，比如品评员之间的差异带来的误差，可以使用随机分块和均衡非完全分块设计，从而使试验结果更加准确。如果已知有两种来源的误差会对试验结果产生影响，比如一个试验需要分几个阶段来完成，对于品评员来说，不同的试验阶段进行试验的结果会不同；不同的品评顺序得到的结果也会不同，就应该使用拉丁方设计，这种设计能够补偿这两种来源的误差，使得样品之间差别的比较更准确。

试验样品一般在 5 个以内，这样才能保证所有样品在所有阶段都被评价，而且，品评员要能够进行重复试验，而这种重复一般不在同一天进行。比如有 5 个样品需要评价，就要进行 5 次重复试验。对每个品评员来说，每个样品在每个阶段只出现一次，在所有阶段，每个样品在每个呈送位置上只出现一次。典型排列顺序见图 11.5，由于呈送的样品数和试验次数相等，因此可以将它们排列成一个正方形，因此叫做拉丁方。

拉丁方设计的 ANOVA 表的计算项目和方法见表 11.31。

$$\text{LSD} = t_{\alpha/2, df_E} \sqrt{2\text{MS}_E/pt} \tag{11.17}$$

（5）裂区设计　在感官品评中，有时有这样的情况，分别由几组不同的品评人员对相同的样品进行评价，比如在不同地点进行的对同一种或几种产品的评价。我们既希望知道产品之间是否存在差别，也希望了解不同的评价小组的评价风格是否类似。

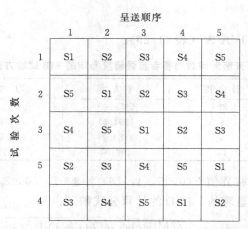

图 11.5　一个品评员的拉丁方块设计示意图（S 代表样品）

表 11.31　拉丁方的方差分析结果一般形式及计算公式

方差来源	自由度	均方和	均方差
总　　和	pt^2-1	$SS_T=\sum_l\sum_i\sum_j(x_{lij}-\mu)^2$	
品评员	$p-1$	$SS_P=t^2\sum_l(x..._l-\mu)^2$	
行	$p(t-1)$	$SS_R=t\sum_l\sum_i(x_{i.l}-\bar{x}._l)^2$	MS_R
列	$p(t-1)$	$SS_C=t\sum_l\sum_j(\bar{x}._{jl}-\bar{x}._l)^2$	MS_C
样品	$t-1$	$SS_T=pt\sum_k(\bar{x}_k-\mu)^2$	MS_T
误差	$(pt-p-1)(t-1)$	SS_E相减获得	

注：p 为参加试验的品评员数，t 为样品个数，$\bar{x}_k$ 为每种样品的平均值。

【例 12】　2 个分别由 8 人组成的品评小组（A、B）对分别使用了 3 种甜味剂（J、K、L）的产品进行品尝，然后就总体喜爱情况打分，请考察产品之间的差异情况和 2 个品评小组之间的差异情况，试验结果见表 11.32。

表 11.32　2 个品评小组对 3 种甜度的产品打分结果

品评员编号	小组编号	甜味剂 J	甜味剂 K	甜味剂 L	品评员编号	小组编号	甜味剂 J	甜味剂 K	甜味剂 L
1	1	3	5	4	9	2	5	7	9
2	1	4	5	6	10	2	3	5	8
3	1	1	3	4	11	2	6	4	7
4	1	3	4	5	12	2	5	5	8
5	1	4	5	3	13	2	6	6	9
6	1	4	5	5	14	2	3	3	6
7	1	6	6	7	15	2	4	5	7
8	1	6	5	4	16	2	3	3	8

总和 $C=T^2/N=237^2/48=1170.2$

总和 $SS_t=3^2+4^2+5^2+\cdots+3^2+3^2+8^2-C$ $\qquad df_t=48-1=47$
$\quad=1347-1170.2$
$\quad=176.8$

产品间 $SS_p = \dfrac{58^2+79^2+100^2}{16}-C,$ $\qquad\qquad df_p=3-1=2$

$$=19605/16-1170.2$$

$$=55.1$$

小组间 $SS_g=\dfrac{T_A^2}{n_A}+\dfrac{T_B^2}{n_B}-C,$ $\qquad\qquad df_g=2-1=1$

$$=\frac{110^2}{24}+\frac{127^2}{24}-1170.2$$

$$=6.01$$

	J	K	L			J	K	L	
S1	3	5	4	$T_{a1}=12$	S9	5	7	9	$T_{b9}=21$
S2	4	5	6	$T_{a2}=15$	S10	3	5	8	$T_{b10}=16$
S3	1	3	4	$T_{a3}=8$	S11	6	4	7	$T_{b11}=17$
S4	3	4	5	$T_{a4}=12$	S12	1	5	8	$T_{b12}=14$
S5	4	5	3	$T_{a5}=12$	S13	2	6	9	$T_{b13}=17$
S6	4	5	5	$T_{a6}=14$	S14	3	3	6	$T_{b14}=12$
S7	6	6	7	$T_{a7}=19$	S15	4	5	7	$T_{b15}=16$
S8	6	8	4	$T_{a8}=18$	S16	5	3	8	$T_{a16}=14$
	$T_{aj}=31$	$T_{ak}=41$	$T_{al}=38$	$T_a=110$		$T_{bj}=27$	$T_{bk}=38$	$T_{bl}=62$	$T_b=127$

$$T_j=58 \quad T_k=79 \quad T_l=100 \quad T=237$$

我们现在计算品评小组×样品的交互关系：

		J	K	L
品评小组	A 组	$T_{aj}=31$	$T_{ak}=41$	$T_{al}=38$
	B 组	$T_{bj}=27$	$T_{bk}=38$	$T_{bl}=62$

交互 $SS=\dfrac{T_{aj}^2}{n_{aj}}+\dfrac{T_{ak}^2}{n_{ak}}+\dfrac{T_{al}^2}{n_{al}}+\dfrac{T_{bj}^2}{n_{bj}}+\dfrac{T_{bk}^2}{n_{bk}}+\dfrac{T_{be}^2}{n_{be}}-C,$ $\qquad df=6-1=5$

$$=(31^2+41^2+38^2+27^2+38^2+62^2)/8-1170.2$$

$$=92.68$$

产品×品评小组 $SS_{p\times g}=92.68-55.1-6.01,$ $\qquad df_{p\times g}=df-df_p-df_g=5-2-1=2$

$$=31.57$$

小组 A	$T_{a1}=12$	$T_{a2}=15$	$T_{a3}=8$	$T_{a4}=12$	$T_{a5}=12$	$T_{a6}=14$	$T_{a7}=19$	$T_{a8}=18$
小组 B	$T_{b9}=21$	$T_{b10}=16$	$T_{b11}=17$	$T_{b12}=14$	$T_{b13}=17$	$T_{b14}=12$	$T_{b15}=16$	$T_{b16}=14$

$$SS=\frac{T_{a1}^2+T_{a2}^2+T_{a3}^2+\cdots+T_{b16}^2+T_{b17}^2+T_{b18}^2}{n_{cell}}-C, \qquad df=16-1=15$$

（n_{cell} 为每个小格中数据的个数，即每个品评员评价的产品数）

$$=(12^2+15^2+8^2+\cdots+12^2+16^2+14^2)/3-1170.2$$

$$=52.8$$

品评员之间的误差 $SS(BSE)=52.8-SS_g,$ $\qquad df(BSE)=15-df_g=15-1=14$

$$=52.8-6.01$$

$$=46.79$$

误差相 $SS_E = SS_t - SS_p - SS_g - SS_{p\times g} - SS\,(BSE)$, $\quad df = df_t - df_p \cdot df_g - df_{p\times g} - df(BSE)$

$$= 176.8 - 55.1 - 6.01 - 31.57 - 46.79 \qquad = 47 - 2 - 1 - 2 - 14$$

$$= 37.33 \qquad\qquad\qquad\qquad\qquad = 28$$

将以上数据总结成 ANOVA 表如表 11.33。

表 11.33　两个品评小组对含有 3 种甜味剂的产品品尝试验方差分析结果

方差来源	平方和	自由度	均方	F	F 临界值($\alpha=0.05$)
总　和	176.8	47	3.76		
小组间	6.01	1	6.01	$6.01/3.34=1.80$	$F(1,14)=4.6$
品评员间误差(EA)	46.79	14	3.34		
产品间	55.1	2	27.55	$27.55/1.33=20.71$	$F(2,28)=3.34$
产品×小组	31.57	2	15.79	$15.79/1.33=11.87$	$F(2,28)=3.34$
误差(EB)	37.33	28	1.33		

结果表明，在 $\alpha=0.05$ 时，产品之间存在显著差异，这种差异取决于品评小组，产品和品评小组之间存在交互作用，两个小组为产品打分趋势有所不同。如果计算两个小组为产品打分的平均值，我们发现，A 组对添加甜味剂 L 产品的喜爱程度不如 K，而 B 组则对添加甜味剂 L 产品的喜爱程度高于 K（表 11.34）。

表 11.34　两个品评小组对添加 3 种甜味剂的产品的总体喜爱情况平均分

品评小组	甜味剂 J	甜味剂 K	甜味剂 L
A	3.9	5.1	4.8
B	3.4	4.8	7.8

上面的例题是品评员人数相等的两个品评小组，有时会发生这样的情况，几个品评小组含有的品评人数不同，我们一起来看一道这样的例题。

【例 13】　7 名品评人员自愿参加一项研究某种疾病对味觉敏感程度影响的实验，试验使用 3 种步骤（A、B、C）。4 名品评员患有该疾病，其他 3 人没有该病。将患病的品评员编成一组，叫做试验组，另外 3 人变成另一组，叫做对照组。用 3 种步骤进行试验的数据如表 11.35，分值越高表示越敏感。需要研究的问题是，该种疾病对敏感程度有影响吗（两个小组的敏感能力有差别吗）？3 种试验步骤对敏感能力有影响吗？

这是一个小组成员数不相等的分割-分块设计问题，要研究的问题是品评小组之间是否存在差异，3 种试验方法之间是否存在差异。计算方法同例 12 相同，所得结果如表 11.36。

表 11.35　疾病对味觉敏感性的影响试验结果

项　目	品评员	试验步骤 A	试验步骤 B	试验步骤 C
试验组	1	2	3	4
	2	3	3	4
	3	2	2	3
	4	1	2	4
对照组	5	2	2	2
	6	3	2	3
	7	3	3	3

表 11.36　疾病对味觉敏感度影响的裂区试验方差分析结果

方差来源	SS	df	MS	F	F 临界值($\alpha=0.05$)
总　　和	14.95	20			
小组间	0.05	1	0.05	$0.05/0.98=0.05$	$F(1,10)=3.29$
品评员间误差(EA)	4.90	5	0.98		
试验步骤间	4.95	2	2.48	$2.48/0.16=15.47$	$F(2,10)=2.92$
试验步骤×小组	3.45	2	1.73	$1.73/0.16=10.78$	$F(2,10)=2.92$
误差(EB)	1.60	10	0.16		

以上结果表明，试验组和对照组的表现相近，没有显著差异，即该疾病对味觉没有显著影响；不同的试验步骤之间具有显著差异，即不同的实验步骤所感受到的味觉强度是不同的；实验步骤和小组之间具有交互作用。这种情况下的 LSD 的计算仍使用公式（11.12）：

$$\mathrm{LSD} = t_{\alpha/2, df_{\mathrm{E}}} \sqrt{2\mathrm{MS_E}/n}$$

n 为参加实验的人数，本例中 $n=7$，df_{E} 和 $\mathrm{MS_E}$ 都是指误差 B 对应的数据。

该例设 $\alpha=0.001$，

$$\begin{aligned}
\mathrm{LSD} &= t_{0.001/2, 10} \sqrt{2 \times 0.16/7} \\
&= 4.587 \times 0.21 \\
&= 0.98
\end{aligned}$$

3 种试验步骤的平均得分分别为 A：2.2^a；B：2.4^{ab}；C：3.2^b。

以上的例题都是只比较一个指标，如果需要比较多个指标时，用手工计算工作量会相当大，因此建议使用相应的统计软件，如 SAS、SPSS 和 SPLUS，快捷而且精确。

12 感官检验中的高级统计学知识和方法

前面一章里讲到的基本统计知识在几乎所有的感官检验的结果分析中都会用到，然而，当试验目的不仅仅是单纯地考察样品之间的差别时，就会涉及到复杂一些的统计方法。本章将就常用的高级方法作简单讲述，由于这类统计方法涉及到的计算更加繁琐，手工计算几乎是不可能的，所以要想使用这些方法，一定要有相应的统计软件支持

12.1 数据之间的关系

感官检验中经常涉及到的一个问题是，不同的变量之间是否存在一定的关系。比如，不同描述指标的感官强度增加或降低的趋势（包括程度和方式）；受消费者欢迎的不同产品之间的共同性；就产品的出厂时间对产品某项感官指标进行预测等。

能够对变量之间关系进行描述的统计方法可以分成两类。第一类方法处理的数据中，所有的变量都是独立的，即所有需要处理的变量都是同等重要的，它们彼此独立，相互之间没有依靠关系，比如一组对风味进行描述的指标；第二类方法处理的数据既包括独立变量也包括非独立变量，在这些数据中，某些数据相对其他数据来说更重要一些，比如总体喜爱情况和某一项描述指标的得分，分析人员可能对总体喜爱情况更关心一些。因为这两种方法每次处理的变量都不止一个，因此它们都属于"多重变量"统计方法。

（1）独立变量　当所有变量都被视为同样重要时，统计分析的任务就是确定变量之间关系的性质和相关联的程度，确定是否存在几组相关联的变量，或者说确定变量之间是否存在特殊的关系。

① 相关分析　相关分析是多重统计分析中最简单的一种，用来衡量两个变量之间的线性相关性。两个变量 (x, y) 之间的线性相关性可以用相关系数 r 来表示：

$$r = \frac{\sum (y_i - \overline{y})(x_i - \overline{x})}{\sqrt{\sum (y_i - \overline{y})^2 \sum (x_i - \overline{x})^2}} \tag{12.1}$$

或者

$$r = \frac{n \sum x_i y_i - \sum x_i \sum y_i}{\sqrt{[n \sum y_i^2 - (\sum y_i)^2][n \sum x_i^2 - (\sum x_i)^2]}} \tag{12.2}$$

r 值在 -1 和 $+1$ 之间。$r = -1$ 表示完全相反的线性关系（一个变量增加时另一个变量减少）；$r = +1$ 表示直接的线性关系（两个变量同时增加或减少）；$r = 0$ 表示两个变量之间的线性关系不明显。线性关系强并不代表存在因果关系，也就是说，任何一个变量都没有"驱使"另一个变量的能力，它们的变化总是一同进行的。

相关系数具有总结性质，但并不是决定因素，在确定各数据之间是否具有相关性时，最好还是要研究一下各数据分布的散点图，才能结合相关系数得出各变量之间是否真的存在相

关性的结论。如果在均匀分布的点当中具有很明显的线性趋势 [图 12.1 (a)]，或者在两个变量范围内都有分布的无规则图形 [图 12.1 (b)] 则可以认为线性相关。有些关系具有很高的 r 值，但实际上并不存在线性关系 [图 12.1 (c)]。而有些关系看上去似乎相关性很明显，但实际上相关系数却很低 [图 12.1 (d),(e)]。而有些根本不相关的数据当分别观察时却具有相当大的相关系数 [图 12.1 (f)]。

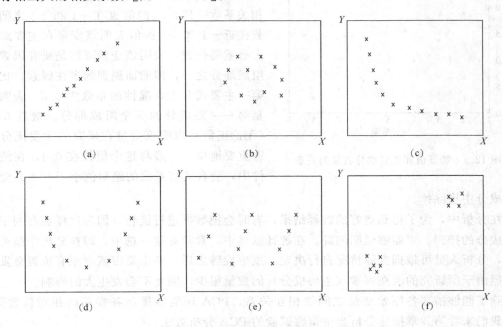

图 12.1　具有线性和不具有线性关系的散点图示例

　　相关分析可以用来识别有别于其他数据并具有类似性质的一些（几组）数据，还可以用来确定不同来源的数据的相关性，比如消费者对产品的打分情况和受过培训的品评小组对产品的打分情况的相关性和各种描述指标的得分之间的相关性；以及和仪器测量数据之间的相关性等。进行相关分析的数据应该来自同一样本，而不能是几个不同样本的混合，比如对某薯片进行消费者脆性喜爱评分和仪器脆度测量之间相关性的数据应该来自同一批薯片。

　　② 主成分分析（PCA）　最初的相关分析可能会从众多数据当中识别出几组具有高度相关性的数据，也就是说这些组里都含有一些与其他组相关的信息，组与组之间的这种相关性可能仅仅是由少数几个变量（潜在因素）引起的，主成分分析就是用来识别最少数量的这种潜在因素的统计方法。在含有 20～30 个变量的一组数据中，通常只要 2～3 个主要因素就可以对所有数据的变化情况进行 75%～90% 的解释。

　　主成分分析方法分析多个变量的相关结构并找出数据发生最大变化所在的数轴，这样的数轴叫做第一主要成分（first principal component），第二主要成分就是剩余的变量发生最大变化所在的数轴，依此类推。每一个成分都和其他的成分垂直，这样可以保证剩余的成分被最大程度的解释。主要成分的个数应该少于研究的变量的个数，而实际上，主要成分的数量要比研究的变量少得多。那么，选取主要成分的标准是什么呢？从理论上讲有两个标准，第一，所有的变化都能够被解释；第二，新选的主要成分对数据变化的解释只是其他因素的重复。一般的统计软件都包含主要成分选取的相应程序，需要设定的参数是特征值（Eigen-value），特征值在 0～10 之间，一般以特征值＞1 为标准，图 12.2 是特征值同主要成分数量的关系，该图表示当特征值＞1时，主要成分有3个。

主要成分（y_i）和研究的各变量（x_i）之间具有下面的线性关系：

$$y_i = a_{i1}x_1 + a_{i2}x_2 + a_{i3}x_3 + \cdots + a_{ip}x_p \qquad (12.3)$$

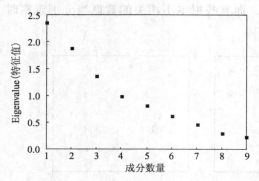

图 12.2　特征值和主要成分数量的关系

系数 a_{ip} 叫做权或输入（loading）因素，它们衡量各变量在各主要因素上的重要性，像线性相关系数一样，a_{ip} 的值也在 −1 和 +1 之间，系数接近 −1 和 +1 的值表明该变量在主要成分上占有重要位置，表明该变量可能是研究因素上的组成部分之一，即前面提到的潜在因素，比如在第一主要成分上，脆性的系数为 0.8，表明脆性是第一主要成分的一个组成部分。接近 0 的值（无论正负）表明该变量在研究的主要成分上不占重要地位。一般将这个值设在 0.4，在统计软件中，会自动将系数的绝对值小于 0.4 的变量从主要成分中剔除掉。

在分析中，为了得到更好的解释结果，有时会把数据进行旋转，因为这样更有利于各变量和成分的排列，更能够说明问题。在统计软件中，常常有这一选项，即在分析中是否进行旋转，分析人员可根据实际情况自行决定。发生旋转之后，各主要因素的原有位置会发生改变，但由于所研究的潜在因素（主要成分）的数量很少，因此不会发生大的影响。

除了能够描述各原始变量之间的相互关系，PCA 还能够展示各样品的相对位置关系。现在我们来看第 8 章描述分析当中草莓试验的 PCA 分析方法。

9 名品评人员对 9 种草莓样品感官评价的平均分见表 12.1。

表 12.1　9 名品评人员对 9 种草莓样品感官评价的平均分

品评人员	样品	有光泽	干燥	表面发白	坚实度	多汁	总体草莓香气	酸度	甜度	涩度
1	未处理1周	7.25	6	0	9.75	7.5	7.75	9.25	7	6
1	未处理2周	8	7.25	0	7	5.25	6.75	5.75	7.5	5
1	新鲜	10.25	3.25	0.5	7.75	6.5	7.5	8.25	7	4.5
1	涂膜A1周	7.75	10.25	0	9	5.75	7.75	7	4.75	5.75
1	涂膜A2周	7	7.25	0	6.25	8.75	8.5	6.75	9.5	4.5
1	涂膜A3周	5.25	10	3.5	10.25	6	7.5	8.25	6.5	5.75
1	涂膜B1周	5.25	5.5	3.25	7.25	7.25	7.75	5.75	5.75	4.5
1	涂膜B2周	2.75	11	5.5	6.25	7.5	8	4.75	8.25	4.5
1	涂膜B3周	7	10.75	4.5	7.75	5.75	8	5	8	4.75
2	未处理1周	9.25	5.5	0	5.5	4.5	8.75	4.25	6.5	3.75
2	未处理2周	8	7.5	0	6.5	5.5	7.5	5.5	5.75	4
2	新鲜	9.5	2.75	0	6	5.75	8.25	4.25	6.25	4.5
2	涂膜A1周	10	7.75	0	4.5	5.5	7.5	4.75	4.5	4.75
2	涂膜A2周	10.5	5.5	0	4.25	6	7.5	4	5	4
2	涂膜A3周	7.25	5.5	0	6.5	5	8.5	4.25	6.75	4.25
2	涂膜B1周	5	7.75	0	5.5	6.75	7.5	4.5	5.25	4
2	涂膜B2周	3	8.25	0	6.75	4.25	7	4.75	5.25	4.75
2	涂膜B3周	7.25	10.75	0	5.75	5.25	8.54	4	6.25	5
3	未处理1周	7	6	1.5	4	4.25	5.75	5.75	4	4
3	未处理2周	5.75	9.25	0	3.75	3.75	5.25	4.5	4.25	5.5
3	新鲜	9.5	5.5	0	4.75	2.5	6.75	5	4.25	5

品评人员	样　品	有光泽	干　燥	表面发白	坚实度	多　汁	总体草莓香气	酸　度	甜　度	涩　度
3	涂膜 A1 周	7.25	8.5	3	5.5	2.75	3	5.75	2.5	6.25
3	涂膜 A2 周	8.5	7.25	0.5	6	4.5	5.75	5.25	4.75	6.25
3	涂膜 A3 周	5.75	10	6.5	6	2.5	5.25	4.75	4.25	5
3	涂膜 B1 周	4.25	8.75	7.5	3.75	5.25	7.25	5.25	4.75	5.75
3	涂膜 B2 周	3.5	8.5	6.5	3.25	3.75	4.5	3.75	5.25	5
3	涂膜 B3 周	7.5	10	4.75	5.5	5	4.75	4.5	4	5.75
4	未处理 1 周	8.25	6	0	5.75	6.5	7	3.5	5	1
4	未处理 2 周	6.25	8.75	0	3.75	6.75	5.5	3.75	3	2.25
4	新鲜	9.75	4.5	0.25	6	7.25	7.5	2.5	5.25	2
4	涂膜 A1 周	8.75	8.5	0	6	5.5	6.5	4.5	4.25	2.5
4	涂膜 A2 周	9	6	0	4	7	6	4.75	4.5	3.5
4	涂膜 A3 周	7.75	11.25	5.25	6.75	5.5	6.5	6	5	3
4	涂膜 B1 周	5	10.75	3	6	6.25	6	3.5	3.75	1.5
4	涂膜 B2 周	4	10.75	6	4.75	5.25	5.75	4.5	4	2.75
4	涂膜 B3 周	8.5	12.25	5.75	5	5.5	5.75	3.75	4.5	1.75
5	未处理 1 周	8	3.5	0	2.75	3.5	7	5.75	6	0.25
5	未处理 2 周	6	5.5	0	1.5	4.75	5.75	3	3.25	0
5	新鲜	9	1	0	5.5	3	5.75	6.5	3.5	0.5
5	涂膜 A1 周	8.5	5.5	4	7.5	4.5	6	6.5	3.75	1
5	涂膜 A2 周	8	4	0	3.75	7.75	8.25	5.25	5	1.5
5	涂膜 A3 周	7.5	6.25	5.25	9	3	7.5	7.5	4.25	0.5
5	涂膜 B1 周	6	5.5	5.25	2.5	8.5	7	5.5	3.5	2
5	涂膜 B2 周	3.5	10	1.75	5.75	4.75	6.5	5.5	4.5	1.75
5	涂膜 B3 周	9.5	10.5	8.5	7.5	4.75	10.25	4.75	7	0.75
6	未处理 1 周	8.25	3.75	0	9.5	11.25	8.25	6	5	3.25
6	未处理 2 周	4.5	6.75	0	7.75	11.25	7.75	6.5	4.75	4.5
6	新鲜	6.5	1.5	0	8.75	12	8.75	6	5.25	3.25
6	涂膜 A1 周	9.75	7.75	0	9.25	9.5	6	5.25	5.5	3.25
6	涂膜 A2 周	11	6.5	0	8.75	11.5	7.75	5.75	4.5	3
6	涂膜 A3 周	6	10	6	10.25	11.25	7.25	5.25	5	2.75
6	涂膜 B1 周	6	5.75	6.75	8	11.5	8.25	6.75	4.75	4.25
6	涂膜 B2 周	2.75	9.5	10	8.5	11.5	7.75	4.75	5.5	2.5
6	涂膜 B3 周	7.5	9.25	5	11.5	11.5	8.25	7	5.25	5
7	未处理 1 周	7	8	0	5.75	6.25	7.25	4.75	3.5	4
7	未处理 2 周	5.5	10.25	0	7.5	5.75	5.75	4.25	3	4.25
7	新鲜	10	5.25	0	6.5	7.25	8.5	4.5	3.75	4.25
7	涂膜 A1 周	7.75	10.5	0	7	7	3.75	4.25	3.75	3
7	涂膜 A2 周	10.25	10	0	7.5	7.5	5.75	3.25	3.5	3
7	涂膜 A3 周	7.75	9.75	3	7.75	5.75	6.25	3.75	3.5	3.25
7	涂膜 B1 周	7	9	4.5	5.5	8.25	6	3.75	3.75	3.5
7	涂膜 B2 周	3	11	7.25	7.5	6.25	3.25	4.25	3.25	4
7	涂膜 B3 周	6.5	10.75	4.75	10.25	6.25	8	4.25	3.5	3.75
8	未处理 1 周	8.5	1	0	6	8.75	8.75	5	7.25	3.5
8	未处理 2 周	2.25	7.25	0	7.75	7.5	6.75	4.25	4.25	4
8	新鲜	7.75	1	0	7.25	7.5	8.5	3.75	5.75	2.75
8	涂膜 A1 周	6.25	6.75	0	6.5	8	7.5	3.25	5.5	2
8	涂膜 A2 周	7.75	2.75	0	4.25	9.25	7.75	4.25	5.25	2.5
8	涂膜 A3 周	4.75	9.25	3.75	6	8.75	8.75	3.25	6.5	2
8	涂膜 B1 周	6.75	4	2.5	8	6	7.5	5.25	5	3.75

品评人员	样 品	有光泽	干 燥	表面发白	坚实度	多 汁	总体草莓香气	酸 度	甜 度	涩 度
8	涂膜 B2 周	2	12	5.5	6.25	8.5	8.75	4.25	5.5	3
8	涂膜 B3 周	4.25	12.75	3.5	7.75	8.5	10	3.75	7.75	3.25
9	未处理 1 周	7	0.75	0	7.75	7.5	10.25	8.75	3.5	4.5
9	未处理 2 周	7.5	3.5	0	5	8	8.5	5.5	8.25	3.75
9	新鲜	12	0.5	0	6.5	8.25	10.25	8	4.25	5.5
9	涂膜 A1 周	13.25	3.25	0	7.25	5	5	7.75	5.25	0.5
9	涂膜 A2 周	12.5	1.5	0.25	7.75	8	9	3.75	6.75	5
9	涂膜 A3 周	8.25	7.25	2	8	6	5	6.75	4.5	1.5
9	涂膜 B1 周	7.25	2	4	4.5	12.25	12	3.5	7.5	1
9	涂膜 B2 周	0.75	8.5	8.5	6.5	4.75	5.25	5	5.5	0.75
9	涂膜 B3 周	6.75	10	7.25	5.75	4.75	8.25	6	6.25	4

　　将上面数据输入到 SPSS 软件中，按照如下步骤进行分析：analysis-Data Reduction-factors，根据特征值＞1，得到 3 个主要成分（factors）：PC1、PC2 和 PC3，它们对结果的解释分别占 22.8％、22.1％和 17％，这 3 种因素对结果的共同解释 62％（见表 12.2）。

表 12.2　草莓感官分析的主要成分

成 分	特 征 值	初始结果 方差百分比/％	累积百分比/％	特 征 值	旋转之后结果 方差百分比/％	累积百分比/％
1	2.344	26.043	26.043	2.055	22.829	22.829
2	1.872	20.797	46.84	1.991	22.123	44.952
3	1.362	15.135	61.975	1.532	17.023	61.975
4	0.994	11.045	73.02			
5	0.814	9.047	82.067			
6	0.62	6.885	88.952			
7	0.46	5.109	94.06			
8	0.302	3.359	97.419			
9	0.232	2.581	100			

　　各成分中的主要感官指标如表 12.3（loadings factor 绝对值＞0.4）。

表 12.3　主要因素上的感官指标分布
（Rotated Component Matrix）

项 目	PC1	PC2	PC3	项 目	PC1	PC2	PC3
干 燥	0.817			甜		0.690	
有光泽	−0.799			酸			0.770
表面发白	0.795			坚 实			0.719
总体草莓香气		0.872		涩			0.634
多 汁		0.742					

　　上面结果表明，在成分 1 中，产品的主要特征是光泽度、干燥和表面发白。其中，光泽度处于坐标轴的下方。因素 2 中，产品的主要特征是总体草莓香气、多汁性和甜度（图12.3），在因素 3 中，样品的主要特征是酸度、坚实度和涩度（略）。

最后将各样品的 3 种因素的数值进行平均（原始值略），结果见表 12.4。

表 12.4　草莓样品的 3 种因素平均值

样 品	PC1	PC2	PC3
未处理 1 周	−0.814[ab]	0.192	0.114
未处理 2 周	−0.101[bc]	−0.324	−0.210
新　鲜	−1.240[a]	0.177	0.063
涂膜 A1 周	−0.836[ab]	0.175	−0.265
涂膜 A2 周	−0.428[b]	−0.786	0.340
涂膜 A3 周	0.584[cd]	−0.120	0.422
涂膜 B1 周	0.379[cd]	0.417	−0.369
涂膜 B2 周	1.565[e]	−0.106	−0.299
涂膜 B3 周	0.891[de]	0.350	0.203

注：上标字母不同的数值之间具有显著差异。

根据以上数值做散点分布图，对草莓各样品（平均结果）进行定位，结果见图 12.4。

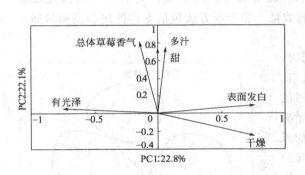

图 12.3　草莓感官指标分布图

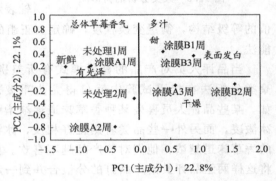

图 12.4　草莓样品的主要成分图（主成分 1 对主成分 2）（楷体字表示感官指标，参见图 12.3）

对图 12.4 的解释如下：两个坐标轴分别代表成分 1 和成分 2，在成分 1 中，在坐标轴的正值区域，主要感官指标是干燥和表面发白，在负值区域主要指标是有光泽；在成分 2 中，主要感官指标是总体草莓香气、多汁和有甜度。对 9 种样品，从成分 1 来看，产品之间还是存在显著差异的，新鲜草莓的特征是有光泽、具有总体草莓香气、多汁、甜，而用涂膜剂 B 处理 3 周之后的草莓表现为干燥、表面发白。还可以以成分 1 对成分 3 做散点图，但由于各样品在成分 2 和成分 3 上的数值没有显著差异，因此也就没有必要做成分 2 对成分 3 的分布图。

PCA 图的好处是可以清楚地看出各种产品的相对位置关系和它们的主要特性，如上例中，未处理 1 周的样品的特征是具有"草莓香气"和"有光泽"，而涂膜 A3 周的样品的特征是"干燥"。这种方法对相同种类的多种产品调查特别有用，从 PCA 图中，各种牌子产品的相对位置和主要特征一目了然，这对明确本公司产品在市场竞争中的地位并提高竞争能力都很有帮助。

PCA 为对大量数据进行分析提供了一种方法，有人也许会问，分析时能否只对有代表性的指标（变量）进行分析而不是对所有数据进行分析，以减少工作量？从公式（12.3）可以看出，所有的变量都参与了主要成分的计算，如果仅对所谓的有代表性的数据进行分析，势必会忽略许多变量对数据整体变化趋势的影响，改变原有数据的多重性质，从而导致错误的结论。因此，利用 PCA 进行分析时，一定要对所有变量都进行分析。

③ 聚类分析　PCA 是按照指标之间的相关性将数据进行分组识别，同 PCA 方法的精神一样，聚类分析是将数据按照得分的相似性进行分类识别。这些分值可能是同一个样品的不同指标的得分，也可能是不同样品的同一指标的得分。

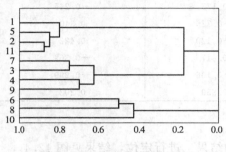

图 12.5　聚类分析的树形图

聚类分析的方法有两类，一类是等级方法，另一类是非等级方法。等级方法的进行有两个方向，比较常见的是先将每一个观察值认为是单独的一组，然后通过分析不断和其他组进行融合，直到最后变成一个大组。另外一种方向正好相反，先将所有观察值看作是一组，然后通过分析不断进行分裂，直到最后只剩一个观察值。不断的融合或分裂过程可以用树形图表示（图 12.5），纵轴表示各观察值，横轴表示各观察值之间的差别。树形图可以描述观察值的等级结构，衡量变换程度，确定真正组的数量。非等级方法包括 k 均值法和模糊目标功能法。

当品评人员对产品的喜爱模式有所差别时，聚类分析法在接受试验中就显得尤为重要。比如，某些品评人员喜爱某种香草味道逐渐增强的冰激凌，而另外一些品尝者则正好相反，冰激凌的香草味道越浓，他们对该产品越不喜欢。如果将这样两组品评员给产品打的分值合并到一起分析，一定会对产品的接受性得出错误的结论，因为这样分析是将模式完全不同的两组数据进行了平均，而平均的结果不能代表任何一组品评员的反应，图 12.6 就是具有不同喜爱模式的品评人员对 2 种奶酪（试验样品和对照样）的总体喜爱程度的打分情况，可以看出，品评人员的喜爱模式有 3 种，一种是喜爱试验样品的，一种是不喜爱试验样品的，另外一种是喜爱对照样品的。如果将这样 3 组分值进行平均，得到的结果将不可能代表品评人员对产品的真实喜爱情况。

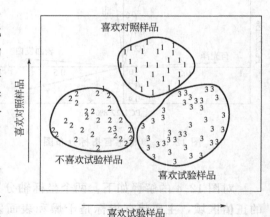

图 12.6　具有 3 种喜爱模式的品评人员对两种奶酪的总体喜爱程度的反应图

在对数据进行了聚类的正确识别之后，就可以利用其他统计方法，如相关分析、PCA、回归分析等，就产品的喜爱程度进行聚类的相似、差异分析了。还可以将每类的信息以树形图的形式进行总结，以确定参加实验的人员能否代表该产品的目标人群，这对市场开发是很有帮助的。

（2）独立和非独立变量　在感官检验中，某些变量的值是与其他变量（独立变量）有关系的，比如，产品总体喜爱程度的得分和产品种类有关，喜爱程度是变量，产品种类是独立变量。对这样数据的分析方法有几下几种。

① 回归分析　我们都知道，可以根据一个或几个变量对另外的变量的值进行预测，比

如，可以根据各项描述指标的得分、产品的配方或者加工过程对产品的消费者接受性进行预测，还可以根据仪器测量得到的数据对产品的描述分值进行预测，还有人利用心理物理学模型或机械模型根据刺激的强度或浓度对各种反应的感受强度进行了预测。这些都是利用回归分析把一个或多个独立变量同一个变量联系起来的例子。

从简单意义上讲，回归分析可以进行某种反应的预测，而在复杂意义上，回归分析可以用来确定引起一种变量发生改变的其他变量的种类、性质以及作用方式。一个通过回归分析得到的高度准确的预测模型可以对假设的有效性进行检验。但回归分析并不具有因果性，非独立变量并不是独立变量的结果。在进行回归分析前，要搞清楚独立变量和非独立变量，并通过散点图考察独立变量和非独立变量之间的关系。

a. 简单线性回归　简单线性回归当中，一个非独立变量的值 y 可以由一个独立变量的值 x 预测出来，线性模型如下：

$$y = \beta_0 + \beta_1 x + \varepsilon \tag{12.4}$$

β_0 和 β_1 可以通过下面的公式进行估计，ε 叫做剩余项。

$$b_1 = \frac{\sum (x_i - \overline{x})(y_i - \overline{y})}{\sum (x_i - \overline{x})} \tag{12.5}$$

$$b_0 = \overline{y} - b_1 \overline{x} \tag{12.6}$$

而 y 的预测值就变成了

$$\hat{y}_i = b_0 + b_1 x_i \tag{12.7}$$

当观察到数据不成线性关系时，比如图 12.1 所示，可以对 x，y 或者 x，y 同时进行适当的转换，来得到线性关系，然后将转化后的数据用于公式 12.4，再进行 β_0 和 β_1 的估计。

在考察是否存在线性关系时，可以使用线性的方差分析表（ANOVA），一般的形式见表 12.5。

表 12.5　回归分析的方差分析结果的一般形式

方差来源	自由度	平方和	均　方	F
总　和	$n-1$	SS_T		
回　归	1	SS_{Reg}	$MS_{Reg} = SS_{Reg}$	MS_{Res}/MS_E
误　差	$df_E = n-2$	SS_{Res}	$MS_{Res} = SS_E/df_E$	

表 12.5 中的 F 值表示 β_1 和 0 的差异，如果 F 值大于 F 的临界值，表示 $\beta_1 \neq 0$，即 y 和 x 存在线性关系。

除此之外，还可以用 r 值来检验，既可以用前面提到的 r 的计算公式，也可以使用下面的公式：

$$r^2 = 1 - \frac{SS_{Res}}{SS_T} \tag{12.8}$$

在感官统计中，一般要求 $r^2 > 0.75$。

b_1 的置信区间为：

$$b_1 \pm t_{a/2, n-2} \sqrt{MS_E/SS_X} \tag{12.9}$$

y 的置信区间为：

$$\hat{y}_0 \pm t_{a/2, n-2} \sqrt{MS_E[(1/n) + (x_0 - \overline{x})^2/SS_X]} \tag{12.10}$$

其中 $SS_X = \sum (x_i - \overline{x})^2$

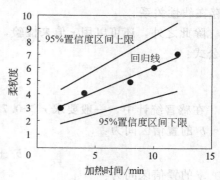

表 12.6　糖水李子的柔软度和加热时间的关系

加热时间/min	柔软度
2	3
4	4.1
8	4.9
10	6
12	7.1

在相应的计算软件中，r 值、常数相 b_0 和非独立变量的系数 b_1 都可以直接给出。

【例1】　为了研究糖水李子的柔软性同加热时间是否线性相关，由一组品评人员对不同加热时间的糖水李子的柔软性进行评价，得到的平均分如表 12.6，ANOVA 结果见表 12.7。

模型总结结果见表 12.8。

因此从哪一个结果看都可以认为是加热时间和糖水李子的柔软度之间是存在线性关系的。从 F 值（$F>F$ 的临界值）也可以看出线性关系是存在的。系数结果见表 12.9。

表 12.7　糖水李子的柔软度和加热时间的回归关系方差分析结果

方差来源	自由度	平方和	均　方	F　值	F 临界值（$\alpha=0.05$）
总　和	4	10.228			
回　归	1	9.886	9.886	86.756	$F_{(1,3)}=10.13$
误　差	3	0.342	0.114		

表 12.8　模型总结结果

模　型	r	r^2
1	0.983	0.967

注：根据公式（12.8）也可以得到同样的结果，$r^2=1-(0.342/10.228)=0.967$，利用公式（12.1）或者式（12.2）得 $r=0.983$。

表 12.9　糖水李子的柔软度和加热时间关系的线性关系系数结果

项　目	数　值	95%置信区间	
		下限	上限
常数 b_0	2.291	1.242	3.340
b_1	0.379	0.250	0.509

该线性关系的表达式为：

$$y = 2.291 + 0.379x$$

式中，y 代表糖水李子的柔软度，x 代表加热时间。

（注：如果利用 Excel 作图，会直接得到 r 值和表达公式。）

置信度区间可以用来评价所得公式的回归质量，如果区间带很宽，即便 F 值或 r 值合适，也表明回归情况不是很好，如果可信区间带比较窄（如图 12.7），说明回归情况很好。

b. 多重线性回归　有时对反应 y 的预测需要依靠一个以上的独立变量，一般模型为：

$$y = \beta_0 + \beta_1 x_1 + \beta_2 x_2 + \beta_3 x_3$$

多重线性回归的计算同简单线性回归是一样的，但是我们知道并不是所有的独立变量都与非独立变量的值有关，在对这些独立变量的选择上，有两种方法，一种是将所有变量都考虑进去，然后再逐个考察，从一个变量的模型开始，两个变量，3 个变量，依此类推。一般的统计软件会将所有变量的系数值等结果直接给出，从 F 值上可以看出变量是否与反应成线性关系，从而决定该变量的取舍，这样就可以把那些与反应值无关的变量舍弃掉。另外一种选择变量的方法包括向前包含（forward inclusion），向后消元和逐步选择程序，这些程序在一般的统计软件中都

图 12.7　带有 95%可信区间的糖水李子柔软度和加热时间关系的回归线

196

有，可以根据需要进行选择。

【例2】 某种植物花朵的数量可能同光照时间和光照强度有关，现通过实验得到了该植物在 5 种光照强度和两个光照时间水平（1：照射 16h，2：照射 24h）下花朵的数量，研究该植物花朵的数量同光照时间和光照强度之间的关系（表 12.10）。

表 12.10 植物的花朵数量（个/m²）同光照强度和光照时间的关系

光照时间/h	光照强度/[μmol/(m²·s)]					
	150	300	450	600	750	900
16	62.30	55.30	49.60	39.40	31.30	36.80
	77.40	54.20	61.90	45.70	44.90	41.90
24	77.80	69.10	57.00	62.90	60.30	52.60
	75.60	78.00	71.10	52.20	45.60	44.40

该例题是研究花朵数量同两个变量的关系，光照强度和光照时间。由统计软件进行线性分析，得到的结果见表 12.11。

ANOVA 结果见表 12.12，系数见表 12.13。

表 12.11 模型结果

模型	r	r^2	调整 r^2
1	0.894	0.799	0.780

表 12.12 植物花朵数量（个/m²）同光照强度和光照时间的关系的回归方差分析结果

模型1	平方和	自由度	均方	F 值	显著性
回归	3466.700	2	1733.350	41.780	0.000
误差	871.236	21	41.487		
总和	4337.936	23			

表 12.13 植物花朵数量（个/m²）同光照强度和光照时间的关系回归分析的系数结果

模型1	系数	t 值	显著性	95%可信区间	
				下限	上限
常数项	59.148	11.938	0.000	48.844	69.451
时间	12.158	4.624	0.000	6.690	17.627
光照强度	−0.04047	−7.886	0.000	−0.051	−0.030

从以上各表可以看出，光照时间和光照强度都与植物的花朵数量成线性关系，3 者之间的关系为：

$$y = 59.148 + 12.158x_1 - 0.0407x_2$$

式中，y 代表植物的花朵数量，x_1 代表光照时间，x_2 代表光照强度。

② 主要因素回归 多重线性回归的一个缺点是由于它对所有相关联的数据都进行研究，可能会引起"多重共线性"（multicolinearity）问题。如果两个高度相关的变量同时存在于一个模型当中，该模型系数可能发生偏差。如果使用某种变量选择程序，比如逐步法，可能会在某种程度上解决以上问题，但是通过这种方法得到的模型并不完全，比如，利用一些感官指标的强度对消费者对产品的接受度进行预测，甜味可能和接受度高度相关，但是它可能并不出现在模型当中，因为模型当中已经包含了另外一个同甜味高度相关的变量，甜味的余味，因为二者高度相关，逐步法方法不会使甜味和甜味的余味同时出现在模型当中，这就使得研究人员有了一个错误的印象，认为只有甜味或者甜味的余味同消费者的接受性有关。因

此，使用这种方法对反应进行预测时，不能将所有的对反应值的预测有贡献的变量都包括进去。

主要因素回归方法能够解决上面的问题，它是将主要成分分析（PCA）和回归结合起来的一种分析方法。继续以产品的感官指标同产品的接受性为例，先对产品进行 PCA 分析，得到每个样品的各项因素（factors），然后利用回归分析用这些因素来对产品的接受性进行预测，因为从各因素的输入可以看出哪些感官指标相关，对接受性起重要作用，而且，通过 PCA 分析得到的因素之间是不具有相关性的，这样既可以将所有对产品接受性的预测有贡献的因素包括进去，又避免了多重共线性问题。但是通过 PCA 产生的因素有的可能对预测不起作用，因此可以不出现在模型当中。

③ 部分最小二乘回归（Partial Least Squares Regression，PLS） 主要因素回归可能产生和回归当中的独立变量不相关的因素，而部分最小二乘回归（PLS）就可以克服这个缺点。PCA 分析的主要工作是解释各项和预测值有关的变量（x）的变化情况，PLS 分析的工作是既能对变量的变化进行大部分的解释，同时又能尽量将 x 同 y 联系起来。虽然 PLS 不能像 PCA 一样对变量 x 的所有变化情况都进行解释，但它能确保用这种方法识别的每个因素对 y 都有最大程度的预测能力。

同 PCA 相比，PLS 还有两个重要的优点，第一，通过它能得到直观的图形形式的结果，可以清楚地表明变量 x 之间的关系以及变量 x 和预测值 y 之间的关系；第二，PLS 可以同时对一个以上的非独立变量进行预测。预测一个非独立变量的分析叫做 PLS1，预测两个以上非独立变量的分析叫做 PLS2。图 12.8 是对消费者使用的词汇和描述指标之间的关系进行解释的 PLS2 图形。

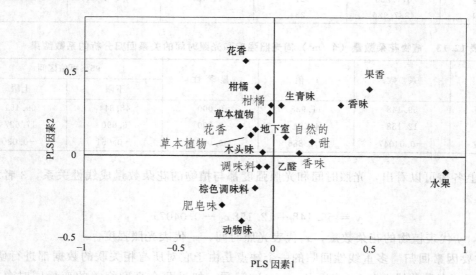

图 12.8　消费者使用词汇和描述指标之间关系的 PLS2 图
（字体较大的词汇为消费者使用词汇，字体较小的为描述指标。注意：消费者使用词汇和描述
　指标并不完全相同。）

④ 判别分析（Discriminant Analysis） 判别分析是将各个单项按照不连续非独立变量进行分类的一种多变量分析方法。比如，将产品从产品控制的角度分成"可接受的"和"不可接受的"两类，或者按照数据来源将数据分成"描述测量"和"仪器测量"两类。

判别分析和前面讨论过的其他多变量分析方法有相似的地方，它和回归分析的共同之处在于它们都是通过一组独立变量来预测一个非独立变量，在回归分析中，这个值是由回归公式预测的一个连续非独立变量，在判别分析中这个值是由判别功能预测的一个不连续的非独立变量的一个种类。它和 PCA 的相似之处在于它们都利用具有相关性的独立变量来形成新的轴，即对原有变量的加权的线性组合，在 PCA 中，这个轴用来对变化情况进行最大程度的解释，在判别分析中，这个新轴的作用是将非独立变量的不连续种类的中心之间的差别最大化。图 12.9 是判别分析的一个简单说明，将可接受的样品和不可接受的样品根据两个描述指标（老化和脆性）做成图，产生了一个新的轴 D，在这个新轴 D 上，两组样品平均值的差被最大化。

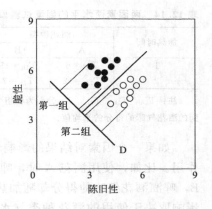

图 12.9　含有两个指标和一个新轴的样品的判别图形

如果非独立变量只包含两个种类，那么只需要一个判别功能，如果含有的类别多于两个，则需要一个以上的判别功能来对观察值进行准确区分。可能的区分功能数量是种类数量减 1。

对判别进行评价可以使用种类间平均值方差和种类内方差的比值，该值越大，说明区分效果越好，另外还可以观察正确区分各项目的比例。

在对每个项目进行分类时，并不是所有的原始变量都有用，和在回归分析中一样，也有 4 种常用的变量选择方法，向前包含，向后消元，逐步法和所有可能功能，每种方法中确定变量值的标准都是在区分当中所起的作用。

12.2　试验设计当中处理方式（产品）的结构

在基本统计知识一章当中，我们将各种处理方式（也就是各种产品）看作是一组在性质上相互分离的研究对象，它们之间并没有什么特殊联系。这样的试验设计的结构是单向的，当试验目的是决定选择哪一种产品时，即哪一种产品最合适，通常使用单向设计。但是在许多试验中，研究的目的不只是产品本身，而是产品当中的一些因素对产品的影响，如不同面粉和糖对某种蛋糕的风味和质地的影响，或者加热时间和加热温度对某种肉制品的风味和外观的影响。这种情况下，应该选用更准确的设计方法，以对各因素的效果进行综合比较，同时最大程度地减少试验所需材料。在这章，我们就将讨论两种这样的试验设计方法，因素试验和响应曲面。

（1）因素试验　如果试验目的是研究两个或更多因素对一组反应的影响，那么因素试验应该是最合适的方法。在因素试验中，将每种因素都设定几个不同的水平，通过对一个简单因素试验进行重复可以将所有的因素、水平的各种组合都包括在内。比如，某酿造商希望比较两种加热时间对啤酒酒花气味的影响，该酿造商目前使用的酒花有两种，他想知道这两种加热时间对这两种酒花影响是否一样，将每个因素（加热时间和酒花种类）的水平都设成两个，然后将它们进行组合，就可以得到 4 种试验组合（表 12.14）。因素试验当中的试验变量可以是定量的，如加热时间，也可以是定性的，如酒花种类。

因素产生的影响就是由于因素水平变化而引起反应值的变化，每个因素产生的影响叫做

表 12.14　两因素两水平的因素试验设计

加热时间	酒花种类	
	A	B
1	$T_{1A}=6$	$T_{1B}=13$
2	$T_{2A}=12$	$T_{2B}=7$

注：T_{1A}，T_{1B}，T_{2A}，T_{2B}分别为各组合得到的酒花气味的得分的平均值。

"主要影响"。比如，在表 12.14 中，加热时间对结果的主要影响是：

$$\frac{(T_{1A}-T_{2A})+(T_{1B}-T_{2B})}{2} \quad (12.11)$$

同样，酒花种类的主要影响是：

$$\frac{(T_{1A}-T_{1B})+(T_{2A}-T_{2B})}{2} \quad (12.12)$$

如果一个因素对结果的影响和另外一个因素的水平有关，我们就说两个因素之间有交互作用。比如，使用酒花 A 时，啤酒酒花气味的得分随加热时间的延长而增高，但使用酒花 B，啤酒酒花气味的得分却随加热时间的增加而降低（表 12.14），即加热时间对酒花气味的影响取决于使用的酒花种类（水平），这种情况下，我们认为加热时间和酒花种类有交互作用。

因素之间的交互作用可以通过图来说明，图 12.10 是不同加热时间和不同酒花种类对啤酒酒花气味平均得分的影响，如果不同种类的酒花得分趋势线之间有交叉，表示加热时间和酒花种类之间有交互作用 [12.10（a）]；如果两条趋势线平行，没有交叉，则表明没有交互作用 [12.10（b）]。在含有交互作用时，对主要影响的解释要谨慎，比如根据表 12.14 中的数据，按照公式（12.11）"加热时间"对结果的主要影响是，[（6－12）＋（13－7）]/2＝0，似乎是加热时间对啤酒酒花气味没有影响，但从图 12.10（a）中我们却可以清楚地看到加热时间对每种酒花气味都有影响，因为加热时间对两种酒花影响的方向是完全相反的，因此在计算加热时间的影响时这种影响被相互抵消了。交互作用存在时，如果想研究一种因素对结果的影响，可以将另外一种因素固定在一个水平上。

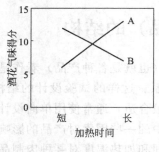
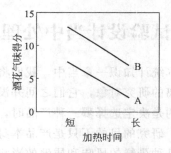

（a）有交互作用　　　　　　　　　　（b）没有交互作用

图 12.10　加热时间和酒花种类对啤酒酒花气味的影响

在感官检验中应用因素试验设计时，首先进行类似表 12.14 的因素组合，然后准备出各组合条件下的样品，如按照表 12.14 则是准备 4 种啤酒，然后对这些样品按照前面讲过的方法（如随机完全分块设计，即每个品评员对每个样品都进行评价）由品评人员进行评价、打分，对所有品评人员对每种啤酒的酒花气味给出的分数进行平均，得到每种啤酒的平均分。将上述试验至少重复两次进行，将两次试验得到的各啤酒的平均分作为因素试验的原始数据进行方差分析，方差分析表（ANOVA）的一般形式见表 12.15。

还以啤酒酒花试验为例，按照表 12.14 准备 4 种啤酒样品，由 10 人对 4 种啤酒的酒花气味进行评价打分；整个试验重复两次进行，得到的每种啤酒的平均分数见表 12.16。

对表 12.16 的数据进行方差分析，得到的结果见表 12.17。

表 12.15 因素试验设计的方差分析结果一般形式

方差来源	自由度	平方和	均方	F 值
总 和	rab	SS_T		
因素 A	$a-1$	SS_A	$MS_A = SS_A/(a-1)$	$F_A = MS_A/MS_E$
因素 B	$b-1$	SS_B	$MS_B = SS_B/(b-1)$	$F_B = MS_B/MS_E$
因素 A×因素 B	$df_{AB} = (a-1)(b-1)$	SS_{AB}	$MS_{AB} = SS_{AB}/df_{AB}$	$F_{AB} = MS_{AB}/MS_E$
误 差	$df_E = ab(r-1)$	SS_E	$MS_E = SS_E/df_E$	

注：r 为重复次数，a 为因素 A 的水平数，b 为因素 B 的水平数。

表 12.16 加热时间和酒花种类因素下啤酒酒花气味的平均分

加热时间	酒花种类					
	A			B		
1	T_{1A}	6	5	T_{1B}	13	14
2	T_{2A}	12	11	T_{2B}	7	7

表 12.17 酒花香气与加热时间和酒花种类的方差分析结果

方差来源	平方和	自由度	均方	F 值	显著性（p 值）
加热时间	0.125	1	0.125	0.333	0.595
酒花种类	6.125	1	6.125	16.333	0.016
加热时间×酒花种类	78.125	1	78.125	208.333	0.000
误 差	1.500	4	0.375		

以上结果说明加热时间和酒花种类对啤酒的酒花气味的影响有交互作用，至于每一种因素的具体影响效果，则可将另外一种因素固定在一个水平之后再进行研究。

（2）响应曲面法　因素试验的目的是确定因素是否对试验结果有影响，有什么样的影响，与因素试验不同，响应曲面法是一种回归分析方法，它的目的是根据试验因素（独立变量）对反应变量（非独立变量）进行预测。响应曲面试验中的所有因素都是定量的。

响应曲面法可以快速地根据一定范围内的独立变量对一个或多个反应进行预测。此方法的应用步骤一般为，首先按照响应曲面的试验设计准备样品，这一点同因素试验是一样的，这一步骤包括各因素的所有可能组合，如在 2 因素响应曲面中，共有 4 个试验点（低，低），（低，高），（高，低），（高，高）。一般高水平用＋1 表示，低水平用－1 表示，中心点用 0 表示。然后采用合理的试验设计（BIB 或者完全分块试验）由品评员对产品进行评价，再将得到的试验结果进行逐步回归分析，得到一个回归公式，最后对回归公式做响应曲面图或等高线图（图 12.11）。响应曲面投到平面的图形即为等高线图，这两个图都可以预测出试验范围内的任何一点将会产生的结果，不必制备样品就可以预知其特性，非常方便快捷。

响应曲面有两种模型，一级模型和二级模型，一级模型的形式为：

$$y = \beta_0 + \beta_1 x_1 + \beta_2 x_2 + \cdots + \beta_k x_k \tag{12.13}$$

一级模型可以用来确定大致趋势并确定选择的独立变量的范围是否合适，早期的研究利用一级模型来确定独立变量改变的水平（如产品成分）对非独立变量（如产品质量）的影响。如果独立变量和非独立变量之间的关系比较复杂时，一级模型的作用就显得不足，这时就需要使用二级模型，二级模型的形式为：

$$y = \beta_0 + \beta_1 x_1 + \beta_2 x_2 + \cdots + \beta_k x_k + \beta_{11} x_1^2 + \beta_{22} x_2^2 + \cdots \beta_{kk} x_k^2$$
$$+ \beta_{12} x_1 x_2 + \beta_{13} x_1 x_3 + \beta_{k-1,k} x_{k-1} x_k \tag{12.14}$$

由于二级模型当中增加了平方项和产品间交互关系项，使得预测曲面能够进行弯、折，提高了对复杂关系的预测能力。除了可以对具有复杂关系的独立变量和非独立变量进行更好的预测以外，二级模型还可以在试验范围内对试验的最大值和最小值的预测值进行定位。

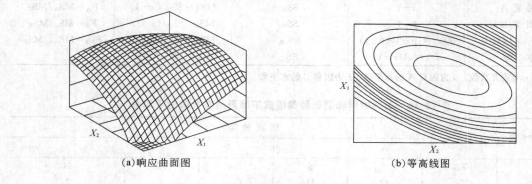

　(a)响应曲面图　　　　　　　　　　　　(b)等高线图

图 12.11　响应曲面图形的一般形式

13 感官检验方法选择原则及感官检验报告的撰写

13.1 感官检验方法选择的原则

通过本书的学习，我们知道感官检验的方法一共可以分为三大类，而每一大类所包含的具体方法都很多，在需要对产品进行真的感官检验时，应该选用什么方法呢？很多人的做法可能是选用那些熟悉的方法，因为这样实施起来比较容易。而每个人熟悉的方法都非常有限，不见得适用被检测的样品，因此，这种选用方法的原则是不科学的。为了避免这种情况的发生，在选择具体的感官检验方法时，我们建议从以下几个方面进行考虑。

（1）确定项目目的　可以参考第 1 章，然后参考表 13.1，看自己的项目属于哪一类，再根据表中所列，查找相关讲解。

（2）确定试验目的　本章给出的 5 个表可以帮助确定试验目的：

表 13.1　感官分析当中经常出现的问题类型及适用试验方法总汇

问 题 类 型	适 用 试 验
1. 新产品开发——产品开发人员希望了解产品各方面的感官性质，以及与市场中同类产品相比，消费者对新产品的接受程度	本书中涉及的所有方法
2. 产品匹配——目的是为了证明新产品和原有产品之间没有差别	差别检验中的相似性检验方法（第 5 章）
3. 产品改进——首先，确定哪些感官性质需要改进；第二，确定试验产品同原来产品的确有所差异；第三，确定试验产品比原产品有更高的接受度	先是所有的差别检验，然后是情感试验（见注释）
4. 工艺过程的改变——第一，确定不存在差异；第二，如果存在差异，确定消费者对该差异的态度	差别检验中的相似性试验；情感试验（见注释）
5. 降低成本/改变原料来源——第一，确定差别不存在；第二，如果差别存在，确定消费者对新产品的态度	差别检验中的相似性试验；情感试验（见注释）
6. 产品质量控制——在产品的制造、发送和销售过程中分别取样检验，以保证产品的质量稳定性；培训程度较高的品评小组可以同时对许多指标进行评价	差别检验；描述分析
7. 储存期间的稳定性——在一定储存期之后对现有产品和试验产品进行对比。第一，明确差别出现的时间；第二，使用受过高度培训的品评小组进行描述分析；第三，适用情感试验以确定存放一定时间的产品的接受性	差别检验，描述分析和情感试验
8. 产品分级/打分——应用在具有打分传统的产品中，通常在政府的监督下进行	打分（第 4 章）
9. 消费者接受性/消费者态度——在经过实验室阶段之后，将产品分散到某一中心地点或由消费者带回家进行品尝，以确定消费者对该产品的反应；通过接受性试验可以明确该产品的市场所在及需要改进的方面	情感试验
10. 消费者的喜好情况——在进行真正的市场检验之前，进行消费者喜好试验；员	情感试验

问 题 类 型	适 用 试 验
工的喜好试验不能用来取代消费者试验,但如果通过以往的消费者试验对产品的某些关键指标的消费者喜好有所了解时,员工的喜好试验可以减少消费者试验的规模和成本	
11.品评员的筛选和培训——对任何一个品评小组都必要的一项工作,通常包括:面试、敏感性试验、差别试验和描述试验	第 7 章
12.感官检验同物理、化学检验之间的联系——这类试验的目的通常由两个:一是通过试验分析来减少需要品评的样品数量;第二,研究物理、化学因素同感官因素之间的关系	描述分析,单项指标差异试验

注释：在 3、4、5 中,如果新产品同原产品之间有差别,可以使用描述分析,以对差别有明确的认识。如果新产品同原产品在某一方面有差别,在后面的试验中则应该使用单项指标差异试验。

表 13.2（总体）差别试验——样品之间是否存在感官上的差异？

表 13.2 区别检验的应用范围

这个表中的检验可以用在以下几个方面：
① 确定产品之间的差异是否来自于成分、加工过程、包装及储存条件的改变；
② 确定产品间是否存在总体差别；
③ 确定两个样品是否可以互相替代；
④ 筛选和培训品评人员，并监督他们对样品的区分能力。

检验名称	适用领域及方法总结
1.三角试验样	两个样品没有视觉上的差异;应用最广的一种差别检验法;虽然在统计上很有效,但会受到感官疲劳和记忆效应的影响;通常需要 20～40 人参加,最少可以仅由 5～8 人参加;需要简单的培训
2.2-3 检验	两个样品没有视觉上的差异;在统计上不十分有效,但受感官疲劳的影响比三角检验要低;通常需 30 人以上参加,最少可以是 12～15 人参加;需要简单培训
3.5 选 2 检验	两个样品没有明显视觉上的差异;统计上有效性较高,但受感官疲劳的影响非常大,因此仅限于视觉、听觉和触觉方面的检验;通常由 8～12 人参加,最少可以有 5 人;需要简单培训
4.相同/不同试验	两个样品没有视觉上的差异;统计的有效性比较低,但适用于具有强烈风味或气味持续时间较长的样品、或者含有复杂的刺激容易使试验人员搞不清楚方向的检验;参加试验的人员通常是 30 人以上,最少可以是 12～15 人;需要简单培训
5.A-非 A 试验	同 4,但应用范围是,把其中一个样品作为参照物或标准样,或者将它作为测量的标准
6.与对照不同试验	两个样品之间可能存在由于正常的不一致性而引起的细微的差别,如肉类、蔬菜、沙拉、焙烤制品等;应用范围是当差别的大小对试验目的的确定有所影响时,如在产品质量控制和储存期试验中;通常呈送的样品对的数量是 30～50;需要中等程度的培训
7.连续试验	同以上 1 到 3 的检验配合使用,在事先确定的显著性水平下,以检验两个样品之间是相同还是不同为目的的所要进行的最少的试验次数
8.相似性试验	同 1 到 3 或 7 配合使用,当试验的目的是证明某些情况下两个产品之间不存在差别时,比如,用一种新的成分替代价格升高或货源不足的老成分而发生的成分的变化;用新设备替代原来的老设备而引起的加工工艺的变化,使用此试验方法

表 13.3 具体感官指标差别试验——样品之间的×指标有何差异？

表 13.3 单项感官指标差别试验的应用范围

该表所包括检验内容用来确定两个或两个以上样品之间的某一指定感官指标是否具有差别、差别有多大。此指定指标可以只是单独的一项,比如甜度,也可以是几个相关联的指标的综合反应,比如新鲜程度（新鲜度不是一个单一的概念）,或总体评价,比如喜好性。除了喜好试验以外,参加其他试验的品评人员都要经过认真培训,做到理解所选指标的含义,并能对其进行识别,而且要严格按照规定程序进行品评,只有这样,才能保证试验结果的有效性。如果所选指标之间没有差别，并不意味着样品之间没有总体差别。如果只就所选指标进行评价，样品不必视觉上完全相同。

检 验 名 称	适用领域及方法总结
1. 成对对比试验	是应用最广泛的一种单项指标差别检验；用来检验 2 个样品当中哪一个具有的待测指标的强度更大（方向性差异试验）或者哪一个样品受欢迎的程度更大（成对喜好试验）；检验可以是单边的，也可以是双边的；通常要求参加人数是 30 人，最少可以是 15 人
2. 成对排列试验	用来对 3～6 个样品就某感官指标的强度进行排序；操作简单，而且统计分析也不复杂，但结果不如打分有效；通常参加人数为 20 人以上，最少可以是 10 人
3. 简单排序试验	用来对 3～6 个或不多于 8 个的样品根据某项指标进行排序；排序容易，但结果不如打分有效；两个样品之间的差异无论大小，可能都不会影响它们各自的位置；可以作为内容更为详细的其他试验的前序试验，用来对样品进行分类和筛选；通常参加人数为 16 人，最少可以是 8 人
4. 几个样品的打分试验	用来对 3～6 个或不多于 8 个的样品就某项感官指标的强度在数字化的标尺上进行打分；所有样品要一起比较；通常参加人数是 16 人以上，最少是 8 个；可以用来比较几个样品的描述法分析结果，但注意前一个指标可能对后一个指标产生某种影响，如光环效应
5. 平衡不完全裂分试验	同 4，适用于一次呈送的样品过多时，如 7～15 个
6. 几个样品的打分，平衡不完全裂分试验	同 5

表 13.4 情感试验——你喜欢哪一种产品？你对样品×的接受程度如何？

表 13.4　在消费者试验和员工接受性试验中情感试验的应用范围

情感试验可以分为喜好试验（其任务是将样品按照喜好性排序）、接受性试验（任务是按接受程度对产品打分）和指标判断试验（任务是对那些对产品的喜好性或接受性起着决定作用的感官指标进行打分或排序）。在进行统计分析时，可以将喜好性试验和接受性试验看作是单项指标差异试验的一种特殊形式，倾向性或接受程度即为所要研究的"单项指标"。从理论上来讲，表 13.3 中列出的所有试验都可以被看作是倾向性试验和接受性试验。在实践中，参加情感试验的人通常都没有什么感官检验的经验，因此不要使用比较复杂的试验设计，比如平衡不完全裂分试验（BIB）。除特殊说明，该表所列试验适用于试验室试验、员工接受性试验、中心地点的消费者试验及家中进行的消费者试验。

检 验 名 称	典 型 问 题	适 用 领 域
喜好试验		
1. 成对喜好试验	你更喜欢哪一个样品？	两个产品的对比
2. 喜好排序	根据你对样品的喜好性对产品进行排序：1＝最喜欢，2＝第二喜欢……	对 3～6 个样品进行比较
3. 多重成对倾向性试验	同 1	对 3～6 个样品进行比较
4. 多重成对倾向性试验	同 1	对 5～8 个样品进行比较
接受性试验		
5. 简单接受性试验	这个样品可以接受吗？	员工接受性试验的第一次筛选
6. 喜好打分	第 9 章，图 9.2	研究一个或多个样品在试验人员代表人群中的接受程度
指标判断试验		
7. 指标倾向性试验	你喜欢哪一个样品的香气？	对 2～6 个样品进行比较，以确定哪一个指标对产品喜好起决定作用
8. 单项指标的喜好打分	对下列指标按照提供的喜好标尺打分	对 1 个或多个样品进行研究，以确定哪一个指标对产品的喜好起决定作用、起作用的程度是多大
9. 单项指标的强度打分	对下列指标按照提供的强度标尺进行打分	对 1 个或多个样品进行研究以防试验人员对产品的喜好各不相同

表 13.5 描述分析试验——对问答卷中列出的各项感官指标进行打分。

一般的做法是将试验目的和可能执行的具体试验落实到文字上，然后和试验的有关人员进行商讨、修订。

表 13.5　描述分析试验的应用范围

描述分析试验包括的方面非常多，每种方法在具体使用时都要经过一定程度的设计和修订，并无统一标准。

检验名称	适用领域
1.风味剖析法	多个不同的样品需要由几个受过高度训练的品评人员对风味进行品评
2.质地剖析法	多个不同的样品需要由几个受过高度训练的品评人员对质地进行品评
3.定性描述分析法	大公司的质量管理部门,大量同类产品必须每天由培训程度较高的品评小组进行评价;产品开发部门
4.时间-强度描述分析	适用于摄入口腔之后,风味的感知强度随时间而变化的产品,如啤酒的苦味、人工甜味剂的甜味等
5.自由选择剖析法	在消费者试验中,品评人员不必使用统一的标准
6.系列描述分析法	适合范围很广,包括以上 1,2,3
7.修订版简单系列描述分析法	在货架期研究中对产品的几个关键指标进行检测;研究可能存在的生产工艺的缺陷和产品的不足;日常质量控制

（3）项目目的和试验目的的修订　一个感官检验方法的选择不是轻易就能完成的，它需要经过仔细、缜密的思考之后才能做出决定。项目目的和试验目的被重新修订的现象在感官检验中是经常发生的，因为在筹备试验时，总是出现这样那样的问题，对这些问题解决的过程，就是对项目目的和试验目的进行修订的过程。一定要在所有问题都澄清之后，才能最终确定要选用什么方法。感官检验的花费比较大，如果开始设计不好，整个试验就等于白做，浪费人力、物力不说，还会严重影响生产和市场，因为感官检验通常是产品开发和市场研究的一部分。项目目的和试验目的的修订或检验通过中式试验（参加人数比真正试验少，但比试验室试验要多）即可完成，比如，原来的项目目的是确定产品的消费者喜爱情况，试验目的是检验产品之间的总体差异性。我们可以通过一个由 10～20 人进行的差别试验来确定产品之间是否真的存在差别，如果产品之间确实存在差别，那么就可以安排下一步的消费者试验。如果这个中式试验的结果表明产品之间没有显著差异，那么就不要盲目地进行动用几百人的消费者试验。

本章给出 5 个具有总结意义的表，可以在进行试验方法的选择时参考使用。

13.2　感官检验报告的撰写

对于一项完成的感官检验来说，人们最关心的有两点：第一，可靠性，如果使用相同的品评人员或者不同的品评人员做同样的试验，是否能够得到同样或相似的结果；第二，有效性，该试验的结论是否有效，其测量方法及测量值是否有效，是否是预期目的的真实反应。由于感官检验是以人为测量工具，因此人们有理由对其可靠性和有效性提出各种各样的质疑，在撰写感官检验的试验报告时，为了澄清人们的质疑、获得认可，有必要包括尽可能多的内容，使整个试验目的明确，步骤清晰，结论有根有据。一般来讲，感官试验报告包括下面各个部分。

（1）总结　类似一篇论文的摘要部分。在别人阅读整个试验报告之前，对试验有个整体了解，总结的内容要言简意赅，包括 4 部分的内容：试验目的；完成的工作/试验内容；试验的结果；得出的结论。

（2）试验目的　正如本书多次强调的一样，在感官检验中，试验项目的目的和具体试验的目的是非常重要的，只有在明确项目目的和试验目的的基础上，才能进行正确的感官试验。因此，在试验报告中一定要说明项目目的和试验目的，并做必要的解释。如果是正式发表的论文，这一部分应该包含在前言部分中，首先要阐明问题所在，然后寻求解决办法，即该试验，从而论述试验目的。

（3）试验方法　试验方法部分应该包括尽可能多的内容，使试验具有重复性，即别人按照所描述的试验方法可以将该试验进行重复操作。具体内容如下。

试验设计：首先根据试验目的阐述试验设计的原因，然后说明测量种类及方法、试验变量及变量的水平、试验重复的次数以及该试验设计存在的缺陷，并说明为了降低试验误差而采取的措施；

感官检验方法：阐明具体应用的试验方法；

品评小组：参加品评的人数、培训的程度及参照物的使用情况等，如果进行的是情感试验，要说明品评人员的年龄、性别等情况；

试验条件：试验的具体环境、样品准备的具体细节和呈送的方式以及试验程序。

（4）结果和讨论　结果应该以图表或数字的形式报告，并给出使用的统计方法及显著性水平的标准，在所得数据的基础上，得出相应的结论。对结果的讨论要按照试验顺序进行，在讨论部分，应指出该试验的理论及实际意义。最后以简短的结论结束全文。下面我们来看一个最简单的试验报告。

【例】　5种香草香精香气比较的感官检验报告。

项目小结：

为了对5个香料商提供的香草香精进行选择（试验目的），分别使用这5种香精制成冰激凌，由20个受过培训的品评人员进行品尝，然后就冰激凌的香草香气从0到9进行打分（完成的工作/试验内容）。其中样品E得分最高，为6.499，显著高于其他样品得分。样品B得分最低，为4.104，显著低于其他产品（试验结果）。结论是产品E在冰激凌中产生的香草香气最好（结论）。

目的：

冰激凌生产商经常获得各种厂家生产的香草香精，价格不同，质量也有所差别，该项目的目的就是选择香气良好、价格适中的冰激凌生产用香草香精。试验目的是对5种含有不同香草香精的冰激凌进行单项指标打分。

试验方法：

试验总体设计情况：试验由20名品评人员进行评价，试验重复2次，分2d进行。

感官检验方法：由20名品评人员对样品的香草香气进行打分，打分范围从0到9，0表示非常不喜欢，9表示非常喜欢。

品评小组的情况：20人中，男性9人，女性11人，平均年龄为22岁，均为冰激凌消费频率大于3次/周。

试验条件：冰激凌在试验进行一天前生产，试验样品除所用香精不同之外，其他一切原料及加工方式都相同，产品放入冰箱冻藏，试验开始前1h转入冷藏间冷藏。品尝在单独的品评室内进行，样品被用3位随机数字编号，用一次性纸盘盛放，5种样品同时呈送，样品排列顺序及呈送顺序均衡、随机。

统计方法：方差分析（ANOVA）。

结果和讨论：

各样品的平均得分见表 13.6，方差分析结果见表 13.7。样品 E 得分显著高于其他产品。

表 13.6　含有 5 种香草香精的冰激凌的平均得分

样　　品	B	A	D	C	E
平　均　分	4.104a	5.193b	6.197c	6.449d	6.499e

注：α=0.05。带有不同字母的数值之间具有显著差异。

表 13.7　含有 5 种香草香精的冰激凌的方差分析结果

方差来源	平方和	自由度	均方和	F 值	p 值
样　品	170.057	4	42.514	24.221	0.000
品评员	128.376	19	6.757	5.393	0.000
样品×品评员	133.400	76	1.755	1.400	0.057
误　差	87.064	100	1.253		

注：α=0.05。

对结果的解释：从方差分析表可以看出，各样品之间具有显著差异，各品评员之间也有显著差异，但样品和品评员之间没有交互作用，表明各品评员对指标的理解是一致的，他们有可能使用了标尺的不同部分，造成了品评员（打分）之间的差异。

最后结论：从试验结果可见，样品 E 的香草香气最好，可以在生产中使用。下一个备用产品应该是产品 C。

虽然感官检验的内容有繁有简，但感官检验的试验报告的格式基本上都是一致的，即都遵循以上格式，以后大家在实践中会有所体会。

14　感官检验在产品质量控制当中的应用

14.1　质量的概念

在竞争日益激烈的市场当中，可供消费者选择的商品可以说成千上万，在面对多种同类产品时，消费者首先做的必须是选择，买哪一个，这时他们就要对他们关心的方面对产品进行评价，有的人注重质量，有的人更关心价格，还有的人关心的是方便、实用等。

20世纪初，即便在美国，商家对产品质量对消费者购买欲的影响方面也并没有足够的认识，但是随着60年代开始的高质量的日本货在美国的热销，商家才开始意识到消费者最关心的是质量，他们购买的其实是质量。今天，我们也知道，那些能够长期占领市场的商家都是以其过硬的产品质量作保证的，产品质量是市场的关键。随着人们消费意识的成熟，对质量的重视程度也越来越高，要想在市场中占有一席之地，必须在产品质量上下功夫。

那么产品质量的定义是什么呢？尽管不同的人对此定义不同，但其核心是相同的，那就是在某种条件下满足某种需要的产品或服务的所有特征。产品质量的特征有：①消费者具有决定权，产品质量好坏，得由消费者说了算，他们只会购买他们认为好的产品，而且消费者对产品的这种接受性是不可预期的，要想了解市场，必须做事先的市场调查；②具有多侧面性，这一点我们都能理解，对于一种食品来说，从食品本身就包括各种性质、口感、质地、颜色、形状等，此外，还包括是否易保存、易加工、易运输等；③具有一致性，保持某种产品质量的一致性是产品质量控制当中的关键一环，有人说，一定要用最好的原料，尽最大的努力使第一批产品的质量最好，这也许并不难做到，但能否保证以后的产品都具有同样的品质才是最关键的，如果不能保证后来的产品也具有同第一批产品相同的质量，那么即便第一批产品再好，该产品也不会占领市场，如果某种产品的质量不稳定，这一批的颜色深、味道浓，下一批的颜色浅、味道淡，消费者对这样的产品的印象一定非常差，认为它的生产厂商没有统一的标准，不是一个管理严格的厂家。可见，保持才是关键。产品质量控制部门的任务就是保证所有产品质量前后一致。

14.2　产品质量控制当中使用的测量方法

在质量控制当中，使用的方法有两类，仪器测量和感官测量。对于一些产品，只能用仪器测量，比如机械产品、仪器设备、各种汽车的零部件，只有仪器才能精确测出其长度、强度、性能、成分等。而对一些和消费者态度密切相关的产品，如食品、化妆品，除了仪器测量之外，感官检验是不可缺少的一种手段。

即便在食品行业，仪器测量也是不可缺少的，比如，对原料成分的分析、产品各种理化指标的测定等，如果没有仪器，这些测量是不可能完成的。仪器测量的优点有：

① 简单；

② 便利；

③ 快捷；

④ 可以重复多次测量；

⑤ 准确；

⑥ 重复性高；

⑦ 花费小；

⑧ 可以和其他仪器结合到一起使用。

尽管仪器测量有许多优点，它的缺点也是不可忽略的：

① 有些指标无法用仪器测量；

② 仪器测量的数据同产品的感官性质没有关系；

③ 仪器测量的数据不能反应所有感官指标的性质；

④ 同人相比，敏感程度不够高。

在食品行业中，除了理化指标以外，感官性质是决定产品质量的一个重要因素，比如产品的风味、香气、外观、质地等。在这类产品的质量控制当中，就一定要有感官检验部分，感官检验可以对产品的所有指标进行测量，即便仪器做不到的，比如，仪器虽然可以测定产品的硬度，但不能确定消费者认为合适的程度，通过感官检验就可以做到这一点。感官检验能提供消费者对产品的态度信息，当然，有时可以将仪器测量和感官品尝结合起来，进行质量考核时更有依据，比如饼干的含水量和含油量、黏着情况、冰激凌当中的颗粒状物含量、口香糖的香料含量等。但感官测量也有它的一些不足：

① 花费时间，不论是品评人员的筛选、培训还是正式的品尝；

② 费用相对较大，比如相关设施、人员报酬等；

③ 易受环境因素影响；

④ 易受心理、生理因素影响；

⑤ 准确程度可能不高；

⑥ 要随时准备处理可能的人为因素，如生病、缺席、积极性不高等。

尽管存在以上不足，感官检验在产品质量控制当中的作用还是越来越受到重视，从历史角度来看，它的发展经过了以下几个阶段。

① 专家阶段，大约在 20 世纪 30～50 年代，这一阶段，人们意识到了感官评价对产品质量的重要性，开始采用经验丰富的专业人员对产品进行评价，从而决定产品质量。这样的行业一般是啤酒酿造、葡萄酒酿造和香水的生产。

② 受培训的品评员阶段，大约在 20 世纪 50～60 年代早期，这是真正意义上产品质量控制的初始阶段。因为生产规模的扩大，只用专家进行所有产品的质量控制已经不现实，人们开始使用受过一定培训的品评员。

③ 产品质量控制/感官检验系统在工业中的建立及其重要性得到广泛认识，这一阶段在 20 世纪 60～90 年代。

④ 品控当中感官检验方法的公开发表，在 20 世纪 90 年代以前，虽然建立了正式的品控/感官检验系统，但并没有统一的方法，包括试验内容、操作程序等。在 1992 年，Muuoz 等出版了《感官检验在品控当中的应用》一书。

⑤ 现状，即从 20 世纪 90 年代到现在。

在中国，除了一些外资企业，一般的国有生产企业对感官评价的认识还不是很充分，可以说，感官检验系统在品控当中的应用还十分有限，但随着经济的发展和市场的进一步扩大，感官检验的重要性一定会被越来越多的生产者所认识。

14.3 感官检验方法在品控中包括的因素

14.3.1 品评员的培训

如果建立包括感官检验的完善的质量控制系统，对品评员进行培训是必不可少的一步。因为品控的一个重要任务就是保证产品质量的一致性，如果使用没有经验的品评人员，所得结果可靠性不高，而使用专家级品评员，因为不能做到经常，也不是理想的方式，为了保证检验的经常性，在公司内部训练一批合格的品评员应该是最理想的方式。因为他们是公司内部成员，对产品本身很熟悉，随着试验次数的增多，他们的准确程度会越来越高。因为以品控为目的进行评价不会像一般意义上的评价那样对产品的检验面面俱到，这种检验只注重产品的异常气味或某几个关键指标，因此培训的时间不必很长。

14.3.2 标准的建立

感官标准的确定是品质控制关键的一步。生产企业必须有产品质量标准，其中包括感官标准，有了标准才能进行下面的评价分析工作。这个标准包括产品标准、精神标准和文字标准。产品标准是指评价当中有时使用真实的产品，有时使用产品中的单一成分作标准物（参照物）；精神标准是指由一名或多名专家级的品评员或一个受过高度培训的品评小组制定产品应该达到的各项感官标准；文字标准是指对一些关键指标的定义和描述词汇的定义在文字上进行规定，使得评级时有据可依。

14.3.3 感官指标规范的建立

感官规范的意义就是用来确定产品是否可以接受，感官规范对各种指标的强度都有一个规定范围，如果经品评小组评价后，产品指标落在这个范围内，表示可以接受，如果落在这个范围之外，则表示不可以接受（表14.1），表14.1是某公司的马铃薯片的品评小组得分和感官指标的规范范围的比较，其中薯片颜色的均匀性（4.3）和纸板味（6.0）的得分都落在了规范（6.0～12.0和0.0～1.5）之外，说明该样品的这两项指标是不合格的。感官规范的建立可以通过消费者试验建立，也可以由公司高层按照经验进行规定。通过消费者试验的建立过程如下：

① 选择一组能够代表各种感官指标的产品，而且能够真实反映出产品在市场中可能发生的各种变化，有时还可以增加几个能够说明

表 14.1 马铃薯片的品评小组的品评结果与感官规范的比较

项　　目	品评小组结果	感官规范
外观	4.7	3.5～6.0
颜色强度	4.4	6.0～12.0
颜色的均匀性	4.3	4.0～8.5
风味		
油炸马铃薯	3.7	3.5～5.0
纸板	6.0	0.0～1.5
酸败味	0.0	0.0～1.0
咸	12.4	8.0～12.5
质地		
硬度	7.4	6.0～9.5
脆性	13.2	10.0～15.0
紧密度	7.6	7.0～10.0

注：品评员进行打分时，并不向其提供感官规范，实验结束后才进行对比。

产品重要缺陷的样品；

② 比较各个样品之间或样品与参照物之间的差异；

③ 进行大量的消费者产品接受性试验；

④ 分析产品指标的变化和消费者接受性之间的关系，从而建立各指标的接受范围。

14.4　选择试验方法

前面讲到的三大类方法在质量控制中都有所使用，方法的选择以能够衡量出样品同参照物之间的差别为原则。但是差别试验和情感试验一般不在例行的质量评价中使用，因为差别试验对比较小的差别太敏感，不能正确反映产品之间的差异程度，而只在几个品评员之间进行的情感试验也不能反映目标消费人群的态度。试验方法还是根据试验目的和产品的性质而定，如果产品发生变化的指标仅限于 5~10 个，则可以采用描述分析方法，而如果发生变化的指标很难确定，但广泛意义的指标（如外观、风味、质地）可以反应产品质量时，则可以对产品进行质量打分。

14.5　发展方向

感官检验在产品质量检验中的重要性正在被逐渐认识，感官检验系统也在不断建立和完善，在质量控制当中感官检验今后的发展方向有以下几点：

① 重要意义被认识，在组织（公司）内部得到的支持增多；

② 建立和完善品评员的培训系统；

③ 建立和完善感官规范；

④ 建立和完善感官检验方法；

⑤ 与产品开发部门合作，生产出质量更一致的产品；

⑥ 全球化；

⑦ 向其他行业（如个人用品、药品生活用品和造纸业）渗透；

⑧ 网络化；

⑨ 最终目标：成为向消费者提供质量更加一致的一种有效方法。

附录一　统计表

表1　三位随机数字表

862	245	458	396	522	498	298	665	635	665	113	917	365	332	896	314	688	468	663	712	585	351	847
223	398	183	765	138	369	163	743	593	252	581	355	542	691	537	222	746	636	478	368	949	797	295
756	954	266	174	496	133	759	488	854	187	228	824	881	549	759	169	122	919	946	293	874	289	452
544	537	522	459	984	585	946	127	711	549	445	793	734	855	121	885	595	152	237	574	611	145	784
681	829	614	547	869	742	822	554	448	813	976	688	959	714	912	646	873	397	159	155	136	463	363
199	113	941	933	375	651	414	891	129	938	862	572	698	128	363	478	214	841	314	437	792	874	926
918	481	797	621	743	827	377	916	966	426	657	246	423	277	685	533	937	223	582	946	323	626	519
335	662	875	282	617	274	635	379	287	791	334	139	117	963	448	957	451	585	821	829	267	512	638
477	776	339	818	251	916	581	232	372	374	799	461	276	486	274	791	369	774	795	681	458	938	171
653	489	538	216	446	849	914	337	993	459	325	614	771	244	429	874	557	119	122	417	882	714	769
749	824	721	967	287	556	628	843	725	731	553	253	183	653	988	431	788	426	875	838	457	927	475
522	967	259	532	618	624	396	562	134	569	932	441	834	787	231	958	232	537	439	956	531	345	352
475	172	986	859	925	932	282	924	842	642	797	565	399	896	596	282	441	784	258	684	625	662	291
894	333	612	728	869	487	741	259	476	127	286	736	257	168	847	316	969	692	786	549	949	559	526
116	218	464	191	132	218	573	786	258	296	471	372	618	935	353	747	123	863	644	161	793	196	847
381	641	393	375	354	193	165	615	587	384	119	187	965	572	112	695	615	941	361	375	376	871	633
968	755	847	643	773	765	439	478	611	978	868	898	546	319	775	169	896	275	513	222	114	233	184
742	421	226	286	522	618	471	218	397	745	461	477	478	535	957	674	132	228	442	225	444	171	151
859	878	392	311	659	772	935	447	834	117	658	161	754	654	176	883	855	195	637	751	586	948	513
964	593	137	574	288	994	582	961	746	336	983	782	611	988	833	265	969	584	564	683	197	214	326
177	636	674	897	167	157	856	524	662	598	145	926	362	777	415	931	313	317	195	137	959	536	985
228	755	915	955	946	233	647	653	425	674	719	543	549	826	669	429	576	773	756	392	632	725	879
591	214	851	669	394	349	299	192	179	261	332	294	896	299	782	397	791	659	921	569	811	683	762
636	167	789	438	413	565	118	889	253	452	577	859	125	141	241	746	444	841	313	446	225	362	248
415	982	543	743	835	826	364	776	988	923	224	615	283	462	328	512	228	466	278	874	373	499	437
383	349	468	122	771	481	723	335	511	889	896	338	937	313	594	158	687	932	889	918	768	857	694
975	973	235	811	761	226	637	382	741	767	894	371	128	972	161	911	427	164	461	991	792	256	194
257	752	667	227	813	488	598	198	979	388	921	926	715	349	644	846	879	242	695	222	633	595	526
723	395	174	453	276	732	323	866	583	826	562	817	397	556	786	358	755	996	249	676	461	614	485
448	524	951	982	455	999	451	434	695	693	788	493	951	231	259	667	318	655	374	559	577	873	747
539	881	529	664	594	555	779	629	168	442	377	685	449	128	532	232	241	418	536	733	348	162	919
661	469	312	748	942	671	284	777	354	939	116	158	583	615	977	525	193	871	833	818	154	449	333
394	647	493	599	628	317	846	255	416	174	449	269	276	883	828	193	984	529	758	164	215	938	272
882	216	786	376	187	864	912	941	837	551	233	744	634	464	313	474	536	333	927	345	889	387	658
116	138	848	135	339	143	165	513	222	215	655	532	862	797	495	789	662	787	112	487	926	721	861

表 2   标准正态分布表

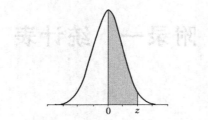

z	0.00	0.01	0.02	0.03	0.04	0.05	0.06	0.07	0.08	0.09
0.0	0.0000	0.0040	0.0080	0.0120	0.0160	0.0199	0.0239	0.0279	0.0319	0.0359
0.1	0.0398	0.0438	0.0478	0.0517	0.0557	0.0596	0.0636	0.0675	0.0714	0.0753
0.2	0.0793	0.0832	0.0871	0.0910	0.0948	0.0987	0.1026	0.1064	0.1103	0.1141
0.3	0.1179	0.1217	0.1255	0.1293	0.1331	0.1368	0.1406	0.1443	0.1480	0.1517
0.4	0.1554	0.1591	0.1628	0.1664	0.1700	0.1736	0.1772	0.1808	0.1844	0.1879
0.5	0.1915	0.1950	0.1985	0.2019	0.2054	0.2088	0.2123	0.2157	0.2190	0.2224
0.6	0.2257	0.2291	0.2324	0.2357	0.2389	0.2422	0.2454	0.2486	0.2517	0.2549
0.7	0.2580	0.2611	0.2642	0.2673	0.2704	0.2734	0.2764	0.2794	0.2823	0.2852
0.8	0.2881	0.2910	0.2939	0.2967	0.2995	0.3023	0.3051	0.3078	0.3106	0.3133
0.9	0.3159	0.3186	0.3212	0.3238	0.3264	0.3289	0.3315	0.3340	0.3365	0.3389
1.0	0.3413	0.3438	0.3461	0.3485	0.3508	0.3531	0.3554	0.3577	0.3599	0.3621
1.1	0.3643	0.3665	0.3686	0.3708	0.3729	0.3749	0.3770	0.3790	0.3810	0.3830
1.2	0.3849	0.3869	0.3888	0.3907	0.3925	0.3944	0.3962	0.3980	0.3997	0.4015
1.3	0.4032	0.4049	0.4066	0.4082	0.4099	0.4115	0.4131	0.4147	0.4162	0.4177
1.4	0.4192	0.4207	0.4222	0.4236	0.4251	0.4265	0.4279	0.4292	0.4306	0.4319
1.5	0.4332	0.4345	0.4357	0.4370	0.4382	0.4394	0.4406	0.4418	0.4429	0.4441
1.6	0.4452	0.4463	0.4474	0.4484	0.4495	0.4505	0.4515	0.4525	0.4535	0.4545
1.7	0.4554	0.4564	0.4573	0.4582	0.4591	0.4599	0.4608	0.4616	0.4625	0.4633
1.8	0.4641	0.4649	0.4656	0.4664	0.4671	0.4678	0.4686	0.4693	0.4699	0.4706
1.9	0.4713	0.4719	0.4726	0.4732	0.4738	0.4744	0.4750	0.4756	0.4761	0.4767
2.0	0.4772	0.4778	0.4783	0.4788	0.4793	0.4798	0.4803	0.4808	0.4812	0.4817
2.1	0.4821	0.4826	0.4830	0.4834	0.4838	0.4842	0.4846	0.4850	0.4854	0.4857
2.2	0.4861	0.4864	0.4868	0.4871	0.4875	0.4878	0.4881	0.4884	0.4887	0.4890
2.3	0.4893	0.4896	0.4898	0.4901	0.4904	0.4906	0.4909	0.4911	0.4913	0.4916
2.4	0.4918	0.4920	0.4922	0.4925	0.4927	0.4929	0.4931	0.4932	0.4934	0.4936
2.5	0.4938	0.4940	0.4941	0.4943	0.4945	0.4946	0.4948	0.4949	0.4951	0.4952
2.6	0.4953	0.4955	0.4956	0.4957	0.4959	0.4960	0.4961	0.4962	0.4963	0.4964
2.7	0.4965	0.4966	0.4967	0.4968	0.4969	0.4970	0.4971	0.4972	0.4973	0.4974
2.8	0.4974	0.4975	0.4976	0.4977	0.4977	0.4978	0.4979	0.4979	0.4980	0.4981
2.9	0.4981	0.4982	0.4982	0.4983	0.4984	0.4984	0.4985	0.4985	0.4986	0.4986
3.0	0.4987	0.4987	0.4987	0.4988	0.4988	0.4989	0.4989	0.4989	0.4990	0.4990

表3 t 分布表

表中数值形式为 $t_{\alpha,v}$，α 为显著水平，v 为自由度。

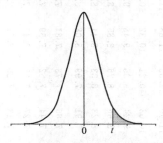

v	α						
	0.25	0.10	0.05	0.025	0.01	0.005	0.0005
1	1.000	3.078	6.314	12.706	31.821	63.657	636.619
2	0.816	1.886	2.920	4.303	6.965	9.925	31.598
3	0.765	1.638	2.353	3.182	4.541	5.841	12.941
4	0.741	1.533	2.132	2.776	3.747	4.604	8.610
5	0.727	1.476	2.015	2.571	3.365	4.032	6.859
6	0.718	1.440	1.943	2.447	3.143	3.707	5.959
7	0.711	1.415	1.895	2.365	2.998	3.499	5.405
8	0.706	1.397	1.860	2.306	2.896	3.355	5.041
9	0.703	1.383	1.833	2.262	2.821	3.250	4.781
10	0.700	1.372	1.812	2.228	2.764	3.169	4.587
11	0.697	1.363	1.796	2.201	2.718	3.106	4.437
12	0.695	1.356	1.782	2.179	2.681	3.055	4.318
13	0.694	1.350	1.771	2.160	2.650	3.012	4.221
14	0.692	1.345	1.761	2.145	2.624	2.977	4.140
15	0.691	1.341	1.753	2.131	2.602	2.947	4.073
16	0.690	1.337	1.746	2.120	2.583	2.921	4.015
17	0.689	1.333	1.740	2.110	2.567	2.898	3.965
18	0.688	1.330	1.734	2.101	2.552	2.878	3.922
19	0.688	1.328	1.729	2.093	2.539	2.861	3.883
20	0.687	1.325	1.725	2.086	2.528	2.845	3.850
21	0.686	1.323	1.721	2.080	2.518	2.831	3.819
22	0.686	1.321	1.717	2.074	2.508	2.819	3.792
23	0.685	1.319	1.714	2.069	2.500	2.807	3.767
24	0.685	1.318	1.711	2.064	2.492	2.797	3.745
25	0.684	1.316	1.708	2.060	2.485	2.787	3.725
26	0.684	1.315	1.706	2.056	2.479	2.779	3.707
27	0.684	1.314	1.703	2.052	2.473	2.771	3.690
28	0.683	1.313	1.701	2.048	2.467	2.763	3.674
29	0.683	1.311	1.699	2.045	2.462	2.756	3.659
30	0.683	1.310	1.697	2.042	2.457	2.750	3.646
∞	0.674	1.282	1.645	1.960	2.326	2.576	3.291

表 4 Tukey's HSD 中的 q 值

t 为样品数量，v 为自由度。

$q_{0.01}\ (\alpha = 0.01)$

v	2	3	4	5	6	7	8	9	10	11	12	13	14	15	16	17	18	19	20
1	90.03	135.0	164.3	185.6	202.2	215.8	227.2	237.0	245.6	253.2	260.0	266.2	271.8	277.0	281.8	286.3	290.4	2 94.3	290.0
2	14.04	19.02	22.29	24.72	26.63	28.29	29.53	30.68	31.69	32.59	33.40	34.13	34.81	35.43	36.00	36.53	37.03	37.50	37.95
3	8.26	10.62	12.17	13.33	14.24	15.00	15.64	16.20	16.69	17.13	17.53	17.89	18.22	18.52	18.81	19.07	19.32	19.55	19.77
4	6.51	8.12	9.17	9.96	10.58	11.10	11.55	11.93	12.27	12.57	12.84	13.09	13.32	13.53	13.73	13.91	14.08	14.24	14.40
5	5.70	6.98	7.80	8.42	8.91	9.32	9.67	9.97	10.24	10.48	10.70	10.89	11.08	11.24	11.40	11.55	11.68	11.81	11.93
6	5.24	6.33	7.03	7.56	7.97	8.32	8.61	8.87	9.10	9.30	9.48	9.65	9.81	9.95	10.08	10.21	10.32	10.43	10.54
7	4.95	5.92	6.54	7.01	7.37	7.68	7.94	8.17	8.37	8.55	8.71	8.86	9.00	9.12	9.24	9.35	9.46	9.55	9.65
8	4.75	5.64	6.20	6.62	6.96	7.24	7.47	7.68	7.86	8.03	8.18	8.31	8.44	8.55	8.66	8.76	8.85	8.94	9.03
9	4.60	5.43	5.96	6.35	6.66	6.91	7.13	7.33	7.49	7.65	7.78	7.91	8.03	8.13	8.23	8.33	8.41	8.49	8.57
10	4.48	5.27	5.77	6.14	6.43	6.67	6.87	7.05	7.21	7.36	7.49	7.60	7.71	7.81	7.91	7.99	8.08	8.15	8.23
11	4.39	5.15	5.62	5.97	6.25	6.48	6.67	6.84	6.99	7.13	7.25	7.36	7.46	7.56	7.65	7.73	7.81	7.88	7.95
12	4.32	5.05	5.50	5.84	6.10	6.32	6.51	6.67	6.81	6.94	7.06	7.17	7.26	7.36	7.44	7.52	7.59	7.66	7.73
13	4.26	4.96	5.40	5.72	5.98	6.19	6.37	6.53	6.67	6.79	6.90	7.01	7.10	7.19	7.27	7.35	7.42	7.48	7.55
14	4.21	4.89	5.32	5.63	5.88	6.08	6.26	6.41	6.54	6.66	6.77	6.87	6.96	7.05	7.13	7.20	7.27	7.33	7.39
15	4.17	4.84	5.25	5.56	5.80	5.99	6.16	6.31	6.44	6.55	6.66	6.76	6.84	6.93	7.00	7.07	7.14	7.20	7.26
16	4.13	4.79	5.19	5.49	5.72	5.92	6.08	6.22	6.35	6.46	6.56	6.66	6.74	6.82	6.90	6.97	7.03	7.09	7.15
17	4.10	4.74	5.14	5.43	5.66	5.85	6.01	6.15	6.27	6.38	6.48	6.57	6.66	6.73	6.81	6.87	6.94	7.00	7.05
18	4.07	4.70	5.09	5.38	5.60	5.79	5.94	6.08	6.20	6.31	6.41	6.50	6.58	6.65	6.73	6.79	6.85	6.91	6.97
19	4.05	4.67	5.05	5.33	5.55	5.73	5.89	6.02	6.14	6.25	6.34	6.43	6.51	6.58	6.65	6.72	6.78	6.84	6.89
20	4.02	4.64	5.02	5.29	5.51	5.69	5.84	5.97	6.09	6.19	6.28	6.37	6.45	6.52	6.59	6.65	6.71	6.77	6.82
24	3.96	4.55	4.91	5.17	5.37	5.54	5.69	5.81	5.92	6.02	6.11	6.19	6.26	6.33	6.39	6.45	6.51	6.56	6.61
30	3.89	4.45	4.80	5.05	5.24	5.40	5.54	5.65	5.76	5.85	5.93	6.01	6.08	6.14	6.20	6.26	6.31	6.36	6.41
40	3.82	4.37	4.70	4.93	5.11	5.26	5.39	5.50	5.60	5.69	5.76	5.83	5.90	5.96	6.02	6.07	6.12	6.16	6.21
60	3.76	4.28	4.59	4.82	4.99	5.13	5.25	5.36	5.45	5.53	5.60	5.67	5.73	5.78	5.84	5.89	5.93	5.97	6.01
120	3.70	4.20	4.50	4.71	4.87	5.01	5.12	5.21	5.30	5.37	5.44	5.50	5.56	5.61	5.66	5.71	5.75	5.79	5.83
∞	3.64	4.12	4.40	4.60	4.76	4.88	4.99	5.08	5.16	5.23	5.29	5.35	5.40	5.45	5.49	5.54	5.57	5.61	5.65

t

$q_{0.05}(\alpha=0.05)$

v	2	3	4	5	6	7	8	9	10	11	12	13	14	15	16	17	18	19	20
1	17.97	26.98	32.82	37.08	40.41	43.12	45.40	47.36	49.07	50.59	51.96	53.20	54.33	55.36	56.32	57.22	58.04	58.83	59.56
2	6.08	8.33	9.80	10.88	11.74	12.44	13.03	13.54	13.99	14.39	14.75	15.08	15.38	15.65	15.91	16.14	16.37	16.57	16.77
3	4.50	5.91	6.82	7.50	8.04	8.48	8.85	9.18	9.46	9.72	9.95	10.15	10.35	10.53	10.69	10.84	10.98	11.11	11.24
4	3.93	5.04	5.76	6.29	6.71	7.05	7.35	7.60	7.83	8.03	8.21	8.37	8.52	8.66	8.79	8.91	9.03	9.13	9.23
5	3.64	4.60	5.22	5.67	6.03	6.33	6.58	6.80	6.99	7.17	7.32	7.47	7.60	7.72	7.83	7.93	8.03	8.12	8.21
6	3.46	4.34	4.90	5.30	5.63	5.90	6.12	6.32	6.49	6.65	6.79	6.92	7.03	7.14	7.24	7.34	7.43	7.51	7.59
7	3.34	4.16	4.68	5.06	5.36	5.61	5.82	6.00	6.16	6.30	6.43	6.55	6.66	6.76	6.85	6.94	7.02	7.10	7.17
8	3.26	4.04	4.53	4.89	5.17	5.40	5.60	5.77	5.92	6.05	6.18	6.29	6.39	6.48	6.57	6.65	6.73	6.80	6.87
9	3.20	3.95	4.41	4.76	5.02	5.24	5.43	5.59	5.74	5.87	5.98	6.09	6.19	6.28	6.36	6.44	6.51	6.58	6.64
10	3.15	3.88	4.33	4.65	4.91	5.12	5.30	5.46	5.60	5.72	5.83	5.93	6.03	6.11	6.19	6.27	6.34	6.40	6.47
11	3.11	3.82	4.26	4.57	4.82	5.03	5.20	5.35	5.49	5.61	5.71	5.81	5.90	5.98	6.06	6.13	6.20	6.27	6.33
12	3.08	3.77	4.20	4.51	4.75	4.95	5.12	5.27	5.39	5.51	5.61	5.71	5.80	5.88	5.95	6.02	6.09	6.15	6.21
13	3.06	3.73	4.15	4.45	4.69	4.88	5.05	5.19	5.32	5.43	5.53	5.63	5.71	5.79	5.86	5.93	5.99	6.05	6.11
14	3.03	3.70	4.11	4.41	4.64	4.83	4.99	5.13	5.25	5.36	5.46	5.55	5.64	5.71	5.79	5.85	5.91	5.97	6.03
15	3.01	3.67	4.08	4.37	4.59	4.78	4.94	5.08	5.20	5.31	5.40	5.49	5.57	5.65	5.72	5.78	5.85	5.90	5.96
16	3.00	3.65	4.05	4.33	4.56	4.74	4.90	5.03	5.15	5.26	5.35	5.44	5.52	5.59	5.66	5.73	5.79	5.84	5.90
17	2.98	3.63	4.02	4.30	4.52	4.70	4.86	4.99	5.11	5.21	5.31	5.39	5.47	5.54	5.61	5.67	5.73	5.79	5.84
18	2.97	3.61	4.00	4.28	4.49	4.67	4.82	4.96	5.07	5.17	5.27	5.35	5.43	5.50	5.57	5.63	5.69	5.74	5.79
19	2.96	3.59	3.98	4.25	4.47	4.65	4.79	4.92	5.04	5.14	5.23	5.31	5.39	5.46	5.53	5.59	5.65	5.70	5.75
20	2.95	3.58	3.96	4.23	4.45	4.62	4.77	4.90	5.01	5.11	5.20	5.28	5.36	5.43	5.49	5.55	5.61	5.66	5.71
24	2.92	3.53	3.90	4.17	4.37	4.54	4.68	4.81	4.92	5.01	5.10	5.18	5.25	5.32	5.38	5.44	5.49	5.55	5.59
30	2.89	3.49	3.85	4.10	4.30	4.46	4.60	4.72	4.82	4.92	5.00	5.08	5.15	5.21	5.27	5.33	5.38	5.43	5.47
40	2.86	3.44	3.79	4.04	4.23	4.39	4.52	4.63	4.73	4.82	4.90	4.98	5.04	5.11	5.16	5.22	5.27	5.31	5.36
60	2.83	3.40	3.74	3.98	4.16	4.31	4.44	4.55	4.65	4.73	4.81	4.88	4.94	5.00	5.06	5.11	5.15	5.20	5.24
120	2.80	3.36	3.68	3.92	4.10	4.24	4.36	4.47	4.56	4.64	4.71	4.78	4.84	4.90	4.95	5.00	5.04	5.09	5.13
∞	2.77	3.31	3.63	3.86	4.03	4.17	4.29	4.39	4.47	4.55	4.62	4.68	4.74	4.80	4.85	4.89	4.93	4.97	5.01

t

$\varphi_{0.10}(\alpha = 0.10)$

ν	2	3	4	5	6	7	8	9	10	11	12	13	14	15	16	17	18	19	20
1	8.93	13.44	16.36	18.49	20.15	21.51	22.64	23.62	24.48	25.24	25.92	26.54	27.10	27.62	28.10	28.54	28.96	29.35	29.71
2	4.13	5.73	6.77	7.54	8.14	8.63	9.05	9.41	9.72	10.01	10.26	10.49	10.70	10.89	11.07	11.24	11.39	11.54	11.68
3	3.33	4.47	5.20	5.74	6.16	6.51	6.81	7.06	7.29	7.49	7.67	7.83	7.98	8.12	8.25	8.37	8.48	8.58	8.68
4	3.01	3.98	4.59	5.03	5.39	5.68	5.93	6.14	6.33	6.49	6.65	6.78	6.91	7.02	7.13	7.23	7.33	7.41	7.50
5	2.85	3.72	4.26	4.66	4.98	5.24	5.46	5.65	5.82	5.97	6.10	6.22	6.34	6.44	6.54	6.63	6.71	6.79	6.86
6	2.75	3.56	4.07	4.44	4.73	4.97	5.17	5.34	5.50	5.64	5.76	5.87	5.98	6.07	6.16	6.25	6.32	6.40	6.47
7	2.68	3.45	3.93	4.28	4.55	4.78	4.97	5.14	5.28	5.41	5.53	5.64	5.74	5.83	5.91	5.99	6.06	6.13	6.19
8	2.63	3.37	3.83	4.17	4.43	4.65	4.83	4.99	5.13	5.25	5.36	5.46	5.56	5.64	5.72	5.80	5.87	5.93	6.00
9	2.59	3.32	3.76	4.08	4.34	4.54	4.72	4.87	5.01	5.13	5.23	5.33	5.42	5.51	5.58	5.66	5.72	5.79	5.85
10	2.56	3.27	3.70	4.02	4.26	4.47	4.64	4.78	4.91	5.03	5.13	5.23	5.32	5.40	5.47	5.54	5.61	5.67	5.73
11	2.54	3.23	3.66	3.96	4.20	4.40	4.57	4.71	4.84	4.95	5.05	5.15	5.23	5.31	5.38	5.45	5.51	5.57	5.63
12	2.52	3.20	3.62	3.92	4.16	4.35	4.51	4.65	4.78	4.89	4.99	5.08	5.16	5.24	5.31	5.37	5.44	5.49	5.55
13	2.50	3.18	3.59	3.88	4.12	4.30	4.46	4.60	4.72	4.83	4.93	5.02	5.10	5.18	5.25	5.31	5.37	5.43	5.48
14	2.49	3.16	3.56	3.85	4.08	4.27	4.42	4.56	4.68	4.79	4.88	4.97	5.05	5.12	5.19	5.26	5.32	5.37	5.43
15	2.48	3.14	3.54	3.83	4.05	4.23	4.39	4.52	4.64	4.75	4.84	4.93	5.01	5.08	5.15	5.21	5.27	5.32	5.38
16	2.47	3.12	3.52	3.80	4.03	4.21	4.36	4.49	4.61	4.71	4.81	4.89	4.97	5.04	5.11	5.17	5.23	5.28	5.33
17	2.46	3.11	3.50	3.78	4.00	4.18	4.33	4.46	4.58	4.68	4.77	4.86	4.93	5.01	5.07	5.13	5.19	5.24	5.30
18	2.45	3.10	3.49	3.77	3.98	4.16	4.31	4.44	4.55	4.65	4.75	4.83	4.90	4.98	5.04	5.10	5.16	5.21	5.26
19	2.45	3.09	3.47	3.75	3.97	4.14	4.29	4.42	4.53	4.63	4.72	4.80	4.88	4.95	5.01	5.07	5.13	5.18	5.23
20	2.44	3.08	3.46	3.74	3.95	4.12	4.27	4.40	4.51	4.61	4.70	4.78	4.85	4.92	4.99	5.05	5.10	5.16	5.20
24	2.42	3.05	3.42	3.69	3.90	4.07	4.21	4.34	4.44	4.54	4.63	4.71	4.78	4.85	4.91	4.97	5.02	5.07	5.12
30	2.40	3.02	3.39	3.65	3.85	4.02	4.16	4.28	4.38	4.47	4.56	4.64	4.71	4.77	4.83	4.89	4.94	4.99	5.03
40	2.38	2.99	3.35	3.60	3.80	3.96	4.10	4.21	4.32	4.41	4.49	4.56	4.63	4.69	4.75	4.81	4.86	4.90	4.95
60	2.36	2.96	3.31	3.56	3.75	3.91	4.04	4.16	4.25	4.34	4.42	4.49	4.56	4.62	4.67	4.73	4.78	4.82	4.86
120	2.34	2.93	3.28	3.52	3.71	3.86	3.99	4.10	4.19	4.28	4.35	4.42	4.48	4.54	4.60	4.65	4.69	4.74	4.78
∞	2.33	2.90	3.24	3.48	3.66	3.81	3.93	4.04	4.13	4.21	4.28	4.35	4.41	4.47	4.52	4.57	4.61	4.65	4.69

表5 χ² 分布表

表中数据表达形式为 $\chi^2_{\alpha,v}$

α 为显著水平，v 为自由度。

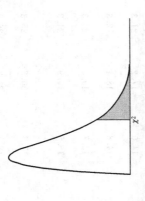

v	0.995	0.990	0.975	0.950	0.900	0.750	0.500	0.250	0.100	0.050	0.025	0.010	0.005
							α						
1	0.0000393	0.000157	0.000982	0.00393	0.0158	0.102	0.455	1.32	2.71	3.84	5.02	6.63	7.88
2	0.0100	0.0201	0.0506	0.103	0.211	0.575	1.39	2.77	4.61	5.99	7.38	9.21	10.6
3	0.0717	0.115	0.216	0.352	0.584	1.21	2.37	4.11	6.25	7.81	9.35	11.3	12.8
4	0.207	0.297	0.484	0.711	1.06	1.92	3.36	5.39	7.78	9.49	11.1	13.3	14.9
5	0.412	0.554	0.831	1.15	1.61	2.67	4.35	6.63	9.24	11.1	12.8	15.1	16.7
6	0.676	0.872	1.24	1.64	2.20	3.45	5.35	7.84	10.6	12.6	14.4	16.8	18.5
7	0.989	1.24	1.69	2.17	2.83	4.25	6.35	9.04	12.0	14.1	16.0	18.5	20.3
8	1.34	1.65	2.18	2.73	3.49	5.07	7.34	10.2	13.4	15.5	17.5	20.1	22.0
9	1.73	2.09	2.70	3.33	4.17	5.90	8.34	11.4	14.7	16.9	19.0	21.7	23.6
10	2.16	2.56	3.25	3.94	4.87	6.74	9.34	12.5	16.0	18.3	20.5	23.2	25.2
11	2.60	3.05	3.82	4.57	5.58	7.58	10.3	13.7	17.3	19.7	21.9	24.7	26.8

ν	0.995	0.990	0.975	0.950	0.900	0.750	0.500	0.250	0.100	0.050	0.025	0.010	0.005
12	3.07	3.57	4.40	5.23	6.30	8.44	11.3	14.8	18.5	21.0	23.3	26.2	28.3
13	3.57	4.11	5.01	5.89	7.04	9.30	12.3	16.0	19.8	22.4	24.7	27.7	29.8
14	4.07	4.66	5.63	6.57	7.79	10.2	13.3	17.1	21.1	23.7	26.1	29.1	31.3
15	4.60	5.23	6.26	7.26	8.55	11.0	4.3	18.2	22.3	25.0	27.5	30.6	32.8
16	5.14	5.81	6.91	7.96	9.31	11.9	15.3	19.4	23.5	26.3	28.8	32.0	34.3
17	5.70	6.41	7.56	8.67	10.1	12.8	16.3	20.5	24.8	27.6	30.2	33.4	35.7
18	6.26	7.01	8.23	9.39	10.9	13.7	17.3	21.6	26.0	28.9	31.5	34.8	37.2
19	6.84	7.63	8.91	10.1	11.7	14.6	18.3	22.7	27.2	30.1	32.9	36.2	38.6
20	7.43	8.26	9.59	10.9	12.4	15.5	19.3	23.8	28.4	31.4	34.2	37.6	40.0
21	8.03	8.90	10.3	11.6	13.2	16.3	20.3	24.9	29.6	32.7	35.5	38.9	41.4
22	8.64	9.54	11.0	12.3	14.0	17.2	21.3	26.0	30.8	33.9	36.8	40.3	42.8
23	9.26	10.2	11.7	13.1	14.8	18.1	22.3	27.1	32.0	35.2	38.1	41.6	44.2
24	9.89	10.9	12.4	13.8	15.7	19.0	23.3	28.2	33.2	36.4	39.4	43.0	45.6
25	10.5	11.5	13.1	14.6	16.5	19.9	24.3	29.3	34.4	37.7	40.6	44.3	46.9
26	11.2	12.2	13.8	15.4	17.3	20.8	25.3	30.4	35.6	38.9	41.9	45.6	48.3
27	11.8	12.9	14.6	16.2	18.1	21.7	26.3	31.5	36.7	40.1	43.2	47.0	49.6
28	12.5	13.6	15.3	16.9	18.9	22.7	27.3	32.6	37.9	41.3	44.5	48.3	51.0
29	13.1	14.3	16.0	17.7	19.8	23.6	28.3	33.7	39.1	42.6	45.7	49.6	52.3
30	13.8	15.0	16.8	18.5	20.6	24.5	29.3	34.8	40.3	43.8	47.0	50.9	53.7

α

表 6 F 分布表

表中数据表达形式为 F_{α, v_1, v_2}

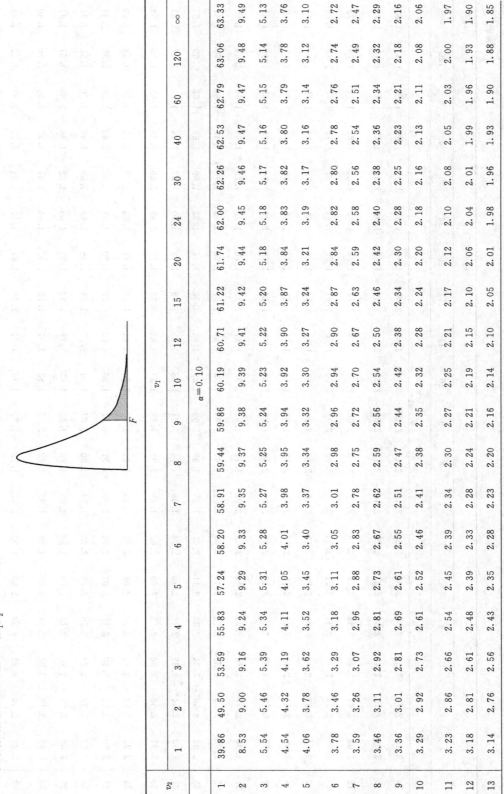

$\alpha = 0.10$

v_2	v_1 1	2	3	4	5	6	7	8	9	10	12	15	20	24	30	40	60	120	∞
1	39.86	49.50	53.59	55.83	57.24	58.20	58.91	59.44	59.86	60.19	60.71	61.22	61.74	62.00	62.26	62.53	62.79	63.06	63.33
2	8.53	9.00	9.16	9.24	9.29	9.33	9.35	9.37	9.38	9.39	9.41	9.42	9.44	9.45	9.46	9.47	9.47	9.48	9.49
3	5.54	5.46	5.39	5.34	5.31	5.28	5.27	5.25	5.24	5.23	5.22	5.20	5.18	5.18	5.17	5.16	5.15	5.14	5.13
4	4.54	4.32	4.19	4.11	4.05	4.01	3.98	3.95	3.94	3.92	3.90	3.87	3.84	3.83	3.82	3.80	3.79	3.78	3.76
5	4.06	3.78	3.62	3.52	3.45	3.40	3.37	3.34	3.32	3.30	3.27	3.24	3.21	3.19	3.17	3.16	3.14	3.12	3.10
6	3.78	3.46	3.29	3.18	3.11	3.05	3.01	2.98	2.96	2.94	2.90	2.87	2.84	2.82	2.80	2.78	2.76	2.74	2.72
7	3.59	3.26	3.07	2.96	2.88	2.83	2.78	2.75	2.72	2.70	2.67	2.63	2.59	2.58	2.56	2.54	2.51	2.49	2.47
8	3.46	3.11	2.92	2.81	2.73	2.67	2.62	2.59	2.56	2.54	2.50	2.46	2.42	2.40	2.38	2.36	2.34	2.32	2.29
9	3.36	3.01	2.81	2.69	2.61	2.55	2.51	2.47	2.44	2.42	2.38	2.34	2.30	2.28	2.25	2.23	2.21	2.18	2.16
10	3.29	2.92	2.73	2.61	2.52	2.46	2.41	2.38	2.35	2.32	2.28	2.24	2.20	2.18	2.16	2.13	2.11	2.08	2.06
11	3.23	2.86	2.66	2.54	2.45	2.39	2.34	2.30	2.27	2.25	2.21	2.17	2.12	2.10	2.08	2.05	2.03	2.00	1.97
12	3.18	2.81	2.61	2.48	2.39	2.33	2.28	2.24	2.21	2.19	2.15	2.10	2.06	2.04	2.01	1.99	1.96	1.93	1.90
13	3.14	2.76	2.56	2.43	2.35	2.28	2.23	2.20	2.16	2.14	2.10	2.05	2.01	1.98	1.96	1.93	1.90	1.88	1.85

续表

$\alpha = 0.10$

v_2 \ v_1	1	2	3	4	5	6	7	8	9	10	12	15	20	24	30	40	60	120	∞
14	3.10	2.73	2.52	2.39	2.31	2.24	2.19	2.15	2.12	2.10	2.05	2.01	1.96	1.94	1.91	1.89	1.86	1.83	1.80
15	3.07	2.70	2.49	2.36	2.27	2.21	2.16	2.12	2.09	2.06	2.02	1.97	1.92	1.90	1.87	1.85	1.82	1.79	1.76
16	3.05	2.67	2.46	2.33	2.24	2.18	2.13	2.09	2.06	2.03	1.99	1.94	1.89	1.87	1.84	1.81	1.78	1.75	1.72
17	3.03	2.64	2.44	2.31	2.22	2.15	2.10	2.06	2.03	2.00	1.96	1.91	1.86	1.84	1.81	1.78	1.75	1.72	1.69
18	3.01	2.62	2.42	2.29	2.20	2.13	2.08	2.04	2.00	1.98	1.93	1.89	1.84	1.81	1.78	1.75	1.72	1.69	1.66
19	2.99	2.61	2.40	2.27	2.18	2.11	2.06	2.02	1.98	1.96	1.91	1.86	1.81	1.79	1.76	1.73	1.70	1.67	1.63
20	2.97	2.59	2.38	2.25	2.16	2.09	2.04	2.00	1.96	1.94	1.89	1.84	1.79	1.77	1.74	1.71	1.68	1.64	1.61
21	2.96	2.57	2.36	2.23	2.14	2.08	2.02	1.98	1.95	1.92	1.87	1.83	1.78	1.75	1.72	1.69	1.66	1.62	1.59
22	2.95	2.56	2.35	2.22	2.13	2.06	2.01	1.97	1.93	1.90	1.86	1.81	1.76	1.73	1.70	1.67	1.64	1.60	1.57
23	2.94	2.55	2.34	2.21	2.11	2.05	1.99	1.95	1.92	1.89	1.84	1.80	1.74	1.72	1.69	1.66	1.62	1.59	1.55
24	2.93	2.54	2.33	2.19	2.10	2.04	1.98	1.94	1.91	1.88	1.83	1.78	1.73	1.70	1.67	1.64	1.61	1.57	1.53
25	2.92	2.53	2.32	2.18	2.09	2.02	1.97	1.93	1.89	1.87	1.82	1.77	1.72	1.69	1.66	1.63	1.59	1.56	1.52
26	2.91	2.52	2.31	2.17	2.08	2.01	1.96	1.92	1.88	1.86	1.81	1.76	1.71	1.68	1.65	1.61	1.58	1.54	1.50
27	2.90	2.51	2.30	2.17	2.07	2.00	1.95	1.91	1.87	1.85	1.80	1.75	1.70	1.67	1.64	1.60	1.57	1.53	1.49
28	2.89	2.50	2.29	2.16	2.06	2.00	1.94	1.90	1.87	1.84	1.79	1.74	1.69	1.66	1.63	1.59	1.56	1.52	1.48
29	2.89	2.50	2.28	2.15	2.06	1.99	1.93	1.89	1.86	1.83	1.78	1.73	1.68	1.65	1.62	1.58	1.55	1.51	1.47
30	2.88	2.49	2.28	2.14	2.05	1.98	1.93	1.88	1.85	1.82	1.77	1.72	1.67	1.64	1.61	1.57	1.54	1.50	1.46
40	2.84	2.44	2.23	2.09	2.00	1.93	1.87	1.83	1.79	1.76	1.71	1.66	1.61	1.57	1.54	1.51	1.47	1.42	1.38
60	2.79	2.39	2.18	2.04	1.95	1.87	1.82	1.77	1.74	1.71	1.66	1.60	1.54	1.51	1.48	1.44	1.40	1.35	1.29
120	2.75	2.35	2.13	1.99	1.90	1.82	1.77	1.72	1.68	1.65	1.60	1.55	1.48	1.45	1.41	1.37	1.32	1.26	1.19
∞	2.71	2.30	2.08	1.94	1.85	1.77	1.72	1.67	1.63	1.60	1.55	1.49	1.42	1.38	1.34	1.30	1.24	1.17	1.00

222

$\alpha = 0.05$

v_2 \ v_1	1	2	3	4	5	6	7	8	9	10	12	15	20	24	30	40	60	120	∞
1	161.4	199.5	215.7	224.6	230.2	234.0	236.8	238.9	240.5	241.9	243.9	245.9	248.0	249.1	250.1	251.1	252.2	253.3	254.3
2	18.51	19.00	19.16	19.25	19.30	19.33	19.35	19.37	19.38	19.40	19.41	19.43	19.45	19.45	19.46	19.47	19.48	19.49	19.50
3	10.13	9.55	9.28	9.12	9.01	8.94	8.89	8.85	8.81	8.79	8.74	8.70	8.66	8.64	8.62	8.59	8.57	8.55	8.53
4	7.71	6.94	6.59	6.39	6.26	6.16	6.09	6.04	6.00	5.96	5.91	5.86	5.80	5.77	5.75	5.72	5.69	5.66	5.63
5	6.61	5.79	5.41	5.19	5.05	4.95	4.88	4.82	4.77	4.74	4.68	4.62	4.56	4.53	4.50	4.46	4.43	4.40	4.36
6	5.99	5.14	4.76	4.53	4.39	4.28	4.21	4.15	4.10	4.06	4.00	3.94	3.87	3.84	3.81	3.77	3.74	3.70	3.67
7	5.59	4.74	4.35	4.12	3.97	3.87	3.79	3.73	3.68	3.64	3.57	3.51	3.44	3.41	3.38	3.34	3.30	3.27	3.23
8	5.32	4.46	4.07	3.84	3.69	3.58	3.50	3.44	3.39	3.35	3.28	3.22	3.15	3.12	3.08	3.04	3.01	2.97	2.93
9	5.12	4.26	3.86	3.63	3.48	3.37	3.29	3.23	3.18	3.14	3.07	3.01	2.94	2.90	2.86	2.83	2.79	2.75	2.71
10	4.96	4.10	3.71	3.48	3.33	3.22	3.14	3.07	3.02	2.98	2.91	2.85	2.77	2.74	2.70	2.66	2.62	2.58	2.54
11	4.84	3.98	3.59	3.36	3.20	3.09	3.01	2.95	2.90	2.85	2.79	2.72	2.65	2.61	2.57	2.53	2.49	2.45	2.40
12	4.75	3.89	3.49	3.26	3.11	3.00	2.91	2.85	2.80	2.75	2.69	2.62	2.54	2.51	2.47	2.43	2.38	2.34	2.30
13	4.67	3.81	3.41	3.18	3.03	2.92	2.83	2.77	2.71	2.67	2.60	2.53	2.46	2.42	2.38	2.34	2.30	2.25	2.21
14	4.60	3.74	3.34	3.11	2.96	2.85	2.76	2.70	2.65	2.60	2.53	2.46	2.39	2.35	2.31	2.27	2.22	2.18	2.13
15	4.54	3.68	3.29	3.06	2.90	2.79	2.71	2.64	2.59	2.54	2.48	2.40	2.33	2.29	2.25	2.20	2.16	2.11	2.07
16	4.49	3.63	3.24	3.01	2.85	2.74	2.66	2.59	2.54	2.49	2.42	2.35	2.28	2.24	2.19	2.15	2.11	2.06	2.01
17	4.45	3.59	3.20	2.96	2.81	2.70	2.61	2.55	2.49	2.45	2.38	2.31	2.23	2.19	2.15	2.10	2.06	2.01	1.96
18	4.41	3.55	3.16	2.93	2.77	2.66	2.58	2.51	2.46	2.41	2.34	2.27	2.19	2.15	2.11	2.06	2.02	1.97	1.92
19	4.38	3.52	3.13	2.90	2.74	2.63	2.54	2.48	2.42	2.38	2.31	2.23	2.16	2.11	2.07	2.03	1.98	1.93	1.88
20	4.35	3.49	3.10	2.87	2.71	2.60	2.51	2.45	2.39	2.35	2.28	2.20	2.12	2.08	2.04	1.99	1.95	1.90	1.84

v_2	v_1																		
	1	2	3	4	5	6	7	8	9	10	12	15	20	24	30	40	60	120	∞
$\alpha=0.05$																			
21	4.32	3.47	3.07	2.84	2.68	2.57	2.49	2.42	2.37	2.32	2.25	2.18	2.10	2.05	2.01	1.96	1.92	1.87	1.81
22	4.30	3.44	3.05	2.82	2.66	2.55	2.46	2.40	2.34	2.30	2.23	2.15	2.07	2.03	1.98	1.94	1.89	1.84	1.78
23	4.28	3.42	3.03	2.80	2.64	2.53	2.44	2.37	2.32	2.27	2.20	2.13	2.05	2.01	1.96	1.91	1.86	1.81	1.76
24	4.26	3.40	3.01	2.78	2.62	2.51	2.42	2.36	2.30	2.25	2.18	2.11	2.03	1.98	1.94	1.89	1.84	1.79	1.73
25	4.24	3.39	2.99	2.76	2.60	2.49	2.40	2.34	2.28	2.24	2.16	2.09	2.01	1.96	1.92	1.87	1.82	1.77	1.71
26	4.23	3.37	2.98	2.74	2.59	2.47	2.39	2.32	2.27	2.22	2.15	2.07	1.99	1.95	1.90	1.85	1.80	1.75	1.69
27	4.21	3.35	2.96	2.73	2.57	2.46	2.37	2.31	2.25	2.20	2.13	2.06	1.97	1.93	1.88	1.84	1.79	1.73	1.67
28	4.20	3.34	2.95	2.71	2.56	2.45	2.36	2.29	2.24	2.19	2.12	2.04	1.96	1.91	1.87	1.82	1.77	1.71	1.65
29	4.18	3.33	2.93	2.70	2.55	2.43	2.35	2.28	2.22	2.18	2.10	2.03	1.94	1.90	1.85	1.81	1.75	1.70	1.64
30	4.17	3.32	2.92	2.69	2.53	2.42	2.33	2.27	2.21	2.16	2.09	2.01	1.93	1.89	1.84	1.79	1.74	1.68	1.62
40	4.08	3.23	2.84	2.61	2.45	2.34	2.25	2.18	2.12	2.08	2.00	1.92	1.84	1.79	1.74	1.69	1.64	1.58	1.51
60	4.00	3.15	2.76	2.53	2.37	2.25	2.17	2.10	2.04	1.99	1.92	1.84	1.75	1.70	1.65	1.59	1.53	1.47	1.39
120	3.92	3.07	2.68	2.45	2.29	2.17	2.09	2.02	1.96	1.91	1.83	1.75	1.66	1.61	1.55	1.50	1.43	1.35	1.25
∞	3.84	3.00	2.60	2.37	2.21	2.10	2.01	1.94	1.88	1.83	1.75	1.67	1.57	1.52	1.46	1.39	1.32	1.22	1.00
$\alpha=0.025$																			
1	647.8	799.5	864.2	899.6	921.8	937.1	948.2	956.7	963.3	968.6	976.7	984.9	993.1	997.2	1001	1006	1010	1014	1018
2	38.51	39.00	39.17	39.25	39.30	39.33	39.36	39.37	39.39	39.40	39.41	39.43	39.45	39.46	39.46	39.47	39.48	39.49	39.50
3	17.44	16.04	15.44	15.10	14.88	14.73	14.62	14.54	14.47	14.42	14.34	14.25	14.17	14.12	14.08	14.04	13.99	13.95	13.91
4	12.22	10.65	9.98	9.60	9.36	9.20	9.07	8.98	8.90	8.84	8.75	8.66	8.56	8.50	8.46	8.41	8.36	8.31	8.26
5	10.01	8.43	7.76	7.39	7.15	6.98	6.85	6.76	6.68	6.62	6.52	6.43	6.33	6.27	6.23	6.18	6.12	6.07	6.02
6	8.81	7.26	6.60	6.23	5.99	5.82	5.70	5.60	5.52	5.46	5.37	5.27	5.17	5.11	5.07	5.01	4.96	4.90	4.86

v_1

$\alpha = 0.025$

v_2	1	2	3	4	5	6	7	8	9	10	12	15	20	24	30	40	60	120	∞
7	8.07	6.54	5.89	5.52	5.29	5.12	4.99	4.90	4.82	4.76	4.67	4.57	4.47	4.40	4.36	4.31	4.25	4.20	4.15
8	7.57	6.06	5.42	5.05	4.82	4.65	4.53	4.43	4.36	4.30	4.20	4.10	4.00	3.94	3.89	3.84	3.78	3.73	3.68
9	7.21	5.71	5.08	4.72	4.48	4.32	4.20	4.10	4.03	3.96	3.87	3.77	3.67	3.60	3.56	3.51	3.45	3.39	3.34
10	6.94	5.46	4.83	4.47	4.24	4.07	3.95	3.85	3.78	3.72	3.62	3.52	3.42	3.35	3.31	3.26	3.20	3.14	3.09
11	6.72	5.26	4.63	4.28	4.04	3.88	3.76	3.66	3.59	3.53	3.43	3.33	3.23	3.16	3.12	3.06	3.00	2.94	2.89
12	6.55	5.10	4.47	4.12	3.89	3.73	3.61	3.51	3.44	3.37	3.28	3.18	3.07	3.01	2.96	2.91	2.85	2.79	2.73
13	6.41	4.97	4.35	4.00	3.77	3.60	3.48	3.39	3.31	3.25	3.15	3.05	2.95	2.88	2.84	2.78	2.72	2.66	2.60
14	6.30	4.86	4.24	3.89	3.66	3.50	3.38	3.29	3.21	3.15	3.05	2.95	2.84	2.78	2.73	2.67	2.61	2.55	2.50
15	6.20	4.77	4.15	3.80	3.58	3.41	3.29	3.20	3.12	3.06	2.96	2.86	2.76	2.69	2.64	2.59	2.52	2.46	2.40
16	6.12	4.69	4.08	3.73	3.50	3.34	3.22	3.12	3.05	2.99	2.89	2.79	2.68	2.61	2.57	2.51	2.45	2.38	2.32
17	6.04	4.62	4.01	3.66	3.44	3.28	3.16	3.06	2.98	2.92	2.82	2.72	2.62	2.55	2.50	2.44	2.38	2.32	2.26
18	5.98	4.56	3.95	3.61	3.38	3.22	3.10	3.01	2.93	2.87	2.77	2.67	2.56	2.49	2.44	2.38	2.32	2.26	2.20
19	5.92	4.51	3.90	3.56	3.33	3.17	3.05	2.96	2.88	2.82	2.72	2.62	2.51	2.44	2.39	2.33	2.27	2.20	2.14
20	5.87	4.46	3.86	3.51	3.29	3.13	3.01	2.91	2.84	2.77	2.68	2.57	2.46	2.40	2.35	2.29	2.22	2.16	2.09
21	5.83	4.42	3.82	3.48	3.25	3.09	2.97	2.87	2.80	2.73	2.64	2.53	2.42	2.36	2.31	2.25	2.18	2.11	2.05
22	5.79	4.38	3.78	3.44	3.22	3.05	2.93	2.84	2.76	2.70	2.60	2.50	2.39	2.32	2.27	2.21	2.14	2.08	2.01
23	5.75	4.35	3.75	3.41	3.18	3.02	2.90	2.81	2.73	2.67	2.57	2.47	2.36	2.29	2.24	2.18	2.11	2.04	1.98
24	5.72	4.32	3.72	3.38	3.15	2.99	2.87	2.78	2.70	2.64	2.54	2.44	2.33	2.26	2.21	2.15	2.08	2.01	1.94
25	5.69	4.29	3.69	3.35	3.13	2.97	2.85	2.75	2.68	2.61	2.51	2.41	2.30	2.23	2.18	2.12	2.05	1.98	1.91
26	5.66	4.27	3.67	3.33	3.10	2.94	2.82	2.73	2.65	2.59	2.49	2.39	2.28	2.21	2.16	2.09	2.03	1.95	1.89

v_2	v_1																		
	1	2	3	4	5	6	7	8	9	10	12	15	20	24	30	40	60	120	∞
	$\alpha=0.025$																		
27	5.63	4.24	3.65	3.31	3.08	2.92	2.80	2.71	2.63	2.57	2.47	2.36	2.25	2.18	2.13	2.07	2.00	1.93	1.86
28	5.61	4.22	3.63	3.29	3.06	2.90	2.78	2.69	2.61	2.55	2.45	2.34	2.23	2.16	2.11	2.05	1.98	1.91	1.84
29	5.59	4.20	3.61	3.27	3.04	2.88	2.76	2.67	2.59	2.53	2.43	2.32	2.21	2.14	2.09	2.03	1.96	1.89	1.82
30	5.57	4.18	3.59	3.25	3.03	2.87	2.75	2.65	2.57	2.51	2.41	2.31	2.20	2.12	2.07	2.01	1.94	1.87	1.80
40	5.42	4.05	3.46	3.13	2.90	2.74	2.62	2.53	2.45	2.39	2.29	2.18	2.07	1.99	1.94	1.88	1.80	1.72	1.65
60	5.29	3.93	3.34	3.01	2.79	2.63	2.51	2.41	2.33	2.27	2.17	2.06	1.94	1.87	1.82	1.74	1.67	1.58	1.49
120	5.15	3.80	3.23	2.89	2.67	2.52	2.39	2.30	2.22	2.16	2.05	1.94	1.82	1.76	1.69	1.61	1.53	1.43	1.31
∞	5.02	3.69	3.12	2.79	2.57	2.41	2.29	2.19	2.11	2.05	1.94	1.83	1.71	1.64	1.57	1.48	1.39	1.27	1.00
	$\alpha=0.01$																		
1	4052	4999.5	5403	5625	5764	5859	5928	5982	6022	6056	6106	6157	6209	6235	6261	6287	6313	6339	6366
2	98.50	99.00	99.17	99.25	99.30	99.33	99.36	99.37	99.39	99.40	99.42	99.43	99.45	99.46	99.47	99.47	99.48	99.49	99.50
3	34.12	30.82	29.46	28.71	28.24	27.91	27.67	27.49	27.35	27.23	27.05	26.87	26.69	26.60	26.50	26.41	26.32	26.22	26.13
4	21.20	18.00	16.69	15.98	15.52	15.21	14.98	14.80	14.66	14.55	14.37	14.20	14.02	13.93	13.84	13.75	13.65	13.56	13.46
5	16.26	13.27	12.06	11.39	10.97	10.67	10.46	10.29	10.16	10.05	9.89	9.72	9.55	9.47	9.38	9.29	9.20	9.11	9.02
6	13.75	10.92	9.78	9.15	8.75	8.47	8.26	8.10	7.98	7.87	7.72	7.56	7.40	7.31	7.23	7.14	7.06	6.97	6.88
7	12.25	9.55	8.45	7.85	7.46	7.19	6.99	6.84	6.72	6.62	6.47	6.31	6.16	6.07	5.99	5.91	5.82	5.74	5.65
8	11.26	8.65	7.59	7.01	6.63	6.37	6.18	6.03	5.91	5.81	5.67	5.52	5.36	5.28	5.20	5.12	5.03	4.95	4.36
9	10.56	8.02	6.99	6.42	6.06	5.80	5.61	5.47	5.35	5.26	5.11	4.96	4.81	4.73	4.65	4.57	4.48	4.40	4.31
10	10.04	7.56	6.55	5.99	5.64	5.39	5.20	5.06	4.94	4.85	4.71	4.56	4.41	4.33	4.25	4.17	4.08	4.00	3.91
11	9.65	7.21	6.22	5.67	5.32	5.07	4.89	4.74	4.63	4.54	4.40	4.25	4.10	4.02	3.94	3.86	3.78	3.69	3.60
12	9.33	6.93	5.95	5.41	5.06	4.82	4.64	4.50	4.39	4.30	4.16	4.01	3.86	3.78	3.70	3.62	3.54	3.45	3.36
13	9.07	6.70	5.74	5.21	4.86	4.62	4.44	4.30	4.19	4.10	3.96	3.82	3.66	3.59	3.51	3.43	3.34	3.25	3.17

$\alpha=0.01$

v_2 \ v_1	1	2	3	4	5	6	7	8	9	10	12	15	20	24	30	40	60	120	∞
14	8.86	6.51	5.56	5.04	4.69	4.46	4.28	4.14	4.03	3.94	3.80	3.66	3.51	3.43	3.35	3.27	3.18	3.09	3.00
15	8.68	6.36	5.42	4.89	4.56	4.32	4.14	4.00	3.89	3.80	3.67	3.52	3.37	3.29	3.21	3.13	3.05	2.96	2.87
16	8.53	6.23	5.29	4.77	4.44	4.20	4.03	3.89	3.78	3.69	3.55	3.41	3.26	3.18	3.10	3.02	2.93	2.84	2.75
17	8.40	6.11	5.18	4.67	4.34	4.10	3.93	3.79	3.68	3.59	3.46	3.31	3.16	3.08	3.00	2.92	2.83	2.75	2.65
18	8.29	6.01	5.09	4.58	4.25	4.01	3.84	3.71	3.60	3.51	3.37	3.23	3.08	3.00	2.92	2.84	2.75	2.66	2.57
19	8.18	5.93	5.01	4.50	4.17	3.94	3.77	3.63	3.52	3.43	3.30	3.15	3.00	2.92	2.84	2.76	2.67	2.58	2.49
20	8.10	5.85	4.94	4.43	4.10	3.87	3.70	3.56	3.46	3.37	3.23	3.09	2.94	2.86	2.78	2.69	2.61	2.52	2.42
21	8.02	5.78	4.87	4.37	4.04	3.81	3.64	3.51	3.40	3.31	3.17	3.03	2.88	2.80	2.72	2.64	2.55	2.46	2.36
22	7.95	5.72	4.82	4.31	3.99	3.76	3.59	3.45	3.35	3.26	3.12	2.98	2.83	2.75	2.67	2.58	2.50	2.40	2.31
23	7.88	5.66	4.76	4.26	3.94	3.71	3.54	3.41	3.30	3.21	3.07	2.93	2.78	2.70	2.62	2.54	2.45	2.35	2.26
24	7.82	5.61	4.72	4.22	3.90	3.67	3.50	3.36	3.26	3.17	3.03	2.89	2.74	2.66	2.58	2.49	2.40	2.31	2.21
25	7.77	5.57	4.68	4.18	3.85	3.63	3.46	3.32	3.22	3.13	2.99	2.85	2.70	2.62	2.54	2.45	2.36	2.27	2.17
26	7.72	5.53	4.64	4.14	3.82	3.59	3.42	3.29	3.18	3.09	2.96	2.81	2.66	2.58	2.50	2.42	2.33	2.23	2.13
27	7.68	5.49	4.60	4.11	3.78	3.56	3.39	3.26	3.15	3.06	2.93	2.78	2.63	2.55	2.47	2.38	2.29	2.20	2.10
28	7.64	5.45	4.57	4.07	3.75	3.53	3.36	3.23	3.12	3.03	2.90	2.75	2.60	2.52	2.44	2.35	2.26	2.17	2.06
29	7.60	5.42	4.54	4.04	3.73	3.50	3.33	3.20	3.09	3.00	2.87	2.73	2.57	2.49	2.41	2.33	2.23	2.14	2.03
30	7.56	5.39	4.51	4.02	3.70	3.47	3.30	3.17	3.07	2.98	2.84	2.70	2.55	2.47	2.39	2.30	2.21	2.11	2.01
40	7.31	5.18	4.31	3.83	3.51	3.29	3.12	2.99	2.89	2.80	2.66	2.52	2.37	2.29	2.20	2.11	2.02	1.92	1.80
60	7.08	4.98	4.13	3.65	3.34	3.12	2.95	2.82	2.72	2.63	2.50	2.35	2.20	2.12	2.03	1.94	1.84	1.73	1.60
120	6.85	4.79	3.95	3.48	3.17	2.96	2.79	2.66	2.56	2.47	2.34	2.19	2.03	1.95	1.86	1.76	1.66	1.53	1.38
∞	6.63	4.61	3.78	3.32	3.02	2.80	2.64	2.51	2.41	2.32	2.18	2.04	1.88	1.79	1.70	1.59	1.47	1.32	1.00

表7 三角检验所需参加人数表

表中数据表达形式为 n_{α, β, P_d}

表中数据为给定 α，β 和 P_d 下，三角检验所需最少参加人数。

α	β							
	0.50	0.40	0.30	0.20	0.10	0.050	0.01	0.001
				$P_d = 50\%$				
0.40	3	3	3	6	8	9	15	26
0.30	3	3	3	7	8	11	19	30
0.20	4	6	7	7	12	16	25	36
0.10	7	8	8	12	15	20	30	43
0.05	7	9	11	16	20	23	35	48
0.01	13	15	19	25	30	35	47	62
0.001	22	26	30	36	43	48	62	81
				$P_d = 40\%$				
0.40	3	3	6	6	9	15	26	41
0.30	3	3	7	8	11	19	30	47
0.20	6	7	7	12	17	25	36	55
0.10	8	10	15	17	25	30	46	67
0.05	11	15	16	23	30	40	57	79
0.01	21	26	30	35	47	56	76	102
0.001	36	39	48	55	68	76	102	130
				$P_d = 30\%$				
0.40	3	6	6	9	15	26	44	73
0.30	3	8	8	16	22	30	53	84
0.20	7	12	17	20	28	39	64	97
0.10	15	15	20	30	43	54	81	119
0.05	16	23	30	40	53	66	98	136
0.01	33	40	52	62	82	97	131	181
0.001	61	69	81	93	120	138	181	233
				$P_d = 20\%$				
0.40	6	9	12	18	35	50	94	153
0.30	8	11	19	30	47	67	116	183
0.20	12	20	28	39	64	86	140	212
0.10	25	33	46	62	89	119	178	260
0.05	40	48	66	87	117	147	213	305
0.01	72	92	110	136	176	211	292	397
0.001	130	148	176	207	257	302	396	513
				$P_d = 10\%$				
0.40	9	18	38	70	132	197	360	598
0.30	19	36	64	102	180	256	430	690
0.20	39	64	103	149	238	325	539	819
0.10	89	125	175	240	348	457	683	1011
0.05	144	191	249	325	447	572	828	1178
0.01	284	350	425	525	680	824	1132	1539
0.001	494	579	681	803	996	1165	1530	1992

表8 三角检验中正确回答的临界值

表中数据形式为 $x_{\alpha,n}$

α 为显著水平，n 为参加试验的人数。如果正确回答的人数小于表中所查数据，则表明具有显著区别。

n	α							n	α						
	0.40	0.30	0.20	0.10	0.05	0.01	0.001		0.40	0.30	0.20	0.10	0.05	0.01	0.001
								31	12	13	14	15	16	18	20
								32	12	13	14	15	16	18	20
3	2	2	3	3	3	—	—	33	13	13	14	15	17	18	21
4	3	3	3	4	4	—	—	34	13	14	15	16	17	19	21
5	3	3	4	4	4	5	—	35	13	14	15	16	17	19	22
6	3	4	4	5	5	6	—	36	14	14	15	17	18	20	22
7	4	4	4	5	5	6	7	42	16	17	18	19	20	22	25
8	4	4	5	5	6	7	8	48	18	19	20	21	22	25	27
9	4	5	5	6	6	7	8	54	20	21	22	23	25	27	30
10	5	5	6	6	7	8	9	60	22	23	24	26	27	30	33
11	5	5	6	7	7	8	10	66	24	25	26	28	29	32	35
12	5	6	6	7	8	9	10	72	26	27	28	30	32	34	38
13	6	6	7	8	8	9	11	78	28	29	30	32	34	37	40
14	6	7	7	8	9	10	11	84	30	31	33	35	36	39	43
15	6	7	8	8	9	10	12	90	32	33	35	37	38	42	45
16	7	7	8	9	9	11	12	96	34	35	37	39	41	44	48
17	7	8	8	9	10	11	13	102	36	37	39	41	43	46	50
18	7	8	9	10	10	12	13	108	38	40	41	43	45	49	53
19	8	8	9	10	11	12	14	114	40	42	43	45	47	51	55
20	8	9	9	10	11	13	14	120	42	44	45	48	50	53	57
21	8	9	10	11	12	13	15	126	44	46	47	50	52	56	60
22	9	9	10	11	12	14	15	132	46	48	50	52	54	58	62
23	9	10	11	11	12	14	16	138	48	50	52	54	56	60	64
24	10	10	11	12	13	15	16	144	50	52	54	56	58	62	67
25	10	11	11	12	13	15	17	150	52	54	56	58	61	65	69
26	10	11	12	13	14	15	17	156	54	56	58	61	63	67	72
27	11	11	12	13	14	16	18	162	56	58	60	63	65	69	74
28	11	12	12	14	15	16	18	168	58	60	62	65	67	71	76
29	11	12	13	14	15	17	19	174	61	62	64	67	69	74	79
30	12	12	13	14	15	17	19	180	63	64	66	69	71	76	81

注：如果参加人数 n 不在此表中，可以计算 $z = [k - 1(1/3)n] / \sqrt{(2/9)n}$，$k$ 为正确回答的人数，将 z 值同临界值 z_α，即表 3 最后一行中的相应数值进行比较（$z_\alpha = t_{\alpha,\infty}$）。

表9 2-3 点检验所需参加人数表

表中数据表达形式为 n_{α,β,P_d}

表中数据为给定 α，β 和 P_d 下，2-3 点检验所需最少参加人数。

α	β							
	0.50	0.40	0.30	0.20	0.10	0.05	0.01	0.001
				$P_d=50\%$	$P_{max}=75\%$			
0.40	2	4	4	6	10	14	27	41
0.30	2	5	7	9	13	20	30	47
0.20	5	5	10	12	19	26	39	58
0.10	9	9	14	19	26	33	48	70
0.05	13	16	18	23	33	42	58	82
0.01	22	27	33	40	50	59	80	107
0.001	38	43	51	61	71	83	107	140
				$P_d=40\%$	$P_{max}=70\%$			
0.40	4	4	6	8	14	25	41	70
0.30	5	7	9	13	22	28	49	78
0.20	5	10	12	19	30	39	60	94
0.10	14	19	21	28	39	53	79	113
0.05	18	23	30	37	53	67	93	132
0.01	35	42	52	64	80	96	130	174
0.001	61	71	81	95	117	135	176	228
				$P_d=30\%$	$P_{max}=65\%$			
0.40	4	6	8	14	29	41	76	120
0.30	7	9	13	24	39	53	88	144
0.20	10	17	21	32	49	68	110	166
0.10	21	28	37	53	72	96	145	208
0.05	30	42	53	69	93	119	173	243
0.01	64	78	89	112	143	174	235	319
0.001	107	126	144	172	210	246	318	412
				$P_d=20\%$	$P_{max}=60\%$			
0.40	6	10	23	35	59	94	171	282
0.30	11	22	30	49	84	119	205	327
0.20	21	32	49	77	112	158	253	384
0.10	46	66	85	115	168	214	322	471
0.05	71	93	119	158	213	268	392	554
0.01	141	167	207	252	325	391	535	726
0.001	241	281	327	386	479	556	731	944
				$P_d=10\%$	$P_{max}=55\%$			
0.40	10	35	61	124	237	362	672	1124
0.30	30	72	117	199	333	479	810	1302
0.20	81	129	193	294	451	618	1006	1555
0.10	170	239	337	461	658	861	1310	1905
0.05	281	369	475	620	866	1092	1583	2237
0.01	550	665	820	1007	1301	1582	2170	2927
0.001	961	1125	1309	1551	1908	2248	2937	3812

表 10　单边 2-3 点检验中正确回答人数的临界值

表中数据形式为 $x_{a,n}$

α 为显著水平，n 为参加试验的人数。如果正确回答的人数小于表中所查数据，则表明具有显著区别。

n	\multicolumn{7}{c}{α}	n	\multicolumn{7}{c}{α}
	0.40	0.30	0.20	0.10	0.05	0.01	0.001		0.40	0.30	0.20	0.10	0.05	0.01	0.001
								31	17	18	19	20	21	23	25
2	2	2	—	—	—	—	—	32	18	18	19	21	22	24	26
3	3	3	3	—	—	—	—	33	18	19	20	21	22	24	26
4	3	4	4	4	—	—	—	34	19	20	20	22	23	25	27
5	4	4	4	5	5	—	—	35	19	20	21	22	23	25	27
6	4	5	5	6	6	—	—	36	20	21	22	23	24	26	28
7	5	5	6	6	7	7	—	40	22	23	24	25	26	28	31
8	5	6	6	7	7	8	—	44	24	25	26	27	28	31	33
9	6	6	7	7	8	9	—	48	26	27	28	29	31	33	36
10	6	7	7	8	8	10	10	52	28	29	30	32	33	35	38
11	7	7	8	9	9	10	11	56	30	31	32	34	35	38	40
12	7	8	8	9	10	11	12	60	32	33	34	36	37	40	43
13	8	8	9	10	10	12	13	64	34	35	36	38	40	42	45
14	8	9	10	10	11	12	13	68	36	37	38	40	42	45	48
15	9	10	10	11	12	13	14	72	38	39	41	42	44	47	50
16	10	10	11	12	12	14	15	76	40	41	43	45	46	49	52
17	10	11	11	12	13	14	16	80	42	43	45	47	48	51	55
18	11	11	12	13	13	15	16	84	44	45	47	49	51	54	57
19	11	12	12	13	14	15	17	88	46	47	49	51	53	56	59
20	12	12	13	14	15	16	18	92	48	50	51	53	55	58	62
21	12	13	13	14	15	17	18	96	50	52	53	55	57	60	64
22	13	14	14	15	15	17	19	100	52	54	55	57	59	63	66
23	13	14	15	16	16	18	20	104	54	56	57	60	61	65	69
24	14	14	15	16	17	19	20	108	56	58	59	62	64	67	71
25	14	15	16	17	18	19	21	112	58	60	61	64	66	69	73
26	15	15	16	17	18	20	22	116	60	62	64	66	68	71	76
27	15	16	17	18	19	20	22	122	63	65	67	69	71	75	79
28	16	16	17	18	19	21	23	128	66	68	70	72	74	78	82
29	16	17	18	19	20	22	24	134	69	71	73	75	78	81	86
30	17	17	18	20	20	22	24	140	72	74	76	79	81	85	89

注：如果参加人数 n 不在此表中，可以计算 $z=(k-0.5n)/\sqrt{0.25n}$，k 为正确回答的人数，将 z 值同临界值 z_a，即表 3 中最后一行中的相应数值进行比较（$z_a = t_{a,\infty}$）。

表 11　双边方向性差别检验所需最少参加人数

表中数据表达形式为 $n_{\alpha,\beta,P_{max}}$

表中数据为设定 α，β 和 P_d 下，双边方向性差别检验所需最少参加人数。

α	β							
	0.50	0.40	0.30	0.20	0.10	0.05	0.01	0.001
				$P_{max} = 75\%$				
0.40	5	5	10	12	19	26	39	58
0.30	6	8	11	16	22	29	42	64
0.20	9	9	14	19	26	33	48	70
0.10	13	16	18	23	33	42	58	82
0.05	17	20	25	30	42	49	67	92
0.01	26	34	39	44	57	66	87	117
0.001	42	50	58	66	78	90	117	149
				$P_{max} = 70\%$				
0.40	5	10	12	19	30	39	60	94
0.30	8	13	18	22	33	44	68	102
0.20	14	19	21	28	39	53	79	113
0.10	18	23	30	37	53	67	93	132
0.05	25	35	40	49	65	79	110	149
0.01	44	49	59	73	92	108	144	191
0.001	68	78	90	102	126	147	188	240
				$P_{max} = 65\%$				
0.40	10	17	21	32	49	68	110	166
0.30	13	20	29	42	59	81	125	188
0.20	21	28	37	53	72	96	145	208
0.10	30	42	53	69	93	119	173	243
0.05	44	56	67	90	114	145	199	176
0.01	73	92	108	131	164	195	261	345
0.001	121	140	161	188	229	267	342	440
				$P_{max} = 60\%$				
0.40	21	32	49	77	112	158	253	384
0.30	31	44	66	89	133	179	283	425
0.20	46	66	85	115	168	214	322	471
0.10	71	93	119	158	213	268	392	554
0.05	101	125	158	199	263	327	455	635
0.01	171	204	241	291	373	446	596	796
0.001	276	318	364	425	520	604	781	1010
				$P_{max} = 55\%$				
0.40	81	129	193	294	451	618	1006	1555
0.30	110	173	254	359	550	721	1130	1702
0.20	170	239	337	461	658	861	1310	1905
0.10	281	369	475	620	866	1092	1583	2237
0.05	390	497	620	786	1055	1302	1833	2544
0.01	670	802	963	1167	1493	1782	2408	3203
0.001	1090	1260	1461	1707	2094	2440	3152	4063

表 12　双边差别检验中正确回答人数的临界值

表中数据形式为 $x_{\alpha,n}$

α 为显著水平，n 为参加试验的人数。如果正确回答的人数小于表中所查数据，则表明具有显著区别。

n	0.40	0.30	0.20	0.10	0.05	0.01	0.001	n	0.40	0.30	0.20	0.10	0.05	0.01	0.001
								31	19	19	20	21	22	24	25
2	—	—	—	—	—	—	—	32	19	20	21	22	23	24	26
3	3	3						33	20	20	21	22	23	25	27
4	4	4	4					34	20	21	22	23	24	25	27
5	4	5	5	5				35	21	22	22	23	24	26	28
6	5	5	6	6	6			36	22	22	23	24	25	27	29
7	6	6	6	7	7	—		40	24	24	25	26	27	29	31
8	6	6	7	7	8	8	—	44	26	26	27	28	29	31	34
9	7	7	7	8	8	9	—	48	28	29	29	31	32	34	36
10	7	8	8	9	9	10		52	30	31	32	33	34	36	39
11	8	8	9	9	10	11	11	56	32	33	34	35	36	39	41
12	8	9	9	10	10	11	12	60	34	35	36	37	39	41	44
13	9	9	10	10	11	12	13	64	36	37	38	40	41	43	46
14	10	10	10	11	12	13	14	68	38	39	40	42	43	46	48
15	10	11	11	12	12	13	14	72	41	41	42	44	45	48	51
16	11	11	12	12	13	14	15	76	43	44	45	46	48	50	53
17	11	12	12	13	13	15	16	80	45	46	47	48	50	52	56
18	12	12	13	13	14	15	17	84	47	48	49	51	52	55	58
19	12	13	13	14	15	16	17	88	49	50	51	53	54	57	60
20	13	13	14	15	15	17	18	92	51	52	53	55	56	59	63
21	13	14	14	15	16	17	19	96	53	54	55	57	59	62	65
22	14	14	15	16	17	18	19	100	55	56	57	59	61	64	67
23	15	15	15	16	17	19	20	104	57	58	60	61	63	66	70
24	15	16	16	17	18	19	21	108	59	60	62	64	65	68	72
25	16	16	17	18	18	20	21	112	61	62	64	66	67	71	74
26	16	17	17	18	19	20	22	116	64	65	66	68	70	73	77
27	17	17	18	19	20	21	23	122	67	68	69	71	73	76	80
28	17	18	18	19	20	22	23	128	70	71	72	74	76	80	83
29	18	18	19	20	21	22	24	134	73	74	75	78	79	83	87
30	18	19	20	20	21	23	25	140	76	77	79	81	83	86	90

注：如果正确回答的人数 n 不在此表中，可以计算 $z = (k - 0.5n) / \sqrt{0.25n}$，$k$ 为正确回答的人数，将 z 值同临界值 z_a，即表 3 中最后一行中的相应数值进行比较（$z_{a/2} = t_{a/2,\infty}$）。

表 13 5 选 2 检验所需最少参加人数表

表中数据表达形式为 n_{α,β,P_d}

表中数据为给定 α，β 和 P_d 下，5 选 2 检验所需最少参加人数。

α	β							
	0.50	0.40	0.30	0.20	0.10	0.05	0.01	0.001
				$P_d=50\%$				
0.40	3	4	4	5	6	7	9	13
0.30	3	4	4	5	6	7	9	16
0.20	3	4	4	5	6	7	12	18
0.10	3	4	4	5	8	9	15	18
0.05	3	6	6	7	8	12	17	24
0.01	5	7	8	9	13	14	22	29
0.001	9	9	12	13	17	21	27	36
				$P_d=40\%$				
0.40	4	4	5	6	7	9	12	20
0.30	4	4	5	6	7	9	15	23
0.20	4	4	5	6	7	12	15	23
0.10	4	4	5	9	10	15	18	30
0.05	6	7	7	11	13	18	24	33
0.01	8	9	12	14	18	23	30	42
0.001	12	13	17	21	26	31	41	54
				$P_d=30\%$				
0.40	5	5	6	8	9	11	20	30
0.30	5	5	6	8	9	15	24	35
0.20	5	5	6	8	13	15	28	39
0.10	5	5	9	11	17	22	32	47
0.05	7	8	12	14	20	26	39	54
0.01	13	14	18	23	30	36	49	69
0.001	21	22	27	32	42	49	66	87
				$P_d=20\%$				
0.40	6	7	8	10	13	21	38	59
0.30	6	7	8	10	18	26	43	69
0.20	6	7	8	15	22	30	53	79
0.10	10	11	17	23	31	40	62	94
0.05	13	19	24	27	40	53	76	108
0.01	24	30	36	43	57	70	99	136
0.001	38	48	55	67	81	99	129	172
				$P_d=10\%$				
0.40	9	11	13	22	40	60	108	184
0.30	9	16	19	34	54	80	128	212
0.20	14	22	31	47	73	99	161	245
0.10	25	38	54	70	103	130	206	297
0.05	41	55	70	94	127	167	244	349
0.01	77	98	121	145	192	233	330	449
0.001	135	158	187	224	278	332	438	572

表14 5选2试验正确回答人数的临界值

表中数据形式为 $x_{\alpha,n}$

α 为显著水平，n 为参加试验的人数。如果正确回答的人数小于表中所查数据，则表明具有显著区别。

n	α							n	α						
	0.40	0.30	0.20	0.10	0.05	0.01	0.001		0.40	0.30	0.20	0.10	0.05	0.01	0.001
								31	4	5	5	6	7	8	10
								32	4	5	6	6	7	9	10
3	1	1	2	2	2	3	3	33	5	5	6	7	7	9	11
4	1	2	2	2	3	3	4	34	5	5	6	7	7	9	11
5	2	2	2	2	3	3	4	35	5	5	6	7	8	9	11
6	2	2	2	3	3	4	5	36	5	5	6	7	8	9	11
7	2	2	2	3	3	4	5	37	5	6	6	7	8	9	11
8	2	2	2	3	3	4	5	38	5	6	6	7	8	10	11
9	2	2	3	3	4	4	5	39	5	6	6	7	8	10	12
10	2	2	3	3	4	5	6	40	5	6	7	7	8	10	12
11	2	3	3	3	4	5	6	41	5	6	7	8	8	10	12
12	2	3	3	4	4	5	6	42	6	6	7	8	9	10	12
13	2	3	3	4	4	5	6	43	6	6	7	8	9	10	12
14	3	3	3	4	5	5	7	44	6	6	7	8	9	11	12
15	3	3	3	4	5	6	7	45	6	6	7	8	9	11	13
16	3	3	4	4	5	6	7	46	6	7	7	8	9	11	13
17	3	3	4	4	5	6	7	47	6	7	7	8	9	11	13
18	3	3	4	4	5	6	8	48	6	7	8	8	9	11	13
19	3	3	4	5	5	6	8	49	6	7	8	9	10	11	13
20	3	4	4	5	5	7	8	50	6	7	8	9	10	11	14
21	3	4	4	5	6	7	8	51	7	7	8	9	10	12	14
22	3	4	4	5	6	7	8	52	7	7	8	9	10	12	14
23	4	4	4	5	6	7	9	53	7	7	8	9	10	12	14
24	4	4	5	5	6	7	9	54	7	7	8	9	10	12	14
25	4	4	5	5	6	8	9	55	7	8	8	9	10	12	14
26	4	4	5	6	7	8	9	56	7	8	8	10	10	12	14
27	4	4	5	6	6	8	9	57	7	8	9	10	11	12	15
28	4	5	5	6	7	8	10	58	7	8	9	10	11	13	15
29	4	5	5	6	7	8	10	59	7	8	9	10	11	13	15
30	4	5	5	6	7	8	10	60	7	8	9	10	11	13	15

注：对于不在表中的 n 值，计算 $z=(k-0.1n)/\sqrt{0.09n}$，k 为正确回答的人数，将 z 值同临界值 z_α，即表3中最后一行中的相应数值进行比较（$z_\alpha = t_{\alpha,\infty}$）。

附录二 感官检验中部分常用词汇及定义

α-风险：错误地估计两者之间的差别存在的可能性。也叫第Ⅰ类错误。

β-风险：错误地估计两者之间的差异不存在的可能性。也叫第Ⅱ类错误。

不透明：光线不能通过物质的现象。在含蛋白质的食品中，通常与 pH 值的降低有关。

参照样：为了说明某项性质或指标，所有样品都被用来与其进行对比的样品，是衡量的一个标准。

差别检验：三大类感官方法之一，通过对两个样品之间的差异能够正确识别的受试者的比例，基于频率和比率的统计学原理，来推算两种产品是否存在差异。分为总体差别检验和单项差别检验。

刺鼻：用鼻子嗅某种食品之后，在鼻腔中产生的灼热、饱满、刺激的感觉，如黑胡椒、醋。

刺痛感：化学感应的一种，由辣椒、生姜、肉桂、橘皮精油等留在口腔和喉咙中的感觉。

粗糙：用于质地时指由于颗粒状物过多而引起的口腔中的发干、发渣的感觉，用于外观则指干的、不透明的、颗粒状物较多、不光滑的外观。

发酵味：败坏的水果、蔬菜、鱼类、肉类发出的酸味。

发霉味：长毛的面包等食品或地下室的味道。

方差分析：分析一组数据偏差根源的统计方法，是检验两个或两个以上正态总体的平均值是否具有显著性差异的有效方法，有单因素方差分析和多因素方差分析。

风味：当食物放入口中由味道、气味、化学感应和共同刺激而产生的一种感觉。

覆盖效应：由于口腔中前一个样品含有和下一个样品相同的刺激物而引起的对下一个刺激敏感性的降低。

腐败味道：与败坏、变质的肉有关的气味，具有滞留性。

腐烂味道：变质蔬菜的气味，尤其是含硫的蔬菜，如煮熟的西兰花、卷心菜、花椰菜。

感官检验：感官评价是用于唤起、测量、分析和解释通过视觉、嗅觉、味觉、听觉而感知到的食品和其他物质的特征或者性质的一种科学方法。

光环效应：当评价样品一个以上的指标时，这些指标会发生相互影响，使得样品被评价的结果比实际情况更为正面、积极。

光照味道：暴露在阳光或荧光灯下的牛奶的味道。

光泽：表面能够反射光的性质。

过期味道：食品中类似湿的纸壳的味道。

含水性：产品当中能够释放出来的水分的含量。

后味/余味：味觉刺激消失后的感觉，包括原有刺激的感觉连续性和由唾液稀释、水冲洗及吞咽动作引起其他的和原有刺激引起的感觉不同的感觉。

糊嘴性：食品在口腔表面形成膜的感觉。

花香：与花有关的甜味、香味。

化学品味道：是一个描述多种气味的综合词汇，如各种化学试剂、清洁剂及其他碳氢化合物。

化学感觉因素：是触觉神经对化学刺激的反应结果。

黄瓜味：和新鲜黄瓜有关的味道。

鸡味：和鸡肉制品有关的味道，如煮熟的鸡肉。

加热/煮熟的味道：由加热/蒸煮等过程产生的味道。

假设检验：是一种统计推断方法，先假设总体分布的形式或总体的参数具有某种特征（如总体的参数为某值），然后利用样本提供的信息来判断原先的假设是否合理。

坚实度：指物质对施加其上的力（如放在口中或用手接触）的中等程度的抗性，用于食品是指将样品在舌头与上腭之间挤压所需的力。

金属味：和铁、硫酸盐、铁锈、锡铁罐等有关的味道。

焦煳味：物质被过度加热或烧烤而产生的味道。

酵母味：也叫发酵味。和酵母及其他发酵产品有关，如正在发酵的面包或啤酒。

口感：口腔中的感知类型的一种，与口腔组织及感知条件有关，与质地相对，质地主要与食品本身的性质有关，如硬度、坚实度等。

苦味：4种基本味道之一，由舌的根部感受，是由奎宁、咖啡因和蛇麻草等刺激而产生的味道。苦味的感受有延迟（1～2s）效应和滞留效应。

冷：化学感应的一种，由薄荷等引起的口腔和鼻子中发凉的感觉。

硫化氢味道：败坏的鸡蛋或阴沟的味道。

描述分析：三大类感官方法之一，是感官检验中最复杂的一种方法，由接受过培训的5～100名品评人员对产品的感官性质进行定性和定量区别与描述。

奶油味：与奶油和其他高脂肪含量的乳制品有关的味道。

硫醇味：含硫化合物，蒸煮的咖啡、橡胶等的味道。

屏蔽效应：一种感觉使另外一种或几种感觉削弱或降低的现象。

平淡的：感觉不到任何香气或味道。

气味：由挥发性物质在鼻腔中刺激嗅觉接受器而产生的感觉。

强度：感受到的感觉的大小。

情感试验：三大类感官方法之一，估计目前和将来可能的消费者对某种产品、某种产品的创意或产品某种性质的喜爱或接受程度，应用最多的情感试验是消费者试验。

肉桂味：磨碎的桂皮的甜的、木头的、调料的味道。

涩：化学感应之一，由鞣质或明矾等物质引起的舌表面的收缩感。

生青味：刚割过的青草的气味。

收敛感：（1）在被明矾和单宁刺激之后，口腔中的干燥，组织的收缩，紧张，拉伸或皱褶感；（2）化学刺激后表皮的紧张和拉伸感。

酸：基本味道之一，由酸类物质，如柠檬酸、苹果酸、磷酸等刺激而产生的味道。

酸败味：变质的食用油的气味。是由舌后部感到的一种刺痛感。有时被描述成油漆味。

树脂味：和药物、木头有关的气味，如松树的气味。

甜：基本味道之一，由蔗糖和其他糖类，比如果糖、葡萄糖或其他甜味物质，比如糖精、阿斯巴甜等刺激而产生的味道。

外观：物质/样品的所有视觉特征。

味道：感觉的一种，接受器通常位于口腔内，由溶解的物质激活。基本味道仅限于甜、酸、苦、咸，有时也有鲜。

味蕾：由分化的上皮细胞组成，位于舌头和软腭上的乳头状的突起内，对味觉刺激有反应，并与主要传入味觉神经相连。

鲜味：由谷氨酸钠的溶液引起的感觉。

咸：基本味道之一，由钠盐，如氯化钠和谷氨酸钠和部分其他盐类，如氯化钾，刺激而产生的味道。

辛辣感：在鼻腔、口腔或喉咙中感受到的灼热、刺痛感。

硬度：将样品咬断所需的力。

盐水味：与干净的海藻、海滩、海边空气相关的味道。

烟熏味：烧焦木炭/木头发出的烟的气味。

氧化味：过期的食用油的气味。

异味：风味食品的败坏或分解而引起的该食品的非典型气味，通常是不愉快气味。风味和异味在口腔和鼻腔中都有滞留现象。

鱼腥味：和放置时间比较长的鱼有关的味道，是三甲胺的典型气味。

质地：由视觉和触觉感知的产品的性质，包括几何性质和表面属性，在变形力的作用下（如果是液体，在被迫流动时）感知的变化，及在咀嚼、吞咽和吐出之后发生的相变行为，如溶化和残余感觉。

质量：指产品被认为是优秀的程度。是产品能够达到预期要求的各方面性质的综合体现。

灼热感：化学感应的一种，由一些特定物质，比如红辣椒中的辣椒素或黑胡椒中的胡椒碱引起的口腔中的灼烧感。

主要参考文献

1 Stone H. Food Products and Processes. Menlo Park: SRI International, 1972

2 Hinreiner E H. Organoleptic evaluation by industry panels-the cutting bee. Food Technology, 1956, 31 (11): 62~67

3 Peryam D R, Pilgrim F J, Perterson M S. Food Acceptance Testing Methodology. Washington D C: National Academy of Sciences-National Research Council, 1954

4 Giradot N E, Peryam D R, Shapiro R. Selection of sensory testing panels. Food Technology, 1952, 6: 140~143

5 Lawless H T, Heymann H H. Sensory Evaluation of Food Principles and Practices. Gaithersburg: Aspen Publishers Inc., 1999

6 Meilgaard M, Civille G V, Carr B T. Sensory Evaluation Techniques. 3rd ed. Boca Raton: CRC Press, 1999

7 Amerine. Principles of sensory evaluation of food. New York: Academic Press, 1965

8 Christensen C M. Effect of color on aroma, flavor and texture judgments of foods. Journal of Food Science, 1983, 48: 787~790

9 DuBose C N, Cardello A V, Maller O. Effects of colorants and flavorants on identification, perceived flavor intensity and hedonic quality of fruit-flavored beverages and cake. Journal of Food Science, 1980, 45: 1393~1399, 1415

10 Farbman A I, Hellekant G. Quantitative analyses of fiber population in rat chords tympani nerves and fungiform papillae. American Journal of Anatomy, 1978, 153: 509~521

11 Gardner E. Fundamentals of Neurology. 5th ed. Philadelphia: W. B. Saunders Company, 1968

12 Geldard F A. The human Senses. New York: John Wiley & Sons, 1972

13 Hochberger J E. Pereption. Englewood Cliff: Prentice-Hall, 1964

14 Kling J W, Riggs L A. Woodworth & Scholsberg's Experimental Psycology. 3rd Edition. New York: Holt, Rinehart & Winston, 1971

15 Kroeze J H, Bartochuk L M. Bitterness suppression and revealed by split-tongue taste stimulation in humans. Physiology and Behavior, 1985, 35: 779~783

16 Netter F H. CIBA Collection of Medical Illustrations. Vol 1 and 3. Summit: Ciba-Geigy Corp, 1973

17 ASTM. Physical requirement guidelines for sensory evaluation laboratories. Philadelphia: American Society for Testing and Materials, 1986

18 Chambers E IV, Baker Wolf M. Sensory Testing Methods. 2nd ed. West Conshohocken: American Society for Testing and Materials, 1996

19 Gatchalian M M. Sensory evalution methods with statistical analysis. Diliman: University of the Philippines, 1981

20 Herber S, Joel L S. Sensory evaluation practices. 3rd ed. New York: Elsevier Academic Press, 2002

21 ISO. Sensory Analysis——General guidance for the design of test rooms. Internatioal Organization for Standarization CH-1211. 1998

22 天津轻工业学院, 无锡轻工业学院合编. 食品生物化学. 北京: 轻工业出版社, 1981

23 Amoore J E. Specific anosmia and the concept of primary odors. Chemical Sensens and Flavor, 1977, 2: 267~281

24 Kapsalis. J. G. Objective methods in Food Quality Assesment. Boca Raton: CRC Press, 1974, 1987

25 Kendal-Reed. Human responses to proprionic acid. Chemical Senses, 1998, 23: 71~82

26 Lawless H T, Maltone, G J. The discriminative efficiency of common scaling methods. Journal of Sensory Studies, 1986, 1 (1): 85

27 Lawless H T, Heyman H. Sensory evaluation of food: Principles and practices. New York: Chapman & Hall, 1998

28 McBride R L. Taste psychophysics and the Beilder equation. Chemical Senses, 1987, 10: 35~44

29 Stevens S S. Neural events and the psychophysical law. Science, 1970, 170: 1043

30 Shewan J M, Macintosh R G, Tucker C G, Ehrenberg A S C. The development of a numerical scoring system for the sensory assessment of the spoilage of wet white fish stored in ice. Journals of Science of Food and Agriculture, 1953, 4: 283~298

31 Stone H, Sidel J, Oliver S, Woolsey A, Singleton, R C. Sensory evaluation by quantitative descriptive analysis. Food Technology, 1974, 28: 24~29, 32, 34

32 Aust L B, Gacula M C, Beard S A, Washam R W. Degree of difference test method in sensory evaluation of heterogenous product types. Journal of Food Science, 1985, 50: 511

33 Bradley R A. Some statistical methods in taste testing and quality evaluation. Biometerics, 1953, 9: 22

34 ISO. Sensory-Analysis-Methodology-Sequential Tests. International Organization for Standarization, ISO draft Standard, 1999

35 Helm E, Trolle B. Selection of a taste panel. Wllerstein Lab. Commun, 1946, 9 (28): 181~194

36 Macmillan N A, Creelman C D. Detection Theory, A user's guide. Cambridge: Cambridge University Press, 1991

37 Wald A. Sequential Analysis. New York: John Wiley & Sons, 1974

38 Hirsh N L. Sensory panel test designs with data evaluation procedures. Atlanta: Coca-Cola Co. , Foods Division, 1977

39 Gruenwedel D W, Whitaker J R. Food Analysis, Principles and Techniques. New York: Marcel Dekker, 1984

40 Skillings J H, Mack G A. One the use of a Friedman-type statistic in balanced and unbanlaced block designs. Technomitrics. 1981, 23: 171

41 Ramsey F L, Schafer D W. The statistical sleuth: A Course in Methods of Data Analysis. 2nd ed. Belmont: Wadsworth Publishing Company, 2002

42 Kuehl R O. Design of Experiments: Statistical Principles of Research Design and Analysis. 2nd ed. Pacific Grove: Duxbury Press, 1999

43 Bressan L P, Behling R W. The selection and training of judges for discrimination testing. Food Technology, 1977, 31 (11): 62

44 Delores H, Chambers A, Edgar C. Training effects on performance of descriptive panelists. Journal of Sensory Studies, 2004, 19 (6): 486~492

45 Labbe D, Rytz A, Hugi A. Training is a critical step to obtain reliable product profiles in a real food industry context. Food Quality and Preference, 2004, 15: 341~348

46 Brandt M A, Skinner E, Comeman J. Texture profile method. Journal of Food Science, 1963, (28): 404~410

47 Caincross, W E, Sjostrom L B. Flavor profile—a new approach to flavor problems. Food Technology, 1950, (4): 308~311

48 Caul J F. The profile method of flavor analysis. Advanced. Food Research, 1957, (7): 1~40

49 Gwartney E A, Larick D K, Foegeding E A. Sensory texture and mechanical properties of stranded and particulate whey protein emulsion gels. Journal of food science, 2004, 69 (9): 333~339

50 Hartwig P, McDaniel M R. Flavor Characteristics of Lactic, Malic, Citric, and Acetic Acids at Various pH Levels. Journal of Food Science, 1995, 60 (2): 384~388

51 Rutledge K P, Hudson J M. Sensory evaluation: method for establishing and training a descriptive flavor analysis panel. Food Technology, 1990, 44 (12): 77~84

52 Szczesniak A S. Texture is a sensory property. Food Quality and Preference, 2002, (13): 215~222

53 Stone H, Sidel, J L. Quantitative descriptive analysis: developments, applications, and the future. Food Technology, 1998, 52 (8): 48~52

54 Young N D, Sanders T H, Drake M A, Osborne J, Civille G V. Descriptive analysis and US consumer acceptability of peanuts from different origins. Food Quality and Preference, 2005, (16): 37~43

55 Mirarefi S, Menke S D, Lee S Y. Sensory profiling of chardonel wine by descriptive analysis. Journal of Food Science, 2004, 69 (6): 211~217

56 MacFie H J H, Thomson D M H. Measurement of Food preferences. London: Blackie Academic & Professional, 1994

57 Gacula M C. Design and analysis of sensory optimization. Westport: Food & Nutrition Press, 1993

58 Monoz A M, Chambers E IV, Hummer S. A multifaceted category research study: how to understand a product category and its consumer responses. Journal of Sensory Studies, 1996, 11: 261~294

59 Resurreccion A V A. Consumer sensory testing for product development. Gaithersburg: Aspen Publishers, 1998

60 Wu L S, Gelinas A D. Product testing with consumers for research guidance. Philadelphia: ASTM, 1992

61 Gregson R A M. The effect of psychological conditions of preference for taste mixtures. Food Technology，1963，17 (3)：44

62 Matthes R D. Effects of health disorders and poor nutritional status on gustatory function. Journal of sensory studies，1986，1 (3/4)：225

63 O'Mahony M. Sensory adaptation. Journal of sensory studies，1986，1 (3/4)：237

64 IFT. Guidelines for the preparation and review of papers reporting sensory evaluation data. Food Technology，1981，35 (11)：50

65 科学出版社名词室．新英汉数学词汇．第三版．北京：科学出版社，2004

66 于义良，张银生．实用概率统计．北京：中国人民大学出版社，2002

67 刘达民，程岩．应用统计．北京：化学工业出版社，2004

68 数理统计编写组．数理统计．西安：西北工业大学出版社，2004

69 Kuehl R O. Design of Experiments：Statistical Principles of Research Design and Analysis. 2nd ed. Pacific Grove：Duxbury Press，1999

70 Piggott J R. Sensory analysis of foods. Essex，England：Elsevier Applied Science Publishers Ltd.，1988

71 O'Mahony M. Sensory evaluation of food，statistical methods and procedures. New York：Marcel Dekker，Inc.，1986

72 Tormod N T，Risvik E. Multivariate Analysis of Data in Sensory Science. New York：Elsevier Science Pub Co.，1996

73 Bergara-Almeida S，Aparecida M，Silva A P. Hedonic scale with reference：performance in obtaining predictive models. Food Quality and Preference，2002，13：57~64

74 Munoz，A. M. Relating consumer，Descriptive and laboratory data to better understand consumer responses. Philadelphia：ASTM，Manual 30，1997

75 Piggot，J. R. Statistical procedures in food research. Essex：Elsevier Science Publisher，1986

76 Wellera J N，Stanton K J. The establishment and use of a QC analytical/ descriptive/ consumer measurement model for the routine evaluation of products at manufacturing facilities. Food Quality and Preference，2002，13：375~383

77 Munoz A M，Civille G V，Carr B T. Sensory Evaluation in Quality Control. New York：Van Nostrand Reinhold，1992

内　容　提　要

　　本书依据食品科学与工程以及相关专业的教学基本要求、参考了大量国内外相关资料编写而成的。全书分为 14 章，主要介绍感官检验方面的基础知识，三大类感官检验方法（差别检验、描述分析、情感试验）的原理和具体试验方法，感官检验中涉及到的基本和高级统计学知识，感官检验方法的选择原则和感官检验报告的撰写方式，感官检验在质量控制当中的应用。

　　本书可以作为食品科学与工程、保健品开发、日化工程（工艺）等专业本科生、研究生的教材或教学参考书，亦可供食品及日化产品企业市场开发、品控、新产品开发人员参考。